船舶海洋工学シリーズ❷

# 船体抵抗と推進

著 者
鈴木　和夫
佐々木　紀幸
川村　隆文

監 修
公益社団法人 日本船舶海洋工学会
能力開発センター教科書編纂委員会

成山堂書店

本書の内容の一部あるいは全部を無断で電子化を含む複写複製（コピー）及び他書への転載は，法律で認められた場合を除いて著作権者及び出版社の権利の侵害となります。成山堂書店は著作権者から上記に係る権利の管理について委託を受けていますので，その場合はあらかじめ成山堂書店 (03-3357-5861) に許諾を求めてください。なお，代行業者等の第三者による電子データ化及び電子書籍化は，いかなる場合も認められません。

## 「船舶海洋工学シリーズ」の発刊にあたって

　日本船舶海洋工学会は船舶工学および海洋工学を中心とする学術分野のわが国を代表する学会であり、船舶海洋関係産業界と学術をつなぐさまざまな活動を展開しています。

　わが国の少子高齢化の状況は、造船業においても例外にもれず、将来の開発・生産を支える若い技術者への技術伝承・後継者教育が喫緊かつ重要な課題となっています。

　当学会では、造船業や船舶海洋工学に係わる技術者・研究者の能力開発、および日本の造船技術力の維持・発展に資することを目的として、平成19年に能力開発センターを設立しました。さらに、平成21年より日本財団の助成のもと、大阪大学大学院池田良穂教授を委員長とする「教科書編纂委員会」を設置し、若き造船技術者の育成とレベルアップの礎となる教科書を企画・作成することになりました。

　これまで、当学会の技術者・研究者の専門的な力を結集して執筆・編纂を続けてまいりましたが、船舶海洋工学に係わる広い分野にわたって技術者が学んでおくべき基礎技術を体系的にまとめた「船舶海洋工学シリーズ」として結実することができました。

　本シリーズが、多くの学生、技術者、研究者諸氏に利用され、今後日本の造船産業技術競争力の維持・発展に寄与されますことを心より期待いたします。

　　　　　　　　　　　　　　　　　　　　　　　　公益社団法人 日本船舶海洋工学会
　　　　　　　　　　　　　　　　　　　　　　　　　　　会長　谷口 友一

## 「船舶海洋工学シリーズ」の編纂に携わって

　日本船舶海洋工学会の能力開発センターでは、日本の造船事業・造船研究の主体を成す技術者・研究者の能力開発、あわせて日本の造船技術力の維持・発展に関わる諸問題に対して、学会としての役割を果たしていくために種々の活動を行っていますが、「船舶海洋工学シリーズ」もその一環として企画されました。

　少子高齢化の状況下、各造船所は大学の船舶海洋関係学科卒に加え、他の工学分野の卒業生を多く確保して早急な後継者教育に努めています。他方で、これらの技術者教育に使用する適切な教科書が体系的にまとめられておらず、円滑かつ網羅的に造船業を学ぶ環境が整備されていない問題がありました。

　本シリーズはこれに対応するため、本学会の技術者・研究者の力を合わせて執筆・編纂に取り組み、船舶の復原性、抵抗推進、船体運動、船体構造、海洋開発など船舶海洋技術に関わる科目ごとに、技術者が基本的に学んでおく必要がある技術内容を体系的に記載した「教科書」を目標として編纂しました。

　読者は、造船所の若手技術者、船舶海洋関係学科の学生のほか、船舶海洋関係学科以外の学科卒の技術者を対象としています。造船所での社内教育や自己研鑽、大学学部授業、社会人教育などに広く活用して頂ければ幸甚です。

日本船舶海洋工学会 能力開発センター<br>
教科書編纂委員会委員長　池田　良穂

教科書編纂委員会　委員

| | |
|---|---|
| 荒井　　誠（横浜国立大学大学院） | 大沢　直樹（大阪大学大学院） |
| 荻原　誠功（日本船舶海洋工学会） | 奥本　泰久（大阪大学） |
| 佐藤　　功（三菱重工業株式会社） | 重見　利幸（日本海事協会） |
| 篠田　岳思（九州大学大学院） | 修理　英幸（東海大学） |
| 慎　　燦益（長崎総合科学大学） | 新開　明二（九州大学大学院） |
| 末岡　英利（東京大学大学院） | 鈴木　和夫（横浜国立大学大学院） |
| 鈴木　英之（東京大学大学院） | 戸澤　　秀（海上技術安全研究所） |
| 戸田　保幸（大阪大学大学院） | 内藤　　林（大阪大学） |
| 中村　容透（川崎重工業株式会社） | 西村　信一（三菱重工業株式会社） |
| 橋本　博之（三菱重工業株式会社） | 馬場　信弘（大阪府立大学大学院） |
| 藤久保昌彦（大阪大学大学院） | 藤本由紀夫（広島大学大学院） |
| 安川　宏紀（広島大学大学院） | 大和　裕幸（東京大学大学院） |
| 吉川　孝男（九州大学大学院） | 芳村　康男（北海道大学） |

# まえがき

　本書は、船体に働く流体抵抗とそれに打ち勝って進むために必要な船舶の推進性能に関するテキストです。船舶について学ぶ学部学生や大学院生、あるいは海事関係企業で船舶の性能設計や基本設計に関わる方々を対象として、抵抗推進分野の基礎的知識をまとめたものです。学部の専門基礎科目に位置づけられていることが多い流体力学の知識を前提として書かれてはいますが、要所に流体力学の基礎知識をまとめた「Note」のコーナーや理解の助けとなる「例題」のコーナーが用意されていますし、本文中に基礎的な記述を埋め込んだ部分もありますので、比較的労苦なく読み進めていただけるものと考えています。また、抵抗推進に関係する「コラム」のコーナーもありますので、関連する知識としてお役立てください。なお、本書で学んだ基礎的知識を基に洋書の専門書を読む機会もあるかと思いますので、本文中にはなるべく多くの欧文専門用語を併記してあります。

　本書は大きく分けて抵抗分野と推進分野の8つの章立てになっています。すなわち、主に前半の4章が抵抗分野、後半の4章が推進分野という構成になっていますが、内容は相互に関連していますので、全体を通して齟齬の無いようにまとめてあります。主に、鈴木が第1章から4章を、川村が第2章、3章の計算流体力学（CFD）の部分と第6章を、佐々木が第5章、7章、8章を分担執筆し、鈴木が整合性を確認するとともに全体にわたり日本船舶海洋工学会の教科書編纂委員各位から意見をいただきました。執筆にあたり、記号や用語あるいは文体をなるべく統一するように心がけましたが、各分野で慣例的に使われている記号や用語については必ずしも統一されていませんので、ご注意いただきたいと思います。巻末には利便性を考慮して、参考文献を抵抗関係、推進関係、キャビテーション（空洞現象）関係に分けて示し、索引を和文と欧文に分けて示してあります。

　本書執筆にあたり、池田良穂委員長をはじめ教科書編纂委員の方々、特に荻原誠功コーディネータのご指導に感謝申し上げます。さらに、本書刊行をご快諾いただきました㈱成山堂書店の方々に感謝申し上げます。

2012年2月

著者代表　鈴木　和夫

# 目　　次

## 第1章　船体抵抗の基礎 ……………………………………………………………… 1

1.1　流体抵抗と抵抗係数 …………………………………………………………… 1
1.2　抵抗成分の種類 ………………………………………………………………… 6
　　1.2.1　流体現象に基づく分類 …………………………………………………… 6
　　1.2.2　船体構成要素による分類 ………………………………………………… 9
1.3　次元解析と相似則 ……………………………………………………………… 10
　　1.3.1　船体抵抗の次元解析 ……………………………………………………… 10
　　1.3.2　船体抵抗の相似則 ………………………………………………………… 13
1.4　抵抗評価の理論式 ……………………………………………………………… 20
　　1.4.1　応力積分に基づく抵抗評価 ……………………………………………… 20
　　1.4.2　保存則に基づく抵抗評価 ………………………………………………… 22

## 第2章　粘性抵抗 ……………………………………………………………………… 27

2.1　摩擦抵抗と粘性圧力抵抗 ……………………………………………………… 27
2.2　平板の摩擦抵抗 ………………………………………………………………… 28
　　2.2.1　平滑面の摩擦抵抗理論 …………………………………………………… 28
　　2.2.2　平板の摩擦抵抗公式 ……………………………………………………… 34
　　2.2.3　粗度抵抗 …………………………………………………………………… 42
2.3　船体の粘性抵抗 ………………………………………………………………… 46
2.4　粘性抵抗の推定方法 …………………………………………………………… 49
　　2.4.1　形状影響係数の推定 ……………………………………………………… 49
　　2.4.2　CFDによる推定法 ………………………………………………………… 52
2.5　粘性抵抗の低減 ………………………………………………………………… 56
　　2.5.1　摩擦抵抗の低減方法 ……………………………………………………… 57
　　2.5.2　形状抵抗の低減方法 ……………………………………………………… 59

## 第3章　造波抵抗 ……………………………………………………………………… 61

3.1　船体の造波現象 ………………………………………………………………… 61
3.2　船体の造波抵抗 ………………………………………………………………… 66
3.3　造波抵抗の推定方法 …………………………………………………………… 72
　　3.3.1　水槽試験に基づく方法 …………………………………………………… 73
　　3.3.2　系統的模型試験結果の利用 ……………………………………………… 74
　　3.3.3　造波抵抗理論 ……………………………………………………………… 75
　　3.3.4　CFDによる推定法 ………………………………………………………… 83

|   |   |   |
|---|---|---|
| 3.4 | 造波抵抗の低減 | 88 |
| 3.5 | 砕波抵抗、飛沫抵抗 | 91 |

## 第4章　船体に働くその他の抵抗 … 93

- 4.1　副部抵抗 … 93
  - 4.1.1　誘導抵抗 … 93
  - 4.1.2　副部に働く粘性抵抗 … 101
- 4.2　空気抵抗 … 106
- 4.3　波浪中抵抗増加 … 107
- 4.4　浅水影響・制限水路影響 … 108

## 第5章　推進器の基礎 … 113

- 5.1　推進器の種類 … 113
- 5.2　推進器の理論 … 115
  - 5.2.1　運動量理論 … 116
  - 5.2.2　翼素理論 … 121
  - 5.2.3　渦理論 … 122
- 5.3　プロペラ起振力 … 125
  - 5.3.1　シャフトフォース … 125
  - 5.3.2　サーフェイスフォース … 128
- 5.4　鳴音 … 134
- 5.5　相似則と尺度影響 … 135
- 5.6　最適設計 … 140

## 第6章　キャビテーション … 143

- 6.1　キャビテーションの基礎 … 143
  - 6.1.1　キャビテーション … 143
  - 6.1.2　キャビテーションのパターンと分類 … 144
  - 6.1.3　キャビテーションの影響 … 145
  - 6.1.4　キャビテーション数 … 146
  - 6.1.5　翼型に発生するキャビテーション … 148
- 6.2　プロペラに発生するキャビテーション … 149
- 6.3　キャビテーションの予測方法 … 151
  - 6.3.1　理論計算による予測法 … 151
  - 6.3.2　キャビテーション・チャートによる予測法 … 154
  - 6.3.3　CFDによる予測法 … 156

6.4　キャビテーション試験 ································································· 159
　　　6.4.1　キャビテーション水槽 ········································································ 159
　　　6.4.2　プロペラのキャビテーション試験法 ···················································· 160
　　　6.4.3　キャビテーション試験の相似則 ··························································· 161
　　　6.4.4　計測法 ································································································· 161

## 第7章　推進効率 ········································································· 163

　　7.1　推進効率 ······························································································· 163
　　7.2　自航要素の推定法 ················································································· 166
　　7.3　馬力計算 ······························································································· 169
　　7.4　輸送効率とEEDI ·················································································· 171

## 第8章　模型試験と解析 ······························································· 175

　　8.1　抵抗試験と解析 ····················································································· 175
　　8.2　プロペラ単独試験と解析 ······································································· 180
　　8.3　自航試験と解析 ····················································································· 184
　　8.4　模型船と実船の相関 ·············································································· 187
　　8.5　馬力推定の標準化と問題点 ···································································· 189
　　8.6　流場計測 ······························································································· 194
　　　8.6.1　伴流計測 ···························································································· 194
　　　8.6.2　波形解析 ···························································································· 197

参考文献 ································································································ 199
　　抵抗に関する参考文献 ··················································································· 199
　　推進に関する参考文献 ··················································································· 199
　　キャビテーションに関する参考文献 ······························································· 200

　　欧文索引 ········································································································ 201
　　和文索引 ········································································································ 203

# 第1章　船体抵抗の基礎

本書の前半では船体に働く流体抵抗について論じる。本章では船体抵抗を構成する抵抗成分を論じる準備として、海上を一定の速度で進行する船体に加わる流体抵抗（fluid resistance）の基礎について論じる。なお、本書でいう流体抵抗は物体の進行方向と逆向きに生じる流体力あるいは一様流方向に生じる流体力を意味しており、船体を対象とする場合に船体抵抗と呼ぶことにする。船体の形状設計を行う分野を船型計画あるいは特に船型学と呼ぶことがあるが、そのためには船体抵抗の精度よい推定が必要である。

## 1.1　流体抵抗と抵抗係数

一定の速度で進行する船体には様々な流体現象に基づく流体抵抗が働くが、ここではまず船舶の輸送機器としての特徴について考える。輸送機器として自動車、鉄道、船舶、航空機を考えると、船舶だけ水と空気という2つの流体に接しており、その境界面を航行している。船舶以外の輸送機器は流体としては空気にしか接しておらず、高速な航空機を除き流体抵抗としては空気からの粘性抵抗（viscous resistance）を考えれば十分な場合が多い。水と空気の境界面を、水面の形状が自由に変形して水波ができるということから自由表面（free surface）と呼ぶことが多いが、船舶は波を造りながら自由表面上を航行するため、流体から余分な抵抗、すなわち造波抵抗（wave resistance または wave making resistance）という抵抗を受けることになる。従って、船舶は粘性抵抗だけではなく造波抵抗にも打ち勝って進まなければならないため、流体力学的な形状設計すなわち船型計画もそれだけ難しくなる。

流体抵抗の性質を調べるために初めに最も簡単な場合について考える。すなわち物体が1種類の流体中を一定の前進速度で進行し、かつ、この流体が無限遠方にまで広がっていると仮定する。もしこの流体に粘性がない（完全流体あるいは理想流体と呼ぶ）とすると流体は物体表面を滑って流れ、物体のまわりで流れが連続であるとすれば、流体力学の教えるところにより物体は流体からなんらの力も受けないことになる。これが有名なダランベールの背理（d'Alembert's paradox, 1768）であり、流体抵抗論はこの矛盾を解決するために発展してきたといってもよい。

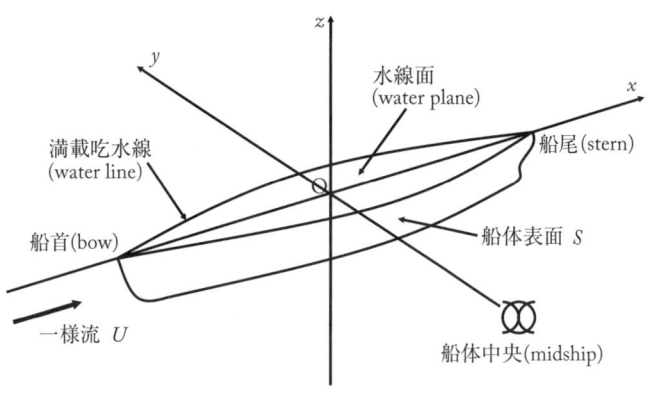

図1.1　座標系

船体の場合には、空気と水という2種類の流体の境界面を進行しているから、1種類の流体かつこの流体が無限遠方にまで広がっているという仮定に反するため流体抵抗が働くことになる。これが造波抵抗である。さらに粘性を持つ空気および水という流体中を進行しているので、流体に粘性がないという仮定に反するため粘性抵抗と呼ばれる流体抵抗が働くことになる。

次に、本書で用いる用語および座標系に関する一般的な注意を簡単に述べる。まず、流体抵抗について一般に抵抗（resistance）という用語を用いるが、これと同義語で抗力（drag）という用語がある。抗力は流体中の物体について揚力（lift）を同時に生じている場合について使用されることが多い。揚力は物体の運動によって生じる抗力に垂直な方向成分の力である。航空機はこの原理に基づいて空中を飛行しているので、必ず揚力を生じている。従って、本書でも現象的に揚力を生じている場合、例えば水中翼の理論を論じる場合には抗力という用語を用い、抵抗と抗力を適宜使い分けることにする。

上記のように本書では一定速度で進行する船体に働く流体抵抗について論じるが、一様流中に船体が固定されていると考えても結果は変わらないから、図1.1のように船体固定の座標系を利用することが一般的である。このとき$x$軸の方向を一様流の方向にとり、進行速度に対応する一様流速を$U$とする。また鉛直上向きの方向を$z$軸にとる。なお、一部の説明の都合上、2次元の問題に限定して論じたり、空間固定の座標系を用いたりする場合があるので、注意していただきたい。

流体抵抗は無次元数である抵抗係数（resistance coefficient）の形で表示されることが多く、本書でも抵抗係数を多用する。次元表示および次元解析については1.3節で詳しく紹介するが、力学に関係する各物理量は最も基本的な単位である長さ（length）L、質量（mass）M、時間（time）T のべき乗積を使って表すことができる。この考え方は単位系（SI単位系や工学単位系）に依存しないために、各物理量の関係を把握するのに便利である。例えば速度は長さを時間で割った単位であるから、$LT^{-1}$ あるいは $[L][T]^{-1}$ と表される。このように表現した場合のL、M、T のべき乗積の指数が全て0のとき、無次元数（または無次元量）という。すなわち無次元数は $L^0 M^0 T^0$ となる。

次に抵抗係数の定義について述べる。まず船体のように3次元の物体の場合には、抵抗を$R$ [N]、流体の密度（fluid density）を$\rho$ [kg/m$^3$]、物体の基準面積を$A$ [m$^2$] とすると、抵抗係数は次のように定義される。

$$C = \frac{R}{\frac{1}{2}\rho U^2 A} \tag{1.1}$$

基準面積には任意性があり、面積の次元を持つ量として基準長さの2乗、物体の表面積、容積の2/3乗、あるいは進行方向に対する最大横切面積（断面積）等が使用される。実際に船舶の場合には次のような係数を用いることが多い。

$$\frac{R}{\frac{1}{2}\rho U^2 L^2},\ \frac{R}{\frac{1}{2}\rho U^2 S},\ \frac{R}{\rho U^2 \nabla^{2/3}},\ \frac{R}{\frac{1}{2}\rho U^2 A_M} \tag{1.2}$$

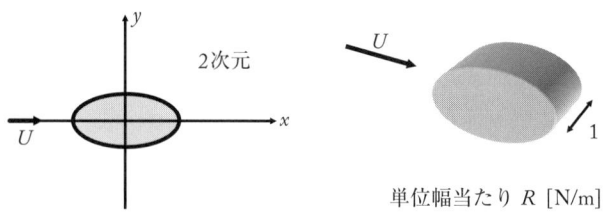

**図 1.2　2 次元物体の抵抗**

ただし、$L$ は船長（ship length）、$S$ は浸水面積（wetted surface area）、$\nabla$ は排水容積（displacement volume）、$A_M$ は中央横切面積（sectional area of midship）である。次に、2 次元の場合について述べておく。本書で 2 次元物体そのものの抵抗特性を論じる機会は少ないが、抵抗係数の定義については少し注意が必要である。2 次元物体の場合には $xy$ 空間における物体形状をこれと垂直な方向に無限に続く物体の断面とみなし、抵抗 $R$ を図 1.2 のように $xy$ 空間に垂直な方向の単位幅当りの抵抗 $R$ [N/m] として表すので、物体の基準長さを $a$ とすると、抵抗係数は次のように定義される。

$$C = \frac{R}{\frac{1}{2}\rho U^2 a} \tag{1.3}$$

基準長さとしては物体の進行方向の長さ、物体の最大厚さ等が考えられる。このように 3 次元の場合と 2 次元の場合とでは無次元化の際に分子の次元が異なる。ただし、無次元係数としての意味は同じで、(1.3) 式の分子分母に単位幅 1 m をかけてやれば (1.1) 式の定義と何ら変わりないことが理解できる。なお、抵抗の代わりに抗力という用語を用いる場合には記号 $D$ を用い、抵抗係数と同じ形の抗力係数（drag coefficient）を定義することができる。

以上のように抵抗係数を用いることにより、速度や大きさをそろえて物体に働く抵抗の特性を捉えることができる。幾何学的相似模型の力学的相似については 1.3 節で論じることになるが、そのような場合について (1.2) 式のどの形の係数を使っても結論は変わらない。しかし、異なる船型について性能の比較を行う場合には、どのような状態を基準として比較するかによって抵抗係数の形を適切に決めなければならない。

(1) 抵抗係数 $\dfrac{R}{\frac{1}{2}\rho U^2 L^2}$ の力学的解釈

抵抗係数について (1.2) 式の 1 番目の式の解釈について考える。粘性の影響や重力の影響がないと考えれば、流体の運動を決定するのは慣性力（inertia force）$F$ である。

$$\begin{aligned} F &= \text{Mass} \times \text{Acceleration} \\ \text{Acceleration} &\propto (\text{Speed})^2/\text{Length} \end{aligned} \tag{1.4}$$

これより慣性力は、$U$ を代表速度、$L$ を代表長さ、$\rho$ を流体密度として

$$F \propto \text{Mass} \times U^2 L^{-1} \propto \rho U^2 L^2 \tag{1.5}$$

と書くことができる。従って、例えば (1.2) 式の1つ目の定義に基づけば抵抗係数は

「抵抗÷慣性力」

の形をしている。このように抵抗係数は抵抗と慣性力の比を表していると解釈することができる。この定義以外の2番目〜4番目の式も船体の幾何学的無次元パラメータとして

$$L^2/S, \quad L^2/2\nabla^{2/3}, \quad L^2/A_M \tag{1.6}$$

を考えれば、これらとの積をとることにより直ちに導かれるから、同じ意味を持っている。

(2) 抵抗係数 $\dfrac{R}{\frac{1}{2}\rho U^2 S}$ の力学的解釈

次に、(1.1)〜(1.3) 式の分母の $1/2 \cdot \rho U^2$ が岐点圧 (stagnation pressure) あるいは動圧 (dynamic pressure) と呼ばれる圧力になっていることに基づく解釈を示す。完全流体 (perfect fluid) あるいは理想流体 (ideal fluid) と呼ばれる非粘性流体 (inviscid fluid) 中の一様な流れ $U$ の中におかれた物体を考えると、物体まわりの流体の各点における速度 $q$ と圧力 $p$ の関係は、重力を無視もしくは没水深さが同じであるとすると、ベルヌーイの定理 (Bernoulli's theorem) より

$$p + \frac{1}{2}\rho q^2 = p_0 + \frac{1}{2}\rho U^2 \tag{1.7}$$

と書ける。ここで、$p_0$ は物体上流における圧力である。(1.7) 式において速度の変化による圧力の変化は $-1/2 \cdot \rho q^2$ である。物体の前端に流速 $q=0$ となる点、すなわち岐点（淀み点：stagnation point）があるが、この点における圧力 $p - p_0$ は $1/2 \cdot \rho U^2$ であり、これが岐点圧である。従って、例えば (1.2) 式の2つ目の定義に基づけば抵抗係数は

「抵抗÷（岐点圧×浸水面積）」

の形になっている。圧力は単位面積あたりに働く力を表しているから、このような抵抗係数は岐点圧が浸水面積と同じ面積に働いたときに生じる力と船体抵抗との比になっていると解釈することができる。この抵抗係数からも他の抵抗係数定義式を直ちに誘導することができる。

【Note 1.1】ベルヌーイの定理

ベルヌーイの定理は非粘性流体（完全流体、理想流体）の運動方程式であるオイラー (Euler) の運動方程式 (equation of motiom) を、ある条件のもとで積分して得られた定理である。まずオイラーの運動方程式は次のように表される。

$$\frac{\partial u}{\partial t}+u\frac{\partial u}{\partial x}+v\frac{\partial u}{\partial y}+w\frac{\partial u}{\partial z}=X-\frac{1}{\rho}\frac{\partial p}{\partial x}$$

$$\frac{\partial v}{\partial t}+u\frac{\partial v}{\partial x}+v\frac{\partial v}{\partial y}+w\frac{\partial v}{\partial z}=Y-\frac{1}{\rho}\frac{\partial p}{\partial y} \quad (1.8)$$

$$\frac{\partial w}{\partial t}+u\frac{\partial w}{\partial x}+v\frac{\partial w}{\partial y}+w\frac{\partial w}{\partial z}=Z-\frac{1}{\rho}\frac{\partial p}{\partial z}$$

ただし、$u, v, w$ はそれぞれ $x, y, z$ 方向の流速、$p$ は圧力、$X, Y, Z$ はそれぞれ $x, y, z$ 方向の質量力を表す。このオイラーの運動方程式は、①時間変化のない定常流の場合（回転運動を含む）には流線上で、②非回転運動（渦なしの流れ）の場合には流体領域で、それぞれ積分が可能となり、質量力として重力のみを考慮すると次のように書ける。

$$p+\frac{1}{2}\rho q^2+\rho gz = \text{const.} \quad (1.9)$$

ただし、②についても定常流の場合の式を示してある。(1.9) 式は圧力の次元になっており圧力方程式と呼ばれることもあるが、流線上あるいは領域上で単位体積あたりのエネルギーが保存されるという保存則を表している。圧力としては左辺第1項を静圧（static pressure）、第2項を動圧（dynamic pressure）、第3項を静水圧（hydrostatic pressure）、右辺（左辺の総計）を総圧（total pressure）と呼ぶ。

---

【Note 1.2】岐点圧と圧力係数

岐点における圧力 $p-p_0$ は $1/2 \cdot \rho U^2$ で表される。この岐点圧を圧力の大きさの基準にとり圧力 $p-p_0$ を無次元化した

$$C_p = \frac{p-p_0}{\frac{1}{2}\rho U^2} = 1-\left(\frac{q}{U}\right)^2 \quad (1.10)$$

を圧力係数と呼び、流体力学や流体抵抗論では圧力の比較によく用いられる。ベルヌーイの定理が成立する非粘性流体の場合で考えると、図1.3のように、物体表面に沿う流れは物体中央部の幅の広い部分に近づく

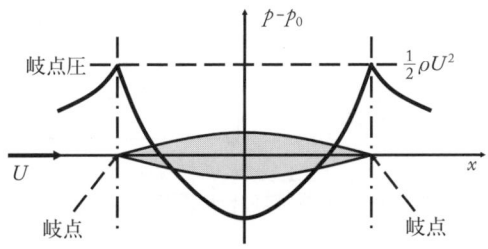

図1.3 岐点圧と圧力分布

につれて流速が増加しこれに伴って圧力が低下するが、物体の後半部で再び流速が減少して後端で速度は0となり圧力は再び岐点圧に達し、圧力係数は1に回復することになる。

## 1.2 抵抗成分の種類

船体抵抗の成分の種類について、第2章〜第4章の各論に入る準備として、この節では流体現象に基づく分類と船体構成要素に基づく分類について述べる。

### 1.2.1 流体現象に基づく分類

まず、ここでは流体現象と抵抗成分との関係についての概要を紹介する。

最初に流体現象に基づいて船体抵抗を分類すると概ね図1.4のようになる。本節では、図1.4の各抵抗成分と流体現象の関係について簡単に紹介し、詳しくは該当する章および節で論じる。なお、図1.4に示した抵抗成分はそれぞれ完全に独立したものではなく、流体諸現象は同時に存在しかつ相互に影響しあっている。従って、船体抵抗を成分ごとに正確に分離できるわけではなく、また逆にそれぞれ独立した成分の和が船体に働く全抵抗であると考えることもできない。船体抵抗を近似的成分ごとに分離して扱うことによって工学的な実用性が生まれてくるので、本書でも主として成分ごとに船体抵抗の解説をしていくことにする。

(1) 水抵抗と空気抵抗

船舶が他の輸送機器と大きく異なる点は、船舶だけ水と空気という2つの流体に接しており、その境界面を航行していることである。そのため、船体の没水部表面すなわち浸水面には水の粘性作用に基づく粘性抵抗と、船体の造波現象に基づく造波抵抗が働いている。これらを総称して水抵抗（water resistance）と呼ぶことがある。一方、上部構造物を含む水面上の部分は空気に接しており、この部分には空気の粘性に基づく粘性抵抗が働いている。これを水抵抗に対して空

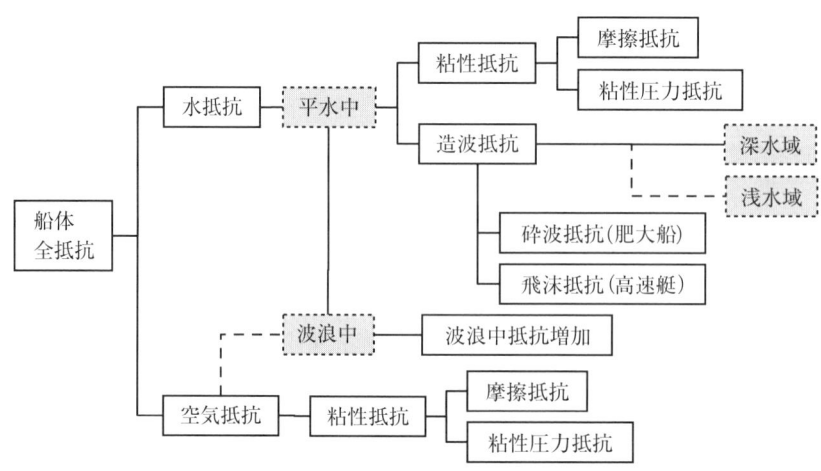

**図1.4 流体現象に基づく船体抵抗の分類**

表 1.1　清水・海水・空気の密度（SI 単位）および動粘性係数

| 温度 ℃ | 清水 $\rho$ | 清水 $\nu \times 10^6$ | 海水 $\rho$ | 海水 $\nu \times 10^6$ | 空気 $\rho$ | 空気 $\nu \times 10^6$ |
|---|---|---|---|---|---|---|
| 0 | 999.8 | 1.787 | 1028.0 | 1.828 | 1.293 | 13.22 |
| 5 | 999.9 | 1.517 | 1027.6 | 1.561 | 1.270 | 13.66 |
| 10 | 999.6 | 1.306 | 1026.9 | 1.354 | 1.247 | 14.10 |
| 15 | 999.0 | 1.139 | 1025.9 | 1.188 | 1.226 | 14.56 |
| 20 | 998.1 | 1.004 | 1024.7 | 1.054 | 1.204 | 15.01 |
| 25 | 996.9 | 0.893 | 1023.2 | 0.943 | 1.185 | 15.47 |
| 30 | 995.6 | 0.801 | 1021.7 | 0.849 | 1.165 | 15.93 |

気抵抗（air resistance）と呼ぶ。

　空気抵抗の大きさは水抵抗に比べて極めて小さいため、船型設計の段階では無視しているのが普通である。いま、抵抗係数を $C$ とし、基準面積として空気もしくは水に接した面積 $S$ をとると、抵抗の大きさは抵抗係数の定義 (1.1) 式より

$$R = \frac{1}{2}\rho U^2 SC \tag{1.11}$$

と書け、抵抗は流体の密度に比例する。ここで参考のため、清水・海水・空気の密度（SI 単位）と動粘性係数（kinematical viscosity）を表 1.1 に示す。動粘性係数は粘性係数（viscosity）$\mu$ と $\nu = \mu/\rho$ の関係がある。清水および海水の密度は空気の各々約 800 倍および約 820 倍、水および海水の動粘性係数は空気より桁が 1 つ低いと理解しておくと便利である。ここで、抵抗の大きさは密度に比例するから、水面下の形状および水面上の形状に対する抵抗係数に大差がないと仮定すれば、空気抵抗は水抵抗の約 1/800 ということになる。ただし、自動車運搬船のように水面上の構造物が肥大な船型の場合には、空気に接した面積が大きくなるので、空気抵抗を無視できない場合がある。また、水面上で強風が吹き荒れている場合には、抵抗は速度の 2 乗で効くため、空気抵抗を無視できない場合がある。

(2) 粘性抵抗

　物体の表面に働く流体の作用は、図 1.5 のように表面に接線方向の力すなわち摩擦応力（せん断応力）による摩擦力と表面に垂直な方向の力すなわち圧力による力が合成されたものとして現われる。摩擦応力も圧力も単位面積あたりに働く力を表しているから、物体表面の微小面積との積によりその部分に加わっている力を求めることができ、それらの一様流方向（$x$ 軸方向）の成分を物体表面で積分することにより、摩擦抵抗と圧力抵抗が得られる。従って、物体に働く全抵抗（total resistance）を摩擦抵抗（frictional resistance）と圧力抵抗（pressure resistance）の成分に分けることができる。船体の場合には水からも空気からもこれらの抵抗を受けることになるが、上記のように空気からの抵抗成分は普通無視してよい。

　摩擦抵抗は流体の粘性の作用によって生じる。粘性の作用によって流体は物体の表面に付着

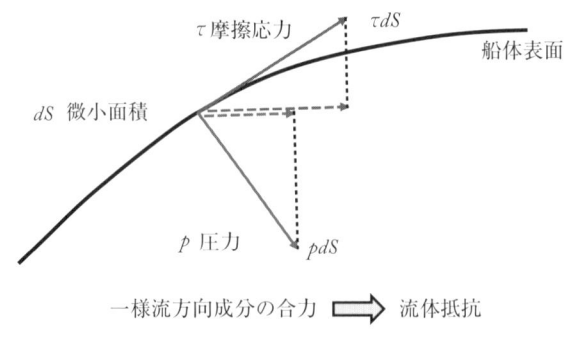

図1.5　摩擦抵抗と圧力抵抗

し、表面に接する流体の粒子は物体表面と同じ速度を持つ。静止している物体に一様な流れが当たると考えれば、物体の表面上での流体の速度は0である。表面から遠ざかるにつれて速度は一様流に近づくので物体表面に垂直な方向に速度勾配（velocity gradient）が存在する。この速度勾配により流体中には内部摩擦が生じ、これによって物体表面においては接線方向の力が生まれる。この力の進行方向成分を物体表面上で積分したものが流体抵抗となる。これが摩擦抵抗である。

　圧力抵抗には主なものとして粘性による粘性圧力抵抗（viscous pressure resistance）と造波抵抗がある。この他に後で述べる誘導抵抗も圧力抵抗の一種である。ここでは粘性圧力抵抗について説明する。非粘性流体の場合の圧力分布は物体の前端と後端で圧力が岐点圧になり、このような圧力分布を物体の全表面にわたって積分（圧力積分）しても、物体の前半部に働く力がちょうど後半部に働く力によって打ち消され、物体は何らの抵抗をも受けないということになる。これがダランベールの背理であるが、粘性流体中では圧力が後端で岐点圧に回復しない、すなわち圧力係数が1に回復しないことになり、圧力積分の結果は0ではなく抵抗が発生する。これが粘性圧力抵抗である。圧力が後端で岐点圧に回復しない理由は、境界層内の速度欠損という現象に起因している。詳しくは次章で論じるが、水や空気のように粘性の小さい流体中を大きな物体が運動するときは、粘性の作用は物体表面に接したきわめて薄い層である境界層（boundary layer）の内部においてのみ著しい。境界層の内側では粘性の作用、すなわち物体表面との摩擦によって速度が低下する。このため、境界層内では流体粒子の運動エネルギーが境界層の外よりも小さくなり、圧力が岐点圧に達する前に速度は0となってしまい、境界層内の流線はこの点で物体表面を離れ、いわゆる境界層の剥離（separation）という現象が現われる。なお、平板の場合には境界層外の圧力は一定であり、境界層内の流れも平行流と考えられるので剥離は生じない。剥離点の後方には渦（eddy）を含んだ複雑な運動をする死水領域（dead water zone）と呼ばれる部分ができ、死水領域および後方に続く流れを伴流（wake）と呼ぶこともある。粘性圧力抵抗については船舶海洋工学分野以外では単に圧力抵抗と呼ぶことが多いが、このような流体現象に基づいて剥離抵抗（separation resistance）、渦抵抗（eddy resistance）あるいは造渦抵抗（eddy making resistance）と呼ぶこともある。

　水中深く沈んだ潜水船舶が流体中を進行する際の抵抗は以上述べたような摩擦抵抗と粘性圧力抵抗の和であり、いずれも粘性の作用に基づく抵抗であるから、総称して粘性抵抗と呼んでい

る。

(3) 造波抵抗

次に、自由表面上を船体が航行する場合の圧力抵抗について考える。船に乗って船体のまわりの波を観察すると、船によって起こされた波の伝播速度は船体の前進速度に等しく、船体が一定の速度で進行するとその後方に規則正しい波が追っていくことがわかる。このような波系を維持するためには常にエネルギーを供給する必要があり、そのために船体によってなされる仕事は反作用として流体抵抗を生じる。これが造波抵抗（wave resistance または wave making resistance）である。船体の造波による水面変形のある場合の船体表面上の圧力分布は図1.3のような圧力分布とは一致しないと予想できる。このような圧力分布の一様流方向成分を船体の浸水表面にわたって積分してみても0にはならずに、造波抵抗という圧力抵抗が生じる。

この他に自由表面の存在によって生じる圧力抵抗には、肥大船舶の船首前面の砕波現象に伴う運動量変化によって生じる砕波抵抗（wave breaking resistance）、高速艇のように水面を滑走する際の飛沫の発生に伴う運動量変化によって生じる飛沫抵抗（spray resistance）等も含まれ、これらを総称して自由表面抵抗と呼ぶことがある。通常では航行域の水深が無限大と仮定した深水域を考えるが、水域の水深が浅い場合や水路の幅の狭い制限水域の中では抵抗特性が著しく変化する。また、波浪中で増加する抵抗も造波抵抗のひとつと考えられる。

## 1.2.2 船体構成要素による分類

前節1.2.1では船体抵抗を流体現象に基づく成分に分類したが、別の考え方として、船舶は主船体以外に、動揺軽減、推進、操縦等の目的のため各種の流体力学的構成要素を持っている。例えばビルジキール、フィンスタビライザ、プロペラ、舵等がこれに相当する。プロペラは推進用であるから推進性能とともに考慮しなければならないが、プロペラ以外の付加物については流体抵抗を流力的構成要素に働く成分として分類することもできる。水中翼船のように付加物の多いシステムの場合には、さらに複雑な抵抗成分を考える必要がある。このような考え方による抵抗成分の分類の例を図1.6に示す。船種によってはさらに細かい成分の分類を用いる必要がある場合も考えられるが、ここでは特殊な船種については考えないことにする。

船体抵抗の大部分は主船体（main hull）の抵抗である。図1.6では主船体の一部である船首バルブ（bow bulb）、船尾バルブ（stern bulb）および船尾トランサム（transom stern）を主船体とは別に示してあるが、これらには主船体との造波干渉による造波特性および造波抵抗の変化、特に造波抵抗の低減効果が期待できるため特に別に示してある。船尾トランサム形状については、没水トランサムの場合に主船体との造波干渉効果を持つとともに、粘性抵抗特性の変化についても考えなければならない。さらに主船体の抵抗については一般に満載状態に基づいて船型計画が行われるが、バラスト状態の場合には船種によって抵抗特性が大きく変わる。

主船体以外の付加物による抵抗を副部抵抗（appendage resistance）と呼ぶことがあるが、図1.6に示した構成要素に基づく抵抗が主なもので、流体現象に基づく抵抗成分としては粘性抵抗と誘導抵抗の増加を伴うことになる。もしこれらの付加物が主船体に比べて十分小さいと考えられる場合には、副部抵抗は摩擦面積の増加による摩擦抵抗の増加と船体の粘性圧力抵抗の増加と

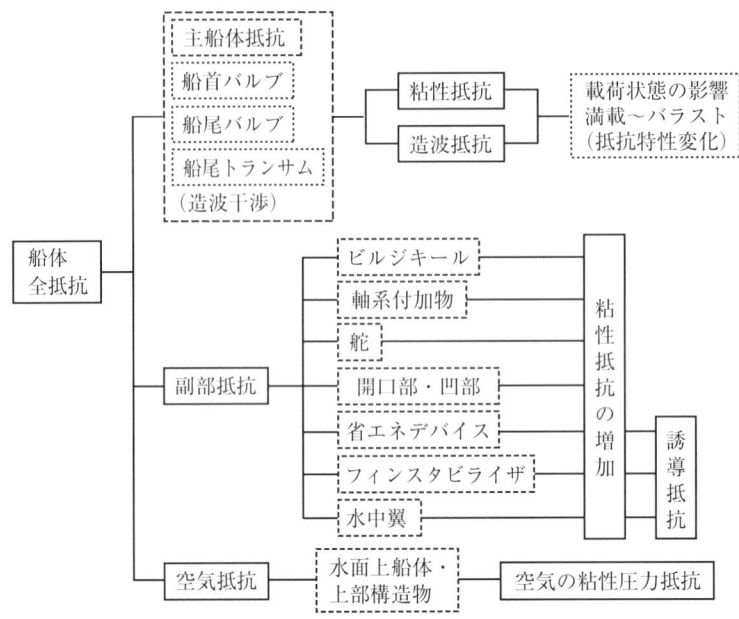

**図 1.6　船体構成要素と船体抵抗**

して取り扱う。粘性抵抗の増加以外に省エネデバイス、フィンスタビライザや水中翼の場合には、誘導抵抗が生じることを考慮する必要がある。誘導抵抗は 3 次元の翼、すなわち翼端を持つ翼に加わる抵抗成分で、翼端から発生する自由渦の誘導速度によって生じる抵抗であるため、誘導抵抗（抗力）（induced drag）と呼ばれている。誘導抵抗も含め図 1.6 に示されている内容については、主に第 4 章で詳しく解説する。

## 1.3　次元解析と相似則

次元解析および相似則の考え方は力学一般に通じる考え方であるが、この節では船体抵抗に関連する次元解析および相似則について解説する。

### 1.3.1　船体抵抗の次元解析

船体に働く流体抵抗の性質を調べるにあたって、次元解析（dimensional analysis）が利用できる。流体の問題に含まれる種々の物理現象はきわめて複雑であり、厳密な数学的解析を行えない場合が多い。このようなときに次元解析を利用すると単に各物理量の次元を考えるだけで、現象を表す方程式の大体の形をつかむことができ、種々の実験結果から一般的な結論を導き出すことにも役立てることができる。次元解析の基礎となっている原理を述べると、物理方程式の各項はいかなる場合でも同一の次元を持たなければならないということである。すなわち、ある物理量 $A$ に対して関係を持つ他の物理量を $P, Q, R\cdots$ とすれば、$A$ はこれらの関数として

$$A = f(P,\ Q,\ R,\ \cdots) \tag{1.12}$$

であり、(1.12) 式が各物理量のべき級数で展開できるとして、各項の係数を $K$ とすると

$$A = \sum K P^a Q^b R^c \cdots \tag{1.13}$$

となる。このとき級数の各項はいずれも $A$ と同じ次元を持たなければならない。従って、これらの指数を求めるには、各変数を力学の問題に共通な基本単位、長さ L、質量 M、時間 T で表現し、式の両辺に現れる各基本単位の指数を等置すればよい。

船体抵抗に関する次元解析を始める前に、流体力学に関連する物理量の SI 単位系（国際単位系：Systeme International d'Unites）および工学単位系による表示と次元表示による比較を表 1.2 に示す。なお、問題によっては熱を扱わなければならない場合があり、その場合には基本単位として温度が加わることになるが本書では扱わない。本書では特に断らない限り SI 単位を用いている。

実際に船体抵抗について次元解析を応用してみると以下のようになる。流体抵抗 $R$ は、流体の密度 $\rho$、長さ $L$、前進速力 $U$、流体の粘性係数 $\mu$、重力の加速度 $g$ などに関係してくると考察される。この他に抵抗は船体形状にも関係してくるが、形状を表すために次元を持たない係数を考えることができる。船舶の場合には例えば主要寸法比、肥せき係数などである。これらを $r_1$, $r_2$, $r_3$, $\cdots$ とすると

$$R = f(\rho, L, U, \mu, g, r_1, r_2, \cdots) \tag{1.14}$$

**表 1.2　SI 単位、工学単位および次元表示の比較**

| 物理量 | | SI 単位 | 工学単位 | 次元表示 |
|---|---|---|---|---|
| 力 | $F$ | N | kgf | $MLT^{-2}$ |
| 質量 | $M$ | kg | kgf·s²/m | $M$ |
| 重量 | $W$ | N | kgf | $MLT^{-2}$ |
| 密度（単位体積質量） | $\rho$ | kg/m³ | kgf·s²/m⁴ | $ML^{-3}$ |
| 圧力 | $p$ | Pa, hPa | kgf/m², kgf/cm² | $ML^{-1}T^{-2}$ |
| 応力 | $\tau$ | Pa, MPa | kgf/m², kgf/mm² | $ML^{-1}T^{-2}$ |
| 表面張力 | $\gamma$ | N/m | kgf/m | $MT^{-2}$ |
| 速度 | $u, v, w$ | m/s | m/s | $LT^{-1}$ |
| 加速度、重力加速度 | $\alpha, g$ | m/s² | m/s² | $LT^{-2}$ |
| 粘性係数 | $\mu$ | Pa·s | kgf·s/m² | $ML^{-1}T^{-1}$ |
| 動粘性係数 | $\nu = \mu/\rho$ | m²/s | m²/s | $L^2T^{-1}$ |
| 仕事 | | kW·s | kgf·m | $ML^2T^{-2}$ |
| 仕事率（動力あるいは馬力） | | kW | kgf·m/s, ps | $ML^2T^{-3}$ |

注意：
　1 N = 1 kg·m/s², 　1 W = 1 N·m/s, 　1 kW = 1000 W
　1 kg = 1/9.80665 kgf·s²/m, 　1 kgf = 9.80665 N, 　1 ps = 75 kgf·m/s = 0.7355 kW
　1 Pa = 1 N/m², 　1 hPa = 100 Pa, 　1 Mpa = 10⁶ Pa

と書ける。これを級数の形に書き表すと、$r_1, r_2, r_3, \cdots$ によって定まる各項の係数を $K$ として以下のように表せる。

$$R = \sum K \rho^a L^b U^c \mu^d g^e \tag{1.15}$$

各変数の次元を基本単位で表現して代入すると、両辺の次元は次のようになる。

$$\begin{aligned} \mathrm{MLT}^{-2} &= (\mathrm{ML}^{-3})^a L^b (\mathrm{LT}^{-1})^c (\mathrm{ML}^{-1}\mathrm{T}^{-1})^d (\mathrm{LT}^{-2})^e \\ &= \mathrm{M}^{a+d} \mathrm{L}^{-3a+b+c-d+e} \mathrm{T}^{-c-d-2e} \end{aligned} \tag{1.16}$$

各基本単位について指数を等置すれば

$$\begin{aligned} [\mathrm{M}] & \quad 1 = a+d \\ [\mathrm{L}] & \quad 1 = -3a+b+c-d+e \\ [\mathrm{T}] & \quad -2 = -c-d-2e \end{aligned} \tag{1.17}$$

5つの未知数に対し3つの方程式であるから2つは未定になる。いま $d$, $e$ を未定とすると

$$a = 1-d, \quad b = 2-d+e, \quad c = 2-d-2e \tag{1.18}$$

となる。従って、これを元の級数に代入すると

$$\begin{aligned} R &= \sum K \rho^{1-d} L^{2-d+e} U^{2-d-2e} \mu^d g^e \\ &= \rho U^2 L^2 \sum K \left(\frac{UL\rho}{\mu}\right)^{-d} \left(\frac{U^2}{gL}\right)^{-e} \end{aligned} \tag{1.19}$$

となり、整理すると

$$\frac{R}{\rho U^2 L^2} = f\left(\frac{UL\rho}{\mu}, \frac{U^2}{gL}, r_1, r_2, \cdots\right) \tag{1.20}$$

であることがわかる。ここで

$$R_n = \frac{UL\rho}{\mu} = \frac{UL}{\nu}, \quad F_n = \frac{U}{\sqrt{gL}} \tag{1.21}$$

と書くと、無次元数である $R_n$ はレイノルズ数（Reynolds number）であり、$F_n$ はフルード数（Froude number）と呼ばれている。ただし、$\nu = \mu/\rho$ は動粘性係数である。これらの無次元数の

流体力学的な解釈については、1.3.2節で詳しく解説する。従って、(1.20)式は次の形になる。

$$\frac{R}{\rho U^2 L^2} = f(R_n, F_n, r_1, r_2, \cdots) \tag{1.22}$$

$R/\rho U^2 L^2$ も次元を持たない抵抗係数の形になっており、(1.22)式の両辺は無次元である。すなわち、船体の全抵抗係数はレイノルズ数、フルード数、および形状パラメータによって決まることを意味している。

### 1.3.2 船体抵抗の相似則

船体抵抗の相似則について論じる前に、流体力学でよく登場する有名な無次元パラメータについて少し紹介しておく。表1.3に代表的なものを示すが、船体抵抗に関して重要なパラメータは前節の次元解析で見たようにレイノルズ数とフルード数である。

いま実船と相似模型船のように、寸法は異なるが形は相似という2つの物体を考える。形が相似であるから形状を表す無次元数 $r_1, r_2, r_3, \cdots$ は等しい。すなわちこれら2つの物体は幾何学的に相似である。次に、これら2つの物体の運動が相似である場合を考える。例えば両方とも直進運動をしている場合などである。このように幾何学的に相似な2つの物体が相似運動をしているときに、そのまわりの流体の運動について力の働き方が相似になる条件すなわち力学的相似の条件について考えてみる。

**表1.3 流体力学における無次元パラメータ**

| 無次元パラメータ | 支配現象 | 定義式（例） |
|---|---|---|
| レイノルズ（Reynolds）数 | 粘性 | $\dfrac{UL}{\nu}$ |
| フルード（Froude）数 | 重力、自由表面 | $\dfrac{U}{\sqrt{gL}}$ |
| マッハ（Mach）数 | 圧縮性 | $\dfrac{U}{C}$ |
| ストローハル（Strouhal）数 | 渦（カルマン渦） | $\dfrac{fd}{U}$ |
| キャビテーション（cavitation）数 | 気化（空洞）現象 | $\dfrac{p_0 - p_v}{\frac{1}{2}\rho U^2}$ |
| ウェーバー（Weber）数 | 表面張力 | $\dfrac{U}{\sqrt{\gamma/(\rho L)}}$ |

記号：
$C$：音速、$f$：渦の発生周波数（音の高さ）、$d$：円の直径
$p_0$：基準圧力、$p_v$：飽和蒸気圧、$\gamma$：表面張力

(1) レイノルズの相似則（Reynolds' law of similarity）

まず、粘性の作用のみが加わる流体運動を考えてみる。幾何学的相似の物体について力の働き方が相似となるためには、慣性力を力の基準と考えることができるので、慣性力（inertia force）と粘性力（viscous force）の割合が一定にならなければならない。単位面積に働く粘性力は粘性係数 $\mu$ に速度勾配をかけたものに等しく、速度勾配は速度を長さで割ったものであるから

$$\text{Viscous force} \propto \mu \frac{\text{Speed}}{\text{Length}} \text{Area} \tag{1.23}$$

従って、慣性力と粘性力の比は、慣性力の表現（1.5）式を用いると

$$\frac{\text{Inertia force}}{\text{Viscous force}} \propto \frac{\rho U^2 L^2}{\mu UL} = \frac{\rho UL}{\mu} = \text{const.} \tag{1.24}$$

と書くことができる。1.3.1節の次元解析の結果にも現われたように、動粘性係数 $\nu = \mu/\rho$ を用いると、これはレイノルズ数

$$R_n = \frac{UL}{\nu} \tag{1.25}$$

である。レイノルズ数が等しければ粘性力の働き方が相似になる。これをレイノルズの相似則という。また、流体中で粘性の作用のみを考えたとき、レイノルズ数が等しければ次元解析の結果（1.22）式により抵抗係数が一定となる。すなわち、粘性の作用のみによって生じる抵抗の係数である粘性抵抗係数（viscous resistance coefficient）は、レイノルズ数の関数として表現されることになる。なお、レイノルズ数を $R_e$ と表記することも多い。

【Note 1.3】ナビエ・ストークスの方程式

非粘性流体の運動方程式であるオイラーの方程式を既に紹介したが、ここでは粘性流体の運動方程式であるナビエ・ストークス（Navier-Stokes）の方程式、略してNS方程式について紹介する。水や海水のような場合には圧縮性のない流体、すなわち非圧縮とみなしてよいから、非圧縮のNS方程式を書き下すと下記のようになる。

$$\begin{aligned}
\frac{\partial u}{\partial t} + u\frac{\partial u}{\partial x} + v\frac{\partial u}{\partial y} + w\frac{\partial u}{\partial z} &= X - \frac{1}{\rho}\frac{\partial p}{\partial x} + \nu\left(\frac{\partial^2 u}{\partial x^2} + \frac{\partial^2 u}{\partial y^2} + \frac{\partial^2 u}{\partial z^2}\right) \\
\frac{\partial v}{\partial t} + u\frac{\partial v}{\partial x} + v\frac{\partial v}{\partial y} + w\frac{\partial v}{\partial z} &= Y - \frac{1}{\rho}\frac{\partial p}{\partial y} + \nu\left(\frac{\partial^2 v}{\partial x^2} + \frac{\partial^2 v}{\partial y^2} + \frac{\partial^2 v}{\partial z^2}\right) \\
\frac{\partial w}{\partial t} + u\frac{\partial w}{\partial x} + v\frac{\partial w}{\partial y} + w\frac{\partial w}{\partial z} &= Z - \frac{1}{\rho}\frac{\partial p}{\partial z} + \nu\left(\frac{\partial^2 w}{\partial x^2} + \frac{\partial^2 w}{\partial y^2} + \frac{\partial^2 w}{\partial z^2}\right)
\end{aligned} \tag{1.26}$$

この方程式はオイラーの運動方程式（1.8）の右辺に粘性項が加わった形になっている。粘性項に現れた $\nu = \mu/\rho$ は動粘性係数である。動粘性係数の数値については既に密度の数値とともに表1.1に示してある。

---

**【Note 1.4】連続の方程式**

流体の運動方程式として，非粘性流体についてはオイラーの運動方程式（1.8）式を，粘性流体についてはNS方程式（1.26）式を既に紹介したが，実際に流体の問題を解くときには，運動方程式のみではなく次のような連続の方程式（equation of continuity）が必要になる。

$$\frac{\partial u}{\partial x} + \frac{\partial v}{\partial y} + \frac{\partial w}{\partial z} = 0 \tag{1.27}$$

連続の式（1.27）式は質量保存則から求められる。運動方程式3式と連続の方程式の合計4つの式に対して，未知数は流速 $u, v, w$ と圧力 $p$ の4つである。

---

次元解析と力の働き方の相似に関する考察から，レイノルズの相似則の意味するところが明らかになったが，さらに粘性流体の運動方程式である上記のNS方程式（1.26）式の無次元化により，レイノルズの相似則の意味について考える。ここで，例として $x$ 軸方向の方程式について，次のような変数変換により方程式の無次元化の操作を行う。ただし，流れの代表速度を $U$，代表長さを $L$ とする。

$$\begin{aligned} u, v, w &\to Uu, Uv, Uw, \quad x, y, z \to Lx, Ly, Lz \\ t &\to \frac{L}{U}t, \quad p \to \rho U^2 p, \quad X \to \frac{U^2}{L}X \end{aligned} \tag{1.28}$$

これらを上の方程式に代入すると

$$\frac{U^2}{L}\left(\frac{\partial u}{\partial t} + u\frac{\partial u}{\partial x} + v\frac{\partial u}{\partial y} + w\frac{\partial u}{\partial z}\right) = \frac{U^2}{L}X - \frac{U^2}{L}\frac{\partial p}{\partial x} + \frac{U^2}{L}\frac{\nu}{UL}\left(\frac{\partial^2 u}{\partial x^2} + \frac{\partial^2 u}{\partial y^2} + \frac{\partial^2 u}{\partial z^2}\right) \tag{1.29}$$

となり，新しい無次元変数に対する方程式は

$$\frac{\partial u}{\partial t} + u\frac{\partial u}{\partial x} + v\frac{\partial u}{\partial y} + w\frac{\partial u}{\partial z} = X - \frac{\partial p}{\partial x} + \frac{1}{R_n}\left(\frac{\partial^2 u}{\partial x^2} + \frac{\partial^2 u}{\partial y^2} + \frac{\partial^2 u}{\partial z^2}\right) \tag{1.30}$$

と表され，$y$ および $z$ 軸方向についても同様な表現を得ることができる。この式から明らかなように，元の粘性項の係数部分にレイノルズ数が現れていることが確かめられる。この無次元化し

たNS方程式（1.30）式の形から考えると、レイノルズ数により流れの性質が決まってくると予想される。すなわち、ある物体まわりの流れについて、この方程式（1.30）式をあるレイノルズ数で解くことができれば、流れの代表速度や代表長さが違っていても、無次元化した粘性流体の流れは同じ模様を描く。レイノルズの相似則をこのように解釈してもよい。

ここで示した例のように力学ではしばしば無次元化という操作を行うことがある。本例では代表長さと代表速度を使って無次元化が行われているが、ここでその意味を考えてみる。まず、代表長さによる無次元化は、ルーペで流れの模様を拡大もしくは縮小し大きさをそろえて現象を観測していることに相当する。また、代表速度による無次元化は、スローモーションもしくは早送りにより流速をそろえ同じ速さにして流れの現象を観測していることに相当する。この結果として、レイノルズ数が粘性現象を支配するパラメータとして現れてくる。

**【例題1.1】ストークスの抵抗公式**

粘性流体の運動方程式であるNS方程式は複雑であり、ごく簡単な場合を除き厳密に解くことはできない。ただし、粘性の大きい流体について、流れが極めて緩やかであると仮定したストークス近似（Stokes' approximation）については、厳密な解が得られる場合がある。例えば、球のまわりの粘性流については、次のようなストークスの抵抗公式が得られている。

$$R = 6\pi a \mu U \tag{1.31}$$

ここで $a$ は球の半径である。この式から抵抗係数を求め、抵抗係数がレイノルズ数の関数として与えられることを示せ。

**【解答例】**

抵抗係数の定義式（1.1）に対し、基準面積 $A$ として球の断面積

$$A = \pi a^2 \tag{1.32}$$

をとる。このとき抵抗係数は

$$C = \frac{R}{\frac{1}{2}\rho U^2 A} = \frac{12\mu}{\rho U a} = \frac{24}{R_n}$$

$$R_n = \frac{UL}{\nu}, \quad L = 2a, \quad \nu = \frac{\mu}{\rho} \tag{1.33}$$

となるので、レイノルズ数の関数として与えられる。

(2) フルードの相似則 (Froude's law of similarity)

次に、幾何学的相似の物体について重力 (gravity force) の作用が相似となるためには、粘性力の場合と同様に慣性力と重力の比が等しくなければならない。すなわち

$$\text{Gravity force} = \text{Mass} \times g \propto \rho L^3 g$$
$$\frac{\text{Inertia force}}{\text{Gravity force}} \propto \frac{\rho U^2 L^2}{\rho L^3 g} = \frac{U^2}{gL} = \text{const.} \tag{1.34}$$

従って、重力が相似となるためには $U^2/gL$ が等しくなければならない。これをフルードの相似則と呼び、ここで得られた係数の平方根をフルード数 $F_n$ と呼ぶ。すなわち

$$F_n = \frac{U}{\sqrt{gL}} \tag{1.35}$$

である。なお、フルード数を $F_r$ と表記することもある。

フルードの相似則についても方程式の無次元化による解釈を示しておく。ここで利用するのはベルヌーイの定理である。既に【Note 1.1】で紹介したように、ベルヌーイの定理は非粘性流体の運動方程式であるオイラーの運動方程式を積分して得られた定理である。いま、重力場における流体力学を論じているので、質量力として重力のみを考慮するとベルヌーイの定理は (1.9) 式のように書ける。ベルヌーイの定理 (1.9) 式を先の場合と同様に (1.28) 式の変数変換により無次元化すると

$$p + \frac{1}{2}q^2 + F_n^{-2} z = \text{const.} \tag{1.36}$$

と表されることが容易に確かめられる。従ってフルード数が同じであれば、流れの代表速度や代表長さが違っていても無次元化した関係式は変化しない、すなわち非粘性流体の場合の重力場ではフルード数によって流れが支配されていると解釈することができる。

【例題 1.2】ケルビン波 ─────

一定速度で航行する船体が造る波紋は 3.1 節で紹介するようにケルビン波 (Kelvin wave) と呼ばれており、1 点に集中した波源が一定速度で移動している場合の波頂線の方程式

$$\begin{cases} x = \dfrac{n\pi}{K_0} \cos\theta (2 - \cos^2\theta) \\ y = -\dfrac{n\pi}{K_0} \sin\theta \cos^2\theta \end{cases} \tag{1.37}$$

で表される曲線とよく似ている。なお、(1.37) 式において $K_0 = g/U^2$ である。この式を無次元化して波頂線の方程式がフルード数の関数として与えられることを示せ。

【解答例】
　代表長さ $L$ を用いて座標を無次元化し、$x, y \to Lx, Ly$ のようにおくと、例えば (1.37) 式の $x$ の式は

$$Lx = \frac{n\pi}{K_0} \cos\theta(2 - \cos^2\theta) \tag{1.38}$$

となるから、無次元化した式は

$$x = \frac{n\pi}{K_0 L} \cos\theta(2 - \cos^2\theta) = F_n^2 n\pi \cos\theta(2 - \cos^2\theta)$$
$$K_0 L = \frac{gL}{U^2} = F_n^{-2} \tag{1.39}$$

のようにフルード数の関数として与えられる。$y$ 方向の式も同様である。すなわち、フルード数が一定ならば波頂線の形は変わらないことになる。

---

(3) 次元解析および相似則のまとめ

　船体抵抗の次元解析および相似則の結果をまとめると、幾何学的に相似な船舶の場合、すなわち船体形状を表すための主要寸法比、肥せき係数などのパラメータである $r_1, r_2, r_3, \cdots$ が等しい場合、次のように書くことができる。

$$\frac{R}{\frac{1}{2}\rho U^2 L^2} = f(R_n, F_n) \tag{1.40}$$

この式は抵抗係数がレイノルズ数とフルード数の関数であることを示しており、幾何学的に相似な実船とその模型の間でレイノルズ数とフルード数が等しければ抵抗係数は等しくなることを意味している。従って、寸法の異なる実船と相似模型との間で力学的に相似の状態が成立するためには、レイノルズ数とフルード数を同時に等しくする、すなわち図 1.7 のように慣性力、粘性力、重力の 3 つの力の比を全て等しく必要がある。しかし、容易に想像がつくように、寸法が異なる限りこのような状態をつくりだすことは実際上不可能である。すなわち幾何学的相似模型を力学的相似な状態で実験することは実際上不可能である。この事実が模型試験の結果を用いて実際の物体の流体抵抗を推定するために最も重大な問題となる。このような問題を実用的に解決するための手法について、第 8 章の模型試験と解析のところで詳しく述べる。

## 1.3 次元解析と相似則

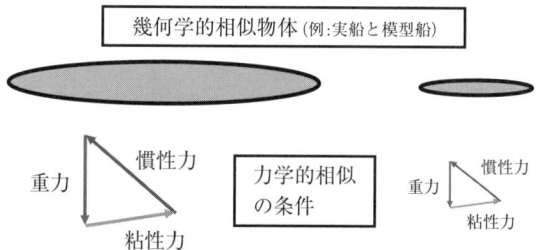

**図 1.7 幾何学的相似と力学的相似の条件**

### 【例題 1.3】力学的相似の条件

縮尺 $1/n$ の幾何学的相似模型を用いて、実船の運動を水槽試験で再現する場合の力学的相似の条件について考えたい。模型と実船との間でフルード数とレイノルズ数を同時に一致させるための条件（速度の関係、動粘性係数の関係）を示し、これが現実的には不可能であることを説明せよ。

### 【解答例】

実船には添え字 $s$ を、模型船には添え字 $m$ を付けることにして、それぞれのレイノルズ数およびフルード数を表すと以下のようになる。

$$R_{ns} = \frac{U_s L_s}{\nu_s}, \quad F_{ns} = \frac{U_s}{\sqrt{gL_s}}$$
$$R_{nm} = \frac{U_m L_m}{\nu_m}, \quad F_{nm} = \frac{U_m}{\sqrt{gL_m}} \tag{1.41}$$

ここで、実船と模型船の間でフルード数を一致させるとすると、速度の関係式として

$$\frac{U_m}{U_s} = \sqrt{\frac{L_m}{L_s}} = \sqrt{\frac{1}{n}} \tag{1.42}$$

が得られる。さらにレイノルズ数の一致を課し、上の速度の条件（1.42）式を考慮すると

$$\frac{\nu_m}{\nu_s} = \sqrt{\frac{1}{n^3}} \tag{1.43}$$

が得られる。従って、力学的相似の条件を満たすためには、模型の縮尺を変えるたびに水槽水を（1.43）式の条件を満たす流体に入れ換えなければならない。また、実船の場合の流体は海水であるが、（1.43）式の条件を満たす流体は縮尺が極めて 1 に近い場合でない限り見出すことができないので、現実的にこのような条件を満たすことは不可能である。

## 1.4 抵抗評価の理論式

以上のように流体抵抗には様々な成分があるが、この評価方法には大別して2つの方法がある。1つは船体表面（浸水表面）に働く応力を直接積分して抵抗を計算する方法、もう1つの方法は保存則に基づいて抵抗を評価する手法である。保存則に基づく手法には、さらに運動量保存則に基づく方法とエネルギー保存則に基づく方法がある。

### 1.4.1 応力積分に基づく抵抗評価

NS方程式（1.26）式と連続の方程式（1.27）式を解くことにより流速 $u, v, w$ および圧力 $p$ が求められたとすると、次に応力を計算することができる。応力テンソル（stress tensor）$\mathbf{P}$ およびその成分である垂直応力（法線応力：normal stress）およびせん断応力（摩擦応力：shear stress）は下記【Note 1.5】の（1.47）式と（1.48）式で与えられるが、それらのうち一様流方向（$x$ 軸方向）の応力成分のみを取り出すと次のようになる。

$$\sigma_x = -p + 2\mu \frac{\partial u}{\partial x}, \quad \tau_{yx} = \mu\left(\frac{\partial u}{\partial y} + \frac{\partial v}{\partial x}\right), \quad \tau_{zx} = \mu\left(\frac{\partial w}{\partial x} + \frac{\partial u}{\partial z}\right) \tag{1.44}$$

応力は単位面積当たりの力を表しているから、面積をかければ流体力が得られる。その力の一様流方向成分を取り出せば抵抗の評価式になる。

ここで、図1.8のように船体表面を微小な矩形で近似すると仮定し、応力の働き方に注目して $x$ 軸方向の力である抵抗 $R$ を書き下すと

$$R = \iint_S (\sigma_x n_x + \tau_{yx} n_y + \tau_{zx} n_z) dS \tag{1.45}$$

となる。ただし、$S$ は船体表面を表し、船体表面上の外向き単位法線ベクトルを $\mathbf{n} = (n_x, n_y, n_z)$ としている。この式で、例えば $n_x dS$ は $x$ 軸に垂直な面（$yz$ 平面）への $dS$ の射影面を示しているから、$\sigma_x n_x dS$ はこの微小な射影面に働く $x$ 方向の力を示している。（1.45）式の応力積分の式はこのような微小面に働く力を物体全体にわたって積分して抵抗を求めるものである。

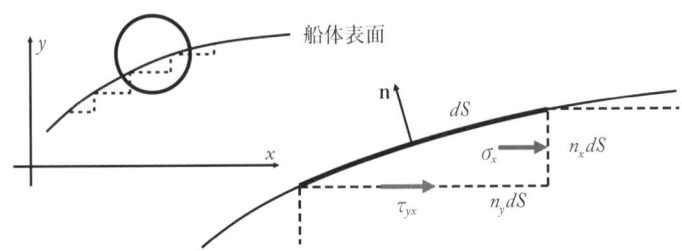

微小面に働く力＝応力×応力の働く微小面の面積

**図1.8 船体表面に働く一様流方向の力**

## 【Note 1.5】粘性流体中の応力

粘性流体中の応力テンソルを

$$\mathbf{P} = \begin{bmatrix} \sigma_x & \tau_{yx} & \tau_{zx} \\ \tau_{xy} & \sigma_y & \tau_{zy} \\ \tau_{xz} & \tau_{yz} & \sigma_z \end{bmatrix} \tag{1.46}$$

と書くと、垂直応力の成分すなわち対角成分は

$$\sigma_x = -p + 2\mu \frac{\partial u}{\partial x}, \quad \sigma_y = -p + 2\mu \frac{\partial v}{\partial y}, \quad \sigma_z = -p + 2\mu \frac{\partial w}{\partial z} \tag{1.47}$$

のように表される。また、非対角成分のせん断応力あるいは摩擦応力は次のように表される。

$$\tau_{yx} = \tau_{xy} = \mu\left(\frac{\partial u}{\partial y} + \frac{\partial v}{\partial x}\right), \quad \tau_{zy} = \tau_{yz} = \mu\left(\frac{\partial v}{\partial z} + \frac{\partial w}{\partial y}\right),$$
$$\tau_{xz} = \tau_{zx} = \mu\left(\frac{\partial w}{\partial x} + \frac{\partial u}{\partial z}\right) \tag{1.48}$$

各応力成分は単位面積あたりの力の次元を持つ物理量として定義される。なお、せん断応力の添字の定義については、本書では第1添字に示された軸に垂直な面に沿って、第2添字の方向にそのせん断応力が働いていると定義している。

非粘性流体（完全流体）の場合には$\mu=0$となり、この場合には(1.47)式より非対角成分であるせん断応力が0になる。また

$$\sigma_x = \sigma_y = \sigma_z = -p \tag{1.49}$$

となるから、応力の方向性はなく圧力のみが流体中に生じるという、理想流体の力学と矛盾しない結論が得られる。

---

次に(1.45)式に基づいて図1.5で示した摩擦抵抗と圧力抵抗に分離した式を求める。圧力抵抗は(1.44)式の垂直応力の圧力$p$のみによる抵抗成分であるから、(1.44)式および(1.45)式より摩擦抵抗$R_f$と圧力抵抗$R_p$を形式的に次のように分離することができる。

$$R_f = \mu \iint_S \left\{ 2\frac{\partial u}{\partial x} n_x + \left(\frac{\partial u}{\partial y} + \frac{\partial v}{\partial x}\right) n_y + \left(\frac{\partial w}{\partial x} + \frac{\partial u}{\partial z}\right) n_z \right\} dS$$
$$R_p = -\iint_S p n_x dS \tag{1.50}$$

非粘性流体の場合には上の (1.50) 式において $\mu=0$ とおけばよいから、摩擦抵抗の成分は 0 となり圧力抵抗の成分しか現われない。しかも、先に論じたように物体が無限遠方まで広がっている流体中にあるとすると、この積分値は物体前半部の積分と物体後半部の積分がうち消しあって 0 になり、ダランベールの背理が成立する。もちろん、船体の場合にはまわりに自由表面が存在しているから、造波現象に基づく造波抵抗を生じるため、この圧力積分の値は 0 にはならない。

以上の手順を整理すると一般に

1) 運動方程式および連続の方程式を一様流の境界条件の下で解き、速度、圧力を求める。
2) 船体表面上の応力分布を求める。
3) 船体表面上で応力積分を行う。

のプロセスを経て流体抵抗が計算されることになる。実際の問題を解く際の手順はこのように単純ではなく、これらの各過程に様々な近似、簡易化等が導入されて初めて計算が可能になることが多い。数値解析の様々な手法を駆使して流体問題を解析する計算流体力学（Computational Fluid Dynamics; CFD）の手法でも、ほぼこのようなプロセスに従って流体抵抗が評価されていると考えてよい。

### 1.4.2 保存則に基づく抵抗評価

本節では抵抗の評価方法として保存則に基づく方法について解説する。すなわち、力学の保存法則として知られている運動量保存則およびエネルギー保存則を、一様流中に置かれた船体あるいは流体中を一定速度で進む船体のまわりの流体領域に適用し、流体抵抗の評価式を求める。

(1) 運動量保存則の応用

ここでは、一様流中に船体が置かれているとして運動量の保存を考える。図 1.9 のように船体固定の座標系を考え、船体前方と後方に運動量の出入りを調査する調査面あるいは検査面（control surface）と呼ばれる鉛直面を仮定し、船体表面（浸水面）を $S$ とする。また、船体を固定して考えているので、流れは時間変化のない定常流とみなされる。質量力として重力を考える必要があるが、一様流方向の運動量変化には関係しないので、ここでは無視してもよい。以上より、運動量保存則として考慮する項目は、いずれも単位時間について考えて、前方の調査面

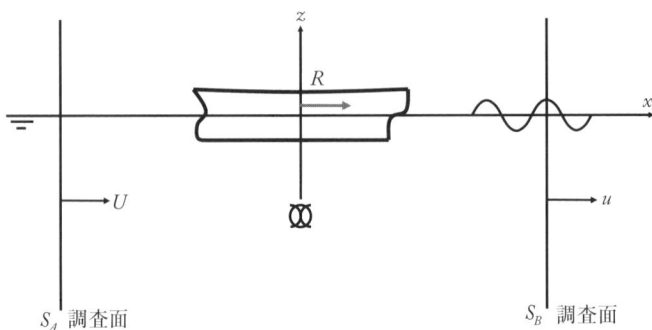

図 1.9　運動量保存則

$S_A$ より流入する運動量、後方の調査面 $S_B$ から流出する運動量、前方の調査面 $S_A$ に働く応力の力積、後方の調査面 $S_B$ に働く応力の力積、さらに船体表面 $S$ に働く力積ということになる。なお、面 $S_A$ および $S_B$ はいずれも鉛直であるから垂直応力 $\sigma_x$ のみを考えればよい。また、船体表面 $S$ に働く力積の結果は抵抗 $R$ としてよい。

定常流を仮定している領域内の運動量は保存されて変化しない、すなわち「単位時間あたりの調査面 $S_A$ および $S_B$ を通る運動量の流入流出量と調査面 $S_A$ および $S_B$ および面 $S$ に働く応力の力積の和は変化しない」と書くことができる。以上の全ての運動量および力積について、向きに注意し運動量保存則を書き下すと次のようになる。

$$\iint_{S_A} \rho U^2 dydz - \iint_{S_B} \rho u^2 dydz - R - \iint_{S_A} \sigma_x dydz + \iint_{S_B} \sigma_x dydz = 0 \tag{1.51}$$

なお、単位時間についての運動量変化を考えているから、(1.51) 式のいずれの項も力の次元になっている。従って、(1.51) 式より船体抵抗を求めると

$$R = -\iint_{S_A} (\sigma_x - \rho U^2) dydz + \iint_{S_B} (\sigma_x - \rho u^2) dydz \tag{1.52}$$

が得られる。このように調査面を鉛直にとると積分が簡単で計算に便利である。このような方法で力、本論の場合には抵抗を求める理論のことを運動量理論と呼ぶことがある。

ここで流体が非粘性と仮定すると $\sigma_x = -p$ であるから、(1.52) 式はさらに

$$R = \iint_{S_A} (p + \rho U^2) dydz - \iint_{S_B} (p + \rho u^2) dydz \tag{1.53}$$

となる。いま、自由表面のない無限流体中に物体があるとし、上流の調査面 $S_A$ と下流の調査面 $S_B$ をそれぞれ無限遠方にとることにすれば、$S_B$ 上での流速は一様流速 $U$ に等しい。また $S_A$ 上での圧力を $p_0$ とすればベルヌーイの定理により

$$p + \underbrace{\frac{1}{2}\rho(u^2+v^2+w^2)}_{=\frac{1}{2}\rho U^2 \text{ on } S_B} = p_0 + \frac{1}{2}\rho U^2 \quad \text{i.e.} \quad p = p_0 \tag{1.54}$$

であるから、$S_B$ 上での圧力も $S_A$ 上と等しくなり、$R=0$ が得られる。すなわち完全流体の場合には流体抵抗が働かない。これは既に紹介しているダランベールの背理であり、運動量保存則によっても同じ結論が得られることがわかる。しかし、自由表面がある場合には $S_B$ 上と $S_A$ 上で圧力も流速も違ってくるから、運動量が変化して抵抗を生じる。

(2) エネルギー保存則の応用

次に、保存則としてエネルギー保存則を利用した方法について論じる。前記の運動量保存則を適用した場合とは異なり、ここでは図 1.10 のように流体中を一定速度 $U$ で進む船体とこの前後

に考えた空間固定の鉛直な調査面 $S_A$ および $S_B$ を考える。船体の造波現象による波は船体の速度 $U$ と同じ波速で船体についてくる。このような領域にエネルギー保存則を適用すると、船体は抵抗 $R$ を受けながら一定速度 $U$ で前進しているので、船体が流体になす単位時間あたりの仕事は $RU$ である。エネルギーとしては単位体積あたりの運動エネルギー、単位体積あたりの内部エネルギー、さらに厳密には熱伝導による熱流を考えなければならない。流体の粘性や圧縮性を厳密に考慮する場合には、このように熱エネルギーを考慮する必要がある。例えば、摩擦抵抗に打ち勝って船体が進む場合について厳密に考えると、その際に加えられた力は流体に進行方向の運動量を与えるが、このとき流体に与えられたエネルギーの増加は究極において流体分子間の摩擦によって生じる熱エネルギーに転化し、後方に運ばれて行くことになる。ただし、ここでは粘性も圧縮性もない完全流体の場合について考えてみる。

図 1.10 に示す流体領域への船体の運動によるエネルギー以外の全エネルギーおよび熱量の流入はないと仮定し、さらに $x$ 方向に働く流体力である流体抵抗について論じているので重力による $z$ 方向の質量力も無視する。このような仮定の下にエネルギー保存則を流場に適用すると、全エネルギーの単位時間あたりの変化は、調査面 $S_A$ および $S_B$ において圧力 $p$ のなす単位時間あたりの仕事と船体が流体になす単位時間あたりの仕事 $RU$ の和に等しくなければならない。ここで全エネルギーを $E$ と書くとエネルギー保存則は

$$\frac{dE}{dt} = RU - \iint_{S_A} pu\,dydz + \iint_{S_B} pu\,dydz \tag{1.55}$$

となる。従って、船体に働く流体抵抗は

$$R = \frac{1}{U}\left(\frac{dE}{dt} + \iint_{S_A} pu\,dydz - \iint_{S_B} pu\,dydz\right) \tag{1.56}$$

となるが、上流の $S_A$ では $u=0$ であるから、結局

$$R = \frac{1}{U}\left(\frac{dE}{dt} - \iint_{S_B} pu\,dydz\right) \tag{1.57}$$

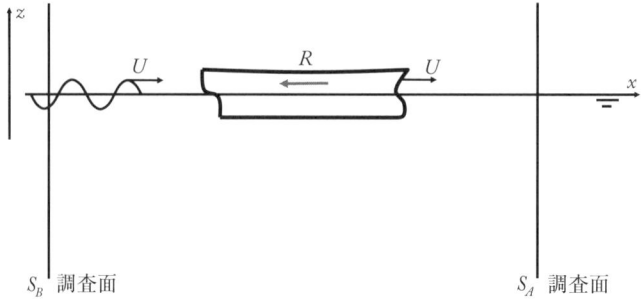

**図 1.10　エネルギー保存則**

となる。ここで得られた（1.57）式は非粘性で船体が造波現象を起こす場合には適用でき、造波抵抗を求める基本的な式となる。この応用については3.2節で紹介する。

# 第2章 粘性抵抗

船体に働く全抵抗は水抵抗と空気抵抗に分けられる。水抵抗は大きく分けて粘性抵抗と自由表面に波を造ることによる造波抵抗に分けられるが、ここではそのうちの粘性抵抗について論じる。また、空気抵抗は空気による粘性抵抗ということになるが、水抵抗に比べて極めて小さく普通の形状の場合には無視されるので、これについては第4章であらためて解説する。

## 2.1 摩擦抵抗と粘性圧力抵抗

船体が清水あるいは海水から受ける粘性抵抗の成分をさらに詳細に分類すると図2.1のようになる。摩擦抵抗と圧力抵抗については既に1.2節で論じたように、流体と船体との摩擦に基づく摩擦応力による力の一様流方向成分の合力が摩擦抵抗であり、圧力による力の一様流方向成分の合力が圧力抵抗である。特に、粘性の影響によって変化する圧力に基づく圧力抵抗を船舶海洋工学の分野では粘性圧力抵抗と呼んでおり、実際に生じる流体現象に基づいて剥離抵抗、渦抵抗あるいは造渦抵抗と呼ぶこともある。

摩擦抵抗は図2.1のように、平板相当分の摩擦抵抗を基本として、その摩擦抵抗に対する粗度による抵抗増加分と曲面による抵抗増加分の和になると仮定される。平板相当分の摩擦抵抗とは、船体の長さと浸水面積に相当する面積を持つ平滑な平板に働く摩擦抵抗であり、船体の曲面の影響および船体表面の粗度の影響を無視した抵抗成分を意味している。このような考え方に基づく平板のことを相当平板と呼ぶ。また、粗度による摩擦抵抗増加分を粗度抵抗と呼ぶ。一方、粘性圧力抵抗は主に上記のように船体後半部の剥離現象や後方に渦を造る現象に基づく抵抗成分であるから、平板の場合には全く生じない。すなわち、船体が曲面を持つ形状であることによって生じる抵抗成分であり、その意味で曲面による摩擦抵抗の増加分と粘性圧力抵抗の和を形状抵抗（form resistance）と呼ぶことがある。以上のような粘性抵抗成分の分類に基づいて、実用的には船体の粘性抵抗係数（viscous resistance coefficient）$C_v$ を以下のように表現することが多い。

$$C_v = C_f + \Delta C_f + K C_f = (1+K)C_f + \Delta C_f \tag{2.1}$$

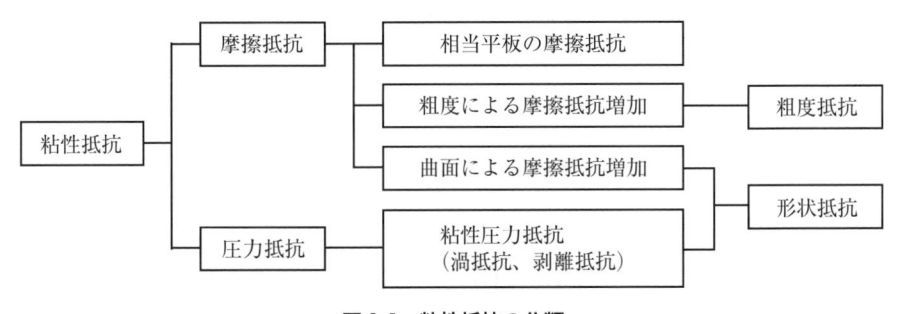

**図 2.1 粘性抵抗の分類**

ここで、$C_f$ が平板の摩擦抵抗係数（frictional resistance coefficient）、$\Delta C_f$ が粗度抵抗係数に相当する粗度修正（roughness allowance）、$K$ は平板に対する船体の曲面の影響を表す形状影響係数（form factor）で、$KC_f$ が形状抵抗係数に相当する。実用的には（2.1）式のように、平板の摩擦抵抗係数を基準として船体に働く粘性抵抗係数を表現することになるので、平板の摩擦抵抗係数の推定が重要であり、次節では平板に働く摩擦抵抗の計算公式について解説する。なお、1.3.2節で述べたように、粘性抵抗係数はレイノルズ数の関数となるから、平板の摩擦抵抗係数もレイノルズ数の関数として与えられる。

## 2.2 平板の摩擦抵抗

船体に働く粘性抵抗係数の計算は相当平板の摩擦抵抗係数が基準となる。ここでは、一様流中の平板に働く摩擦抵抗について論じるが、上で述べたように摩擦抵抗係数の計算公式はレイノルズ数の関数になる。レイノルズ数は粘性流れの特性を支配し、計算公式は流れが層流の場合と乱流の場合とで異なってくる。

### 2.2.1 平滑面の摩擦抵抗理論

平滑面の平板に働く摩擦抵抗を求めるには2つの方法がある。1つは平板に働くせん断応力（摩擦応力）を直接積分して求める方法、もう1つの方法は運動量保存則に基づく運動量理論を用いる方法である。

(1) せん断応力の積分に基づく方法

平板上の流れを2次元流れと捉え、流れの方向 $x$ 軸上で $0 \leq x \leq L$ に平板があるものとする。粘性流れでは平板表面で流体は付着し流速は0であり、図2.2および【Note 2.1】【Note 2.2】のように平板に沿って境界層が発達していく。境界層の中では速度勾配があるから平板にはせん断応力（摩擦応力）が働くことになる。このとき、平板に働く $x$ 方向のせん断応力は添字に注意して（1.48）式から

$$\tau_{yx} = \mu \left( \frac{\partial u}{\partial y} + \frac{\partial v}{\partial x} \right)_{y=0} \qquad (2.2)$$

と書ける。ただし、平板は $x$ 方向に形状変化がないので $y$ 方向の流速成分の $x$ 方向の変化も0、すなわち $\partial v / \partial x = 0$ とみなしてよい。従って、平板表面に働くせん断応力を $\tau_0$ と書けば、次のように求まる。

$$\tau_0 = \mu \left( \frac{\partial u}{\partial y} \right)_{y=0} \qquad (2.3)$$

すなわち流速 $u$ の $y$ 方向の速度勾配のみでせん断応力が決まるので、摩擦抵抗は（2.3）式を平板上で

## 2.2 平板の摩擦抵抗

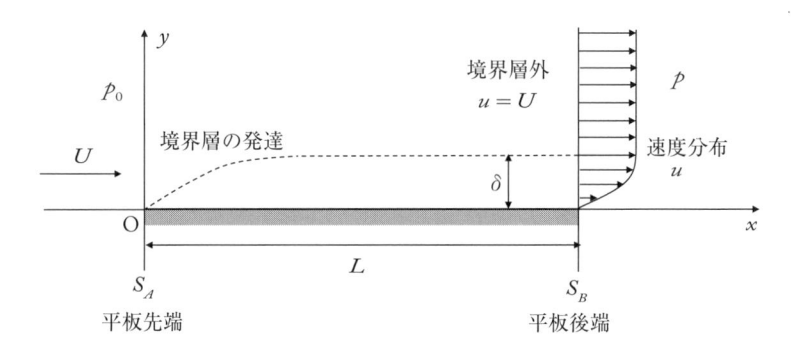

**図 2.2 平板上の流れ**

$$R_f = \int_0^L \tau_0 \, dx \tag{2.4}$$

のように積分すればよい。なお、これは2次元の結果であり平板に働く単位幅当たりの抵抗を表す。従って摩擦抵抗係数は（1.3）式に基づいて

$$C_f = \frac{R_f}{\frac{1}{2}\rho U^2 L} \tag{2.5}$$

で定義される。

---

**【Note 2.1】境界層理論**

　粘性流れとして、粘性の小さい流体が速く運動している場合を考える。このときレイノルズ数（1.25）式は極めて大きくなり、流体運動は主として慣性力によって支配されることになる。非粘性流体の流れはオイラー方程式（1.8）式の解になっているが、これはレイノルズ数が極めて大きい場合のNS方程式（1.26）式の解にもなっているので、大部分の場所で流れは非粘性流に近いと考えられる。ところが非粘性流では粘性によって物体表面に流体が付着し接線方向の速度も0になるという境界条件（no slipの条件）を満足することはできない。このようなレイノルズ数の大きい流れの近似的取扱いについて重要な提案を行ったのがプラントル（Prandtl, 1904）である。

　水や空気のように粘性の小さい流体が物体のまわりを流れているとき、物体表面にごく近い部分を除いて流れの模様は粘性のない流体の運動に極めて近く、運動はもっぱら慣性力によって支配されている。しかし、物体表面に接したごく薄い層の中では、流速が壁面における0の値からこの層の外側にある非粘性流の速度の値まで急激に増加していて、大きな速度勾配を持っている。せん断応力は（2.2）式で示されるよう

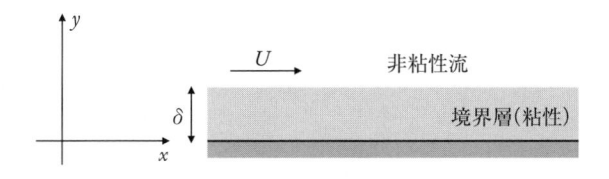

**図 2.3 境界層**

に摩擦力は速度勾配に比例することになるから、粘性係数が極めて小さくても大きな速度勾配によって粘性力は慣性力と同程度の大きさになる。すなわちこの層の中では、運動方程式の中の粘性影響を表す項を無視するわけにはいかない。この層はプラントルによって境界層（boundary layer）と名付けられた。粘性の項を考慮した NS 方程式はこの境界層の内部だけで考えればよく、この境界層の外側では非粘性流体に対するオイラーの方程式が成立する。境界層の厚さが極めて薄いと考えれば、NS 方程式は簡単になり近似解が求まる。簡単のために薄い平板に沿った2次元流れを考えてみる。このとき NS 方程式および連続の方程式は、(1.26) 式および (1.27) 式を参照して

$$\frac{\partial u}{\partial t} + u\frac{\partial u}{\partial x} + v\frac{\partial u}{\partial y} = -\frac{1}{\rho}\frac{\partial p}{\partial x} + \nu\left(\frac{\partial^2 u}{\partial x^2} + \frac{\partial^2 u}{\partial y^2}\right)$$

$$\frac{\partial v}{\partial t} + u\frac{\partial v}{\partial x} + v\frac{\partial v}{\partial y} = -\frac{1}{\rho}\frac{\partial p}{\partial y} + \nu\left(\frac{\partial^2 v}{\partial x^2} + \frac{\partial^2 v}{\partial y^2}\right) \quad (2.6)$$

$$\frac{\partial u}{\partial x} + \frac{\partial v}{\partial y} = 0$$

と書ける。ただし、ここでは質量力は働いていないとしている。また、境界条件は平板上（$y=0$）で no slip として $u=v=0$ である。いま、境界層外の流れの代表速度を $U$、代表長さを $L$ とし、境界層の厚さを $\delta$ として $\delta \ll L$ と仮定する。このような仮定に基づいて (2.6) 式の運動方程式について各項の大きさを数学的に比較し、微小な量を無視すると次の近似式が得られる。

$$\frac{\partial u}{\partial t} + u\frac{\partial u}{\partial x} + v\frac{\partial u}{\partial y} = -\frac{1}{\rho}\frac{\partial p}{\partial x} + \nu\frac{\partial^2 u}{\partial y^2}$$

$$0 = -\frac{1}{\rho}\frac{\partial p}{\partial y} \quad \text{i.e.} \quad p = p_0 \quad (2.7)$$

これを境界層方程式（boundary layer equation）、用いた近似を境界層近似（boundary layer approximation）と呼ぶ。圧力 $p$ は $y$ 方向に変化しないとしているので、境界層内の圧力 $p$ は境界層外の流れの圧力 $p_0$ に等しい。境界層外の流れは非粘性流と考えられるので、圧力 $p_0(=p)$ は【Note 1.1】で紹介したベルヌーイの定理によって求められ、これを既知の関数とみることができる。従って、境界層内の未知量は $u, v$ のみになり、境界層方程式と連続の方程式の2式から決定できる。境界層方程式は非線形方程式ではあるが、流れの方向（$x$ 軸）に沿って階数が1つ減った方程式になっている。

　実際には境界層内の流速は連続的に境界層外のポテンシャル流（非粘性、非回転）の流速に移行するので、境界層の厚さは確定したものではない。一般には、流速が外側の流れの 99% になった位置までの距離を境界層の厚さとみなし、この点で境界層外の流速に一致しているとして扱うことが多い。境界層理論では理論的な裏付けのある厚さを用いることがある。例えば、よく使うものに運動量厚（momentum thickness）があり、これは

$$\theta = \int_0^\delta \frac{u}{U}\left(1-\frac{u}{U}\right)dy = \int_0^\infty \frac{u}{U}\left(1-\frac{u}{U}\right)dy \tag{2.8}$$

で与えられる。運動量厚は境界層内の流速が摩擦によって低下し運動量が損失しているため、(2.8) 式は損失した運動量の大きさを厚さに換算した式になっている。この他に排除厚やエネルギー厚という定義がある。粘性流れを論じる際には、境界層の概念が非常に重要になってくる。

---

### 【Note 2.2】層流境界層と乱流境界層

　境界層の中の流れに注目するとき、流れの状態として層流と乱流という2つの状態がある。まず、粘性流れがはっきりした流線をもって規則正しく流れる場合を層流（laminar flow）という。このような流れはレイノルズ数がある限界以下の場合に限って存在し、この限界値を超した速度域では層流が不安定になり、速度が不規則に変動するようになる。このような流れを乱流（turbulent flow）と呼ぶ。層流が乱流に移行する現象はレイノルズによって発見され、その後、乱流に関する多くの研究が行われていくことになった。それぞれの状態の境界層を層流境界層（laminar boundary layer）および乱流境界層（turbulent boundary layer）と呼ぶ。乱流の場合には速度が細かく乱れて変動しているので、時間的な平均値の流速分布を考える必要がある。

　乱流境界層の模式的な構造を図2.4に示す。乱流の場合にも物体の近傍に速度勾配を生じる。乱流であるから実際には時間的平均速度の分布について速度勾配が存在することになるが、この速度勾配は図2.5のように層流の場合に比べて大きく物体表面に働くせん断応力も大きくなる。従って、どのような物体でも一般に層流の場合より乱流の場合の方が摩擦力は大きいので、摩擦抵抗も乱流の場合の方が大きくなる。

　乱流境界層内では上記のように、時間的な平均速度について流れの特性を求めることになるが、乱流に伴う不規則に変動する非常に細かい渦による流れは、平均速度の流れに対して見掛上の応力として働く。これをレイノルズ応力と呼んでおり、乱流の解析ではレイノルズ応力のモデル化をどのように行うかが重要になる。なお、完全に発達した乱流の場合でも、乱流境界層内の物体表面の極く近い部分には層流のように流れている層が存在する。この層を層流底層（laminar sub-layer）または粘性底層（viscous sub-layer）と呼び、レイノルズ応力よりも分子粘性による応力が支配的で、粘性応力の式 $\tau = \mu \partial u/\partial y$ が成立する。従って、乱流中の物体表面に働く応力を求める際には、乱流の影響だけではなく層流底層の存在も考慮に入れなければならないので、乱流の場合の解析は層流の場合よりはるかに難しくなる。

　層流から乱流の状態に移行することを遷移と呼び、遷移域に入る流速範囲の流れは、一部が層流、一部が乱流という複雑な流れになる。一般に、レイノルズ数がほぼ $5 \times 10^5$ から $10^7$ にかけて乱流に遷移するとさ

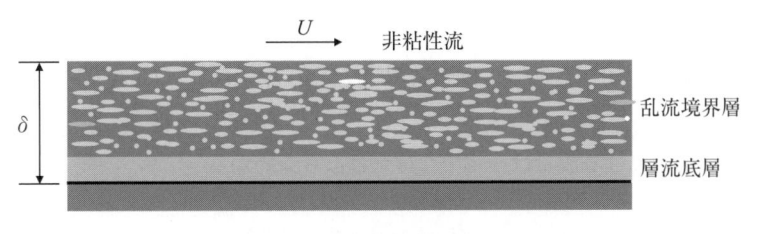

**図 2.4　乱流境界層の構造イメージ**

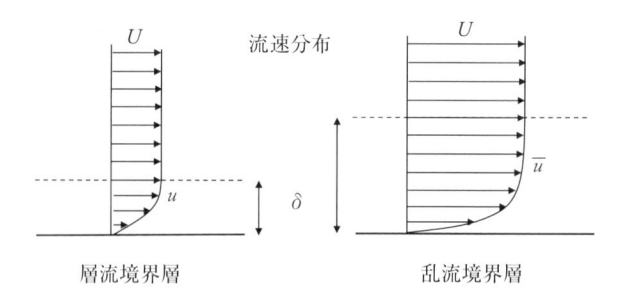

**図 2.5　境界層内の流速分布**

れている。遷移レイノルズ数は表面性状や元々の流れの乱れの状態によっても異なってくる。船体の場合には、実船のレイノルズ数は $10^8 \sim 10^9$ のオーダであるため乱流になっているのに対して、模型船のレイノルズ数は $10^6$ のオーダで層流もしくは遷移域の流れになっていて、模型試験の際に注意が必要である。

---

(2) 運動量理論に基づく方法

次に、運動量理論を適用して、平板に働く摩擦抵抗を求める。図 2.1 のように平板上流断面の一様流速を $U$、圧力を $p_0$、平板後縁断面における流速分布を $u$、圧力を $p$ とし、運動量理論による (1.52) 式を利用して平板に働く単位幅当りの摩擦抵抗を求めると

$$\begin{aligned} R_f &= -\int_0^\infty (\sigma_x - \rho U^2) dy + \int_0^\infty (\sigma_x - \rho u^2) dy \\ &= \int_0^\infty (p_0 + \rho U^2) dy - \int_0^\infty (p + \rho u^2) dy \end{aligned} \tag{2.9}$$

となる。ただし、平板であるから次の関係を使っている。

$$\begin{aligned} &\sigma_x = -p_0 \qquad \text{on } S_A \\ &\sigma_x = -p + 2\mu \frac{\partial u}{\partial x} = -p, \quad \frac{\partial u}{\partial x} = 0 \qquad \text{on } S_B \end{aligned} \tag{2.10}$$

境界層外では $u = U$ で一定であるから、ベルヌーイの定理により圧力も一定である。また、【Note 2.1】により境界層の内外で圧力は等しいから、後縁断面上で境界層の内外を問わず $p = p_0$ であり、(2.9) 式は次のようになる。

$$R_f = \rho \int_0^\infty (U^2 - u^2) dy = \rho U \int_0^\infty (U - u) dy + \rho \int_0^\infty u(U - u) dy \tag{2.11}$$

さらに、前後の断面における流量は一定でなければならないから

$$\int_0^\infty U dy = \int_0^\infty u\, dy \tag{2.12}$$

## 2.2 平板の摩擦抵抗

が成り立つ。(2.12) 式および運動量厚 (2.8) 式を用いて (2.11) 式を書き換えると

$$R_f = \rho \int_0^\infty u(U-u)dy = \rho U^2 \int_0^\infty \frac{u}{U}\left(1-\frac{u}{U}\right)dy = \rho U^2 \theta \tag{2.13}$$

となる。境界層外端 $y=\delta$ で $u=U$ と仮定しているから積分範囲は $0\sim\delta$ とすると、摩擦抵抗係数は

$$C_f = \frac{R_f}{\frac{1}{2}\rho U^2 L} = \frac{2\theta}{L} \tag{2.14}$$

となり、平板に働く摩擦抵抗は境界層の運動量厚 (2.8) 式の $\theta$ に比例することがわかる。

**【例題 2.1】近似流速分布に基づく摩擦抵抗係数**

摩擦抵抗を求める、(1) せん断応力の積分に基づく方法と、(2) 運動量理論に基づく方法を併用することによって、境界層の近似的な流速分布から摩擦抵抗係数を求めることができる。ここでは、流れが層流として平板境界層内の流速分布（層流）が、近似的に次式のように表されると仮定する。ただし、$k$ は未定のパラメータである。

$$u = U(1-e^{-ky}) \tag{2.15}$$

このとき、平板に働くせん断応力を求め、(1) の方法により平板に働く摩擦抵抗係数を求めよ。次に、境界層の運動量厚を求め、(2) の方法に平板に働く摩擦抵抗係数を求めよ。両者の結果から (2.15) 式の $k$ とレイノルズ数の関係を求め、さらに摩擦抵抗係数をレイノルズ数の関数として表せ。

**【解答例】**

(1) の方法に基づいて、(2.3) 式よりせん断応力を求め、(2.4) 式より摩擦抵抗を、さらに (2.5) 式より摩擦抵抗係数を求めると、以下のようになる。

$$\tau_0 = \mu U k, \quad R_f = \mu U k L, \quad C_f = \frac{2\mu k}{\rho U} \tag{2.16}$$

次に (2) の方法に基づいて、(2.8) 式より運動量厚を求め、(2.13) 式より摩擦抵抗を、さらに (2.14) 式より摩擦抵抗係数を求めると、以下のようになる。

$$\theta = \int_0^\infty e^{-ky}(1-e^{-ky})dy = \frac{1}{2k}, \quad R_f = \frac{\rho U^2}{2k}, \quad C_f = \frac{1}{kL} \tag{2.17}$$

両者の方法で得られた摩擦抵抗係数 (2.16) 式と (2.17) 式を等値すると

$$k = \frac{\sqrt{2}}{2L} R_n^{-\frac{1}{2}} \left( R_n = \frac{UL}{\nu}, \ \nu = \frac{\mu}{\rho} \right) \quad (2.18)$$

が得られる。従って、$k$ はレイノルズ数の関数となり、レイノルズ数が大きくなるに従い小さくなるので、速度勾配が増加してせん断応力が増加し、摩擦抵抗も増加する。この $k$ の式を再び摩擦抵抗係数 (2.17) 式に代入すると

$$C_f = \sqrt{2} \ R_n^{-\frac{1}{2}} = 1.414 R_n^{-\frac{1}{2}} \quad (2.19)$$

が得られる。この結果は簡単な流速分布を仮定したにも関わらず、表 2.1 に示す層流の場合の厳密解であるブラジウスの公式によく似た近似となっている。

---

### 2.2.2 平板の摩擦抵抗公式

【Note 2.2】の層流と乱流で述べたように、実船のレイノルズ数は $10^8 \sim 10^9$ で境界層の流れは乱流になっている。しかし、模型船のレイノルズ数は $10^6$ のオーダで層流もしくは遷移域の流れ

**表 2.1 平板の摩擦抵抗公式**

| 境界層の状態 | 摩擦抵抗公式 | | 流速分布・理論等 | $C_f$ |
|---|---|---|---|---|
| 層流 | ブラジウスの公式 | | ブラジウスの微分方程式 | $1.328 R_n^{-\frac{1}{2}}$ |
| 遷移域 | 遷移域の公式 | | シュリヒティング遷移点の仮定 | $\dfrac{0.455}{(\log_{10} R_n)^{2.58}} - \dfrac{1700}{R_n}$ |
| 乱流 | 指数法則に基づく公式 | | 指数法則 | $0.072 R_n^{-\frac{1}{5}}$ |
| | 対数法則に基づく公式 | 対数法則基本公式 | | $\dfrac{1}{\sqrt{C_f}} = 4.15 \log_{10}(R_n C_f) + 1.7$ |
| | | シェーンヘル平均線 | | $\dfrac{0.242}{\sqrt{C_f}} = \log_{10}(R_n C_f)$ |
| | | シェーンヘル簡便式 | | $\dfrac{0.463}{(\log_{10} R_n)^{2.6}}$ |
| | | プラントル・シュリヒティング | | $\dfrac{0.455}{(\log_{10} R_n)^{2.58}}$ |
| | 実験結果に基づく公式 | ヒューズ平板実験結果等 | | $\dfrac{0.066}{(\log_{10} R_n - 2.03)^2}$ |
| | | ITTC1957模型船実験結果 | | $\dfrac{0.075}{(\log_{10} R_n - 2)^2}$ |

になっているため、層流、遷移域、乱流の各々の摩擦抵抗係数の違いについて理解しておく必要がある。

最初に、境界層の状態、用いた流速分布あるいは理論や実験等に基づいて求められた種々の摩擦抵抗公式について紹介すると、表2.1のようになる。なお、摩擦抵抗係数の定義は全て(2.5)式で与え、これらの抵抗係数はレイノルズ数（1.25）式の関数として与えられる。表2.1の順に従って、簡単に各公式の説明をする。

(1) 層流域の公式（ブラジウスの公式）

境界層理論を利用して、ブラジウスが平板の境界層内の流速分布を求め、せん断応力の積分に基づく方法により求めた公式であり、層流域の$R_n < 5 \times 10^5$では実験とよく合うとされている。ブラジウスの理論の概要を【Note 2.3】に示す。

### 【Note 2.3】ブラジウスの理論

厚さのない平板がこれに平行な流れの中に置かれており、流れは2次元の層流とする。境界層理論【Note 2.1】によれば、境界層外の流速すなわち$U$は一定であるから圧力も一定であり、流れの方向（$x$方向）の圧力勾配は0である。従って、連続の方程式および境界層の方程式（2.7）式は

$$\frac{\partial u}{\partial x} + \frac{\partial v}{\partial y} = 0, \quad u\frac{\partial u}{\partial x} + v\frac{\partial u}{\partial y} = \nu\frac{\partial^2 u}{\partial y^2} \tag{2.20}$$

と書ける。ここで

$$u = \frac{\partial \psi}{\partial y}, \quad v = -\frac{\partial \psi}{\partial x} \tag{2.21}$$

で定義される流れ関数$\psi$を用いれば、(2.20)式の連続の方程式はただちに満足される。いま$\eta = \sqrt{U/\nu x}\, y$という無次元変数を考え、流れ関数を$\psi = \sqrt{\nu x U}\, f(\eta)$とおくと$f(\eta)$は無次元となり、流速は次のように表される。

$$\begin{aligned}
u &= \frac{\partial \psi}{\partial y} = \frac{\partial \psi}{\partial \eta}\frac{\partial \eta}{\partial y} = U f'(\eta) \\
v &= -\frac{\partial \psi}{\partial x} = \frac{1}{2}\sqrt{\frac{\nu U}{x}}\{\eta f'(\eta) - f(\eta)\}
\end{aligned} \tag{2.22}$$

(2.22)式を(2.20)式の境界層の方程式に代入すると解くべき方程式は

$$ff'' + 2f''' = 0 \tag{2.23}$$

となる。次に、$f$ の満足すべき境界条件は、平板の表面で $u=v=0$ であるから

$$f=0, \quad f'=0 \quad \text{on } \eta=0 \tag{2.24}$$

また、板から遠く離れた所で流れは一様流 $U$ であるから

$$u=U \quad \text{i.e.} \quad f'=1 \quad \text{at } \eta \to \infty \tag{2.25}$$

である。(2.23) 式は境界条件 (2.24) 式および (2.25) 式とともにブラジウスの微分方程式と呼ばれる。ブラジウスはこの微分方程式の級数解を求め、その流速分布からせん断応力を求めると

$$\tau_0 = \mu\left(\frac{\partial u}{\partial y}\right)_{y=0} = \mu U \sqrt{\frac{U}{\nu x}}\,\alpha \tag{2.26}$$

となる。この結果はブラジウス (Blasius, 1908) が求めたものであるが、トファー (Topfer, 1912) は無限遠方における条件 (2.25) 式より、$\alpha=0.332$ と求めた。せん断応力 (2.26) 式を (2.4) 式により積分し、(2.5) 式から摩擦抵抗係数を求めるとブラジウスの公式が得られる。

---

(2) 遷移域の公式

　シュリヒティングの公式は、乱流域の対数法則に基づくプラントル・シュリヒティングの公式に補正項を付加し、遷移域でも成立するように修正した公式である。シュリヒティングは遷移レイノルズ数を $5.3 \times 10^5$ と仮定して補正項を決めており、遷移域で摩擦抵抗の実験値の平均線を与えている。なお、精度よく実施された実験結果によると、低いレイノルズ数においてブラジウスの公式による値に合致した実験値は、レイノルズ数が $5 \times 10^5$ 付近で層流の理論曲線を離れて $10^7$ 位の所までの間に乱流の摩擦抵抗曲線に接近していく。

(3) 指数法則に基づく乱流域の公式

　乱流境界層では速度が極めて不規則に変動する。これを理論的に解析するために、乱流の研究はまず管路内の流れについて始められた。乱流を理論的に解析するには、乱流モデルと呼ばれる流れのモデル化という考え方を導入する必要があるが、簡単な方法として次元解析による方法がある。次元解析に基づいて得られた管路内の流速分布が指数法則と呼ばれるもので、その概要を【Note 2.4】に示す。管路内の流速分布の形が平板の境界層内でも成り立つと仮定して、摩擦抵抗公式を求めたのが指数法則に基づく公式である。

　指数法則による管路内の流速分布は壁からの距離の $1/7$ 乗に比例しており、これを $1/7$ 乗則と呼ぶこともある。$1/7$ 乗則が平板の境界層内の流速分布にも成り立つと仮定すると、

$$u = U\left(\frac{y}{\delta}\right)^{\frac{1}{7}} \tag{2.27}$$

と書くことができる。ただし、境界層内の流速を$u$、境界層外の流速を$U$、境界層の厚さを$\delta$、平板表面からの距離を$y$としている。しかし、1/7乗則による流速分布の式は変動する速度の時間的平均値を与えるものであり、平板の近くでは当てはまらないので、(2.27)式からせん断応力の公式$\tau = \mu du/dy$を用いて平板表面上の応力を求めることはできない。(2.27)式では平板の上で$du/dy \to \infty$となり不合理である。平板に接した所では層流底層が存在し、有限な速度勾配がある。指数法則に基づく摩擦抵抗公式は、運動量理論による平板の摩擦抵抗計算式 (2.13) 式および$\delta$を求めるための実験公式等を用いて得られた公式である。実験と比較するとレイノルズ数が$10^6$前後で、しかも境界層が完全に乱流になっている場合には、係数の0.072の代わりに0.074とおいたものが実測値と良く合うとされている。レイノルズ数がこれより大きくなると、実測値とはなれていく。

## 【Note 2.4】乱流の流速分布：指数法則

　管路内乱流の流速分布の式に次元解析の方法を適用する。まず、管路内の時間的な平均流速$u$が密度$\rho$、粘性係数$\mu$、管壁面からの距離$y$、壁面におけるせん断応力$\tau_0$の関数で表されると仮定する。すなわち

$$u = f(y, \mu, \rho, \tau_0) \tag{2.28}$$

と考え、これを最も簡単な代数式として

$$u \propto y^n \mu^\alpha \rho^\beta \tau_0^\gamma \tag{2.29}$$

で表すことができるとする。一方、ニクラーゼ（Nikuradse）による管路内乱流に関する実験結果をブラジウス（Blasius, 1911）が解析した結果によると、管路断面内の平均流速$u_m$と壁面におけるせん断応力$\tau_0$との間に次のような関係があることがわかった。

$$\tau_0 \propto u_m^{7/4} \tag{2.30}$$

流速$u_m$は$u$の断面内平均であるから

$$u \propto u_m \propto \tau_0^{4/7} \tag{2.31}$$

としてよい。従って、まず$\gamma = 4/7$とおくことができる。次元解析の原理に基づいて、表1.2を利用して各変数を力学の問題に共通な基本単位、長さL、質量M、時間Tで表現し、(2.29)式の両辺に現れる各基本単位の指数を等値すればよい。

$$\begin{aligned}
LT^{-1} &= L^n(ML^{-1}T^{-1})^\alpha(ML^{-3})^\beta(ML^{-1}T^{-2})^\gamma \\
&= L^{n-\alpha-3\beta-\gamma}M^{\alpha+\beta+\gamma}T^{-\alpha-2\gamma}
\end{aligned} \quad (2.32)$$

従って、次のように等値した式を得ることができる。

$$\begin{aligned}
[L] &\quad n-\alpha-3\beta-\gamma = 1 \\
[M] &\quad \alpha+\beta+\gamma = 0 \\
[T] &\quad -\alpha-2\gamma = -1
\end{aligned} \quad (2.33)$$

これを解くと $\gamma$ は既に得られているから

$$n = 1/7, \quad \alpha = -1/7, \quad \beta = -3/7, \quad \gamma = 4/7 \quad (2.34)$$

となる。流速分布は $\mu = \rho\nu$ を考慮して動粘性係数を用いると

$$u \propto y^{1/7}\mu^{-1/7}\rho^{-3/7}\tau_0^{4/7} = \left(\frac{\tau_0}{\rho}\right)^{\frac{4}{7}}\left(\frac{y}{\nu}\right)^{\frac{1}{7}} \quad (2.35)$$

となる。この結果を流速分布の指数法則（power law）といい、1/7 乗則ともいう。

---

(4) 対数法則に基づく乱流域の公式

ここでは対数法則に基づく摩擦抵抗公式について述べる。考え方は指数法則の場合と同じで、管路内の流速分布の形が平板の境界層内でも成り立つと仮定して、摩擦抵抗公式を求めたのが対数法則に基づく公式ということになる。まず、対数法則に基づく流速分布は平板の境界層の厚さを $\delta$ とすると【Note 2.5】より

$$u = U - \frac{1}{\kappa}\sqrt{\frac{\tau_0}{\rho}}\log\frac{\delta}{y} \quad (2.36)$$

と書ける。実は摩擦抵抗公式を求めるにはカルマンの流速分布も併用する必要があるので、その式も書くと【Note 2.5】より

$$u = U + \frac{1}{\kappa}\sqrt{\frac{\tau_0}{\rho}}\left\{\log\left(1-\sqrt{1-\frac{y}{\delta}}\right)+\sqrt{1-\frac{y}{\delta}}\right\} \quad (2.37)$$

となる。しかし、これらの流速分布 (2.36) 式と (2.37) 式は乱流境界層内の時間的な平均流速 $u$ を与えるので、平板表面に接する層流底層内ではいずれも成り立たない。層流底層内ではせん

断応力がほぼ一定で、壁面におけるせん断応力 $\tau_0$ に等しいと仮定すると流速分布は

$$u = \tau_0 \frac{y}{\mu} \tag{2.38}$$

となる。すなわち層流底層内では直線分布を仮定することになる。これら3つの流速分布の式を乱流境界層内で適宜使い分け、(2.36) 式の流速分布を運動量理論による (2.13) 式に適用して抵抗係数の形をまず求め、さらに様々な仮定や近似を利用して、最終的に求められたのが、次のような対数法則に基づく摩擦抵抗係数の基本式である。

$$\kappa \sqrt{\frac{2}{C_f}} = \log_{10}(R_n C_f) + C \tag{2.39}$$

ただし、この式には $\kappa$ と $C$ の未定定数2つが含まれている。これらの定数を実験に合うように定めて得られたのが、表2.1の対数法則の基本公式とシェーンヘル（Schoenherr, 1932）の公式である。シェーンヘルの公式は Schoenherr's mean line とも呼ばれ、それまでに実施された実験結果の平均線になっている。しかし、これらの公式では、摩擦抵抗係数を反復計算によって求めなければならないので利用しにくい。シェーンヘルの公式については表2.1のように簡便公式が与えられており、反復計算の初期値として利用することもできる。また、シュリヒティング（Schlichting）はカルマンの理論と同様な方法を用いて、より簡単な形の公式を求めた。その公式が表2.1に示したプラントル・シュリヒティング（Prandtl-Schlichting）の公式である。プラントル・シュリヒティングの公式による計算値とシェーンヘルの公式による計算値には大差がない。

【Note 2.5】乱流の流速分布：対数法則 ────────────────

乱流の性質を用いて管路内乱流の流速分布の式を求めるには、プラントルによってモデル化された混合距離の仮定を用いる。乱流モデルと呼ばれることもあるが、この仮定に従うと境界層内のせん断応力は次のように表される。

$$\tau = \rho \kappa^2 y^2 \left(\frac{du}{dy}\right)^2 \tag{2.40}$$

ここで、円管の壁の近くではせん断応力が $y$ によってあまり変化しないので、これを一定として $\tau_0$ とおく。このとき

$$\frac{du}{dy} = \frac{1}{\kappa} \sqrt{\frac{\tau_0}{\rho}} \frac{1}{y} \tag{2.41}$$

であるから、円管の半径を $r$ とし、$y=r$ で $u=U$ として積分すると次の式が得られる。

$$u = U - \frac{1}{\kappa}\sqrt{\frac{\tau_0}{\rho}} \log \frac{r}{y} \tag{2.42}$$

この流速分布はプラントルが初めて導いた式で、流速分布の対数法則 (logarithmic law) と呼ばれており、管の中心と壁に沿う部分を除き実験に良く合うとされている。

乱流モデルに基づく管路内乱流の流速分布の式として、次に、カルマンの相似性の仮説というモデル化に基づく流速分布の式を示す。カルマンの仮説に基づく乱流モデルの式はプラントルの場合の (2.40) 式よりも複雑な式で与えられる。ここでは、結果のみ示すと次のようになる。

$$u = U + \frac{1}{\kappa}\sqrt{\frac{\tau_0}{\rho}}\left\{\log\left(1-\sqrt{1-\frac{y}{r}}\right)+\sqrt{1-\frac{y}{r}}\right\} \tag{2.43}$$

この流速分布は壁付近でプラントルの対数法則とよく一致している。なお、プラントルの流速分布 (2.42) 式およびカルマンの流速分布 (2.43) 式、いずれの式にも現れた $\sqrt{\tau_0/\rho}$ は速度の次元を持つので摩擦速度と呼ばれる。

---

(5) 実験に基づく乱流域の公式

平板の摩擦抵抗に関しては多くの実験が行われ、その結果に基づいて数多くの実験式が発表されたが、これらの実験値の間には相当の差があり、ヒューズ (Hughes, 1954) はこれらの実験値の相違が実験誤差では説明がつかないと考えて、自ら平板および箱船に関する精密な測定を行った。また、平板の長さと幅の比の影響を調べて、もし使用する板が幾何学的に相似ならレイノルズの相似則が成り立つという結果を得た。さらに実験結果を長さと幅の比によって整理し、その結果から幅の無限に広い場合の極限値に対して得たのが、表 2.1 のヒューズの公式である。ヒューズの公式は特にレイノルズ数の低いところでシェーンヘルの平均線より急な傾斜を持ちかつその値は小さくなる。

船舶の場合には模型船の水槽試験を行い、その実験データから実船の馬力を推定するが、その際に模型船および実船に働く摩擦抵抗の推定手法が必要になる。シェーンヘルの公式やプラントル・シュリヒティングの公式等がよく用いられるが、試験水槽で実施された多くの試験結果に基づき 1957 年の国際試験水槽会議 ITTC (International Towing Tank Conference) で提案されたのが、表 2.1 の ITTC1957 の公式である。この公式も比較的よく用いられている。

以上のような層流域、遷移域、乱流域の平板摩擦抵抗公式に基づく抵抗特性を示すと、概ね図 2.6 のようになる。実船のまわりの流れは乱流であるから、乱流域の公式が重要である。乱流域の公式は乱流モデルや様々な仮定から式が導かれているので、理論的に厳密なものではなく、最終的には実験にあうように係数を決めることになる。従って、これらの結果が境界層の実際の現

## 2.2 平板の摩擦抵抗

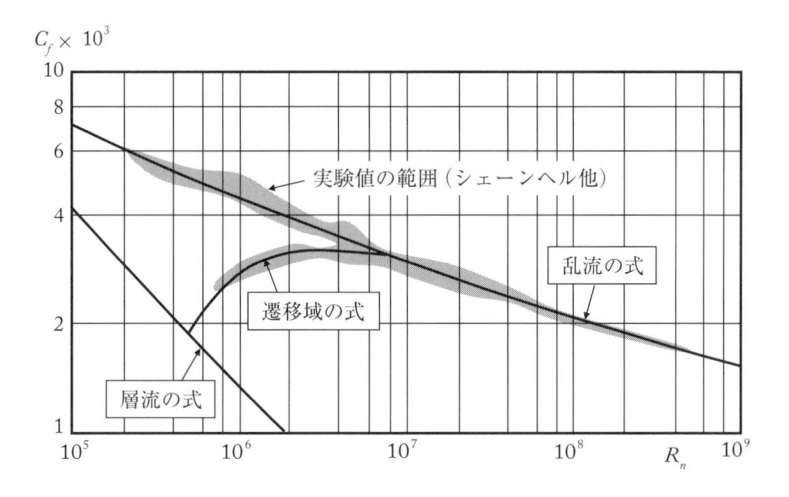

**図 2.6　平板の摩擦抵抗係数**

象を正確に表すものであるというわけではないが、船体の摩擦抵抗値を求めるという実用的問題に対しては有益である。

なお、実船のまわりの流れは乱流であるから、模型船の曳航試験では模型船のまわりの流れも乱流の状態で実験する必要がある。流れが層流であると摩擦抵抗値は乱流の場合より低くなるから、第 8 章で述べる実船の馬力推定手法において剰余抵抗と呼ばれる成分あるいは造波抵抗成分の量が正確に求められなくなる。小型模型の場合ほどこの影響は大きくなるので、乱流への遷移を早めるためにスタッド（stud）という微小な突起物の列を模型船の船首付近のフレームに沿って設置する。これを乱流促進装置（turbulence stimulator）と呼んでいる。乱流促進装置の例を図 2.7 に示す。船首付近に装着する理由は以下のように説明できる。模型船の船体曲面に沿う境界層は図 2.2 の平板の場合と同様に船首先端から発達していくので、層流境界層が十分発達する前に乱流促進装置により境界層内の流れを乱流化してしまう必要がある。

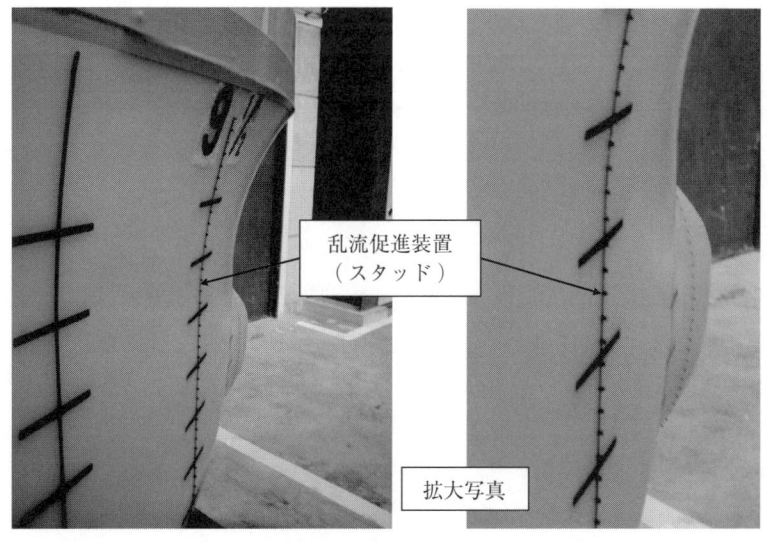

**図 2.7　乱流促進装置**

**【例題 2.2】乱流促進**

非常に幅が狭くかつ喫水の深い薄い船の、船長 $L=2.00$ m、浸水面積 $S=2.00$ m$^2$ の模型に乱流促進を施し、水温20℃の清水中を速度 $U=0.500$ m/sec で曳航して抵抗値を求めたところ $R=0.70$ N となった。シュリヒティングの公式等を利用して乱流促進が妥当であったかどうか判定せよ。なお、薄い船であり速度も低いので、模型船の造る波の影響は無視してよい。

**【解答例】**

模型船の造る波の影響は無視できるので、造波抵抗は生じないと仮定する。また、船は薄いので抵抗値が平板の摩擦抵抗で近似できると仮定すれば、模型船の実験結果に基づく摩擦抵抗係数は表1.1の密度 $\rho$ を用いると

$$C_f = \frac{R}{\frac{1}{2}\rho U^2 S} = 2.8 \times 10^{-3}$$

となる。次に、表1.1の動粘性係数 $\nu$ を用いて、レイノルズ数を計算すると

$$R_n = \frac{UL}{\nu} = 1.00 \times 10^6$$

となるので、表2.1の遷移域のシュリヒティングの公式および乱流域のプラントル・シュリヒティングの公式により、摩擦抵抗係数をそれぞれ求めると次のようになる。

$$遷移域 \quad C_f = 2.77 \times 10^{-3}$$
$$乱流域 \quad C_f = 4.47 \times 10^{-3}$$

従って、実験値は遷移域の抵抗値に近いので、乱流促進は不十分であったと考えられる。

## 2.2.3　粗度抵抗

実船の表面はできる限り滑らかに加工されているが、船体表面は完全な平滑面であるとは限らず、多少の粗面になっているのが普通である。例えば、溶接部の盛り上がり、建造中の歪み、塗料の不均一等により多少の凹凸が観察される。図2.8に各種タイプの粗面の模式的な図を示す。ここでは摩擦抵抗に対する表面粗度（surface roughness）の影響について論じる。表面粗度による抵抗増加を粗度抵抗と呼ぶ。船舶の場合には（2.1）式の $\Delta C_f$ がこの抵抗成分に相当する。なお、実船ではその使用とともに表面は環境の影響を受け、汚れ等により表面粗度は次第に増加するが、これを汚損（fouling）という。船体の水面下の表面は常に海水に接しているため、塗料の剥奪、錆の発生、腐食、貝殻や海藻等の海洋生物の付着等による汚損を受けやすい。

表面粗度の摩擦抵抗に及ぼす影響の研究は古くから実施されている。最も詳細にわたる研究は

砂粗面

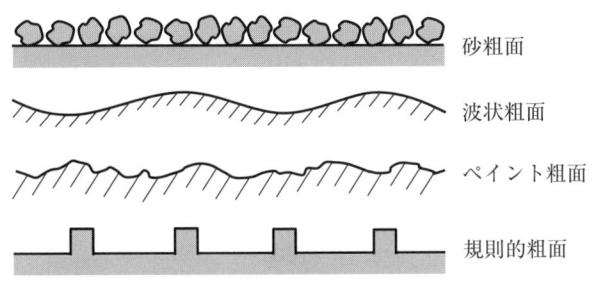

波状粗面

ペイント粗面

規則的粗面

**図 2.8　各種粗面の模式図**

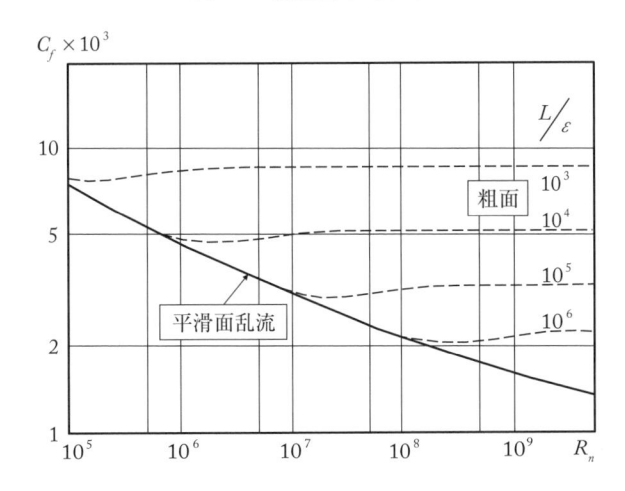

**図 2.9　平滑面と粗面の摩擦抵抗係数**

管の中の流れに関するニクラーゼ（Nikuradse）の実験である。ニクラーゼは大きさの均等な4種の砂粒を管の内面に張り付けて摩擦抵抗を測定し，次のような結果を得た。レイノルズ数が低い場合の流れは層流であり，管内の流速分布は管路の軸を中心とする回転放物面になり流量は管の半径の4乗に比例するというハーゲン・ポアズイユの法則が成立し，平滑な管との相違はみられない。レイノルズ数が増加すると流れは乱流に遷移するが，あるレイノルズ数以下では粗度の非常に大きな場合を除き，平滑な管との相違はまだ認められない。ところがレイノルズ数がある値を越えると粗面に対する摩擦抵抗係数の曲線は平滑面の場合の曲線を離れ摩擦抵抗は増加し，レイノルズ数がさらに高くなると摩擦抵抗係数はレイノルズ数に無関係に一定となる。粗度を有する平板の場合も同様な結果がみられ，摩擦抵抗係数の曲線を描くと図2.9のようになる。

この現象は次のように説明されている。レイノルズ数が低いときには流れが乱流であっても層流底層が比較的厚いため，図2.10のように表面の突起がこの層の中に入ってしまうので，粗面は流れの模様を変えることがなく粗度の影響は全く現われない。レイノルズ数が増加して層流底層が薄くなり，突起の一部が層流底層の外にでてくると，この部分から渦を生じて境界層内の乱れを増大させて，粗度の影響が顕著になってくる。レイノルズ数が十分に大きくなって突起が全面的に露出すると，突起の起こす乱れによって境界層内の流れが決まってしまう。この現象は粘性には関係しないので抵抗係数はレイノルズ数に無関係になる。このような状態を完全粗面（fully roughness）と呼ぶことがある。以上より粗面上の境界層流れと粗度抵抗を支配するの

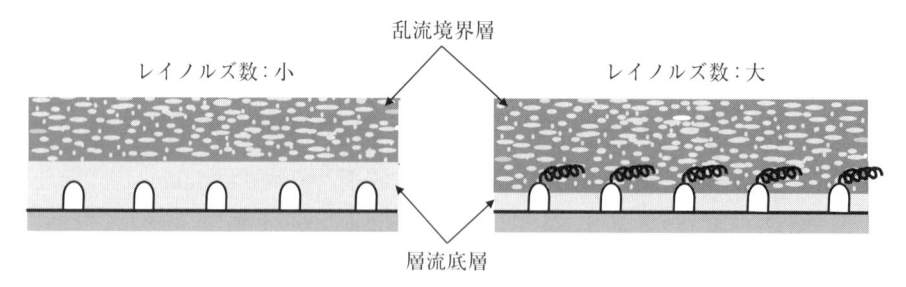

図 2.10 粗面と乱流境界層のイメージ

は、レイノルズ数の他に突起の高さと層流底層の厚さであることがわかる。

プラントルとシュリヒティングは、管の中の流れを平板の境界層に当てはめる方法を使用して、粗面の場合についても平板の摩擦抵抗係数を計算した。この結果から突起の高さ $\varepsilon$ と平板の長さ $L$ との比 $\varepsilon/L$ が与えられている粗面を持つ平板の摩擦抵抗が求められる。なお、$\varepsilon/L$ を相対粗度（relative roughness）と呼ぶ。さらにシュリヒティング（1979）は、レイノルズ数が十分に大きくなって突起が全面的に露出した場合、すなわち完全粗面の場合の抵抗係数を次のように求めた。

$$C_f = \left\{1.89 + 1.62 \log_{10}\left(\frac{L}{\varepsilon}\right)\right\}^{-2.5} \quad (2.44)$$

図 2.9 で摩擦抵抗がレイノルズ数に対して不変な部分は（2.44）式で表わされる。

【例題 2.3】実船のレイノルズ数における粗度抵抗

実船のレイノルズ数を $10^9$ 程度としたとき、どの程度の突起高さ（粗度）で粗度抵抗を無視できなくなるか検討せよ。ただし、実際の船体は曲面であるが、粗度抵抗については図 2.9 もしくは（2.44）式を参考にしてよい。

【解答例】

図 2.9 によれば、レイノルズ数を $10^9$ と仮定するとき、突起の高さ $\varepsilon$ と平板の長さ $L$ との比 $\varepsilon/L$ が $10^{-6}$ では、粗度抵抗が無視できなくなる。このとき平板長を船長と考えて $L$ を 200 m とすれば $\varepsilon$ は 2 mm になる。また、レイノルズ数が $10^9$ の場合の摩擦抵抗係数を表 2.1 のプラントル・シュリヒティングの公式から推定すると

$$C_f = 1.57 \times 10^{-3}$$

となるので、（2.44）式に基づき

## 2.2 平板の摩擦抵抗

$$\left\{1.89+1.62\log_{10}\left(\frac{L}{\varepsilon}\right)\right\}^{-2.5} \geq 1.57\times 10^{-3}$$

の条件から $\varepsilon/L$ の最小値を求め、上と同様に $L$ を 200 m とすれば $\varepsilon$ の最小値は 0.2 mm になる。実船の表面はペイント粗面および溶接ビードによる規則的粗面からなり、砂粗面とは異なっているが、以上のように実船のような高いレイノルズ数の場合には、非常に微小な粗度の場合であっても粗度抵抗は無視できない。

---

プラントルとシュリヒティングの結果はニクラーゼの実験に用いられたような砂粒を張り付けたような粗面に対してのみ成り立つものであり、図 2.8 のように粗面の型が異なれば当然その値も変化するはずである。同じ寸法の砂粒を張り付けた場合でも、その密度を変えると表面摩擦も変化し、密度を高くすると粗度の影響が大きくなるが、極端に密にすると逆に平滑面の場合の結果に近づくという結果も得られている。

船体表面は、完全な平滑面とは考えられないが、砂粗面のような粗面とも明らかに異なっている。粗面の形状は図 2.8 のように分類できるが、ここでは粗面を大きく 2 種類に分けて考えてみる。第 1 のタイプは角張った断面あるいは波長の短い波形の断面からなる粗面であり、第 2 のタイプは波長の長い波形でゆるい丸みを持った凹凸の断面、すなわち断面が波状に見える波状粗面（wavy roughness または sinusoidal roughness）である。第 1 のタイプは砂粗面の結果にみられたように、レイノルズ数が十分に大きくなれば摩擦抵抗係数はレイノルズ数に無関係になる。ところが第 2 のタイプの摩擦抵抗係数は平滑面の場合よりも大きくなるものの、レイノルズ数との関係は平滑面の場合と同様であり、平滑面の場合の曲線とほぼ平行になる。実際の粗面はこれらの中間であり、図 2.9 のように摩擦抵抗係数が一定になることはないが、極めて大きいレイノルズ数では一定値に近づくと予想される。これらの摩擦抵抗係数の変化を示すと概ね図 2.11 のようになる。実際の船体の場合については、溶接ビード線による粗面やペイント粗面による粗度抵抗についての研究例（白勢 1988）があり、ビードの高さやペイント粗面の粗度高さが粗度抵抗に関係することが分っている。例えば、ペイント粗度による実船の粗度抵抗は白勢により次のように与えられている。

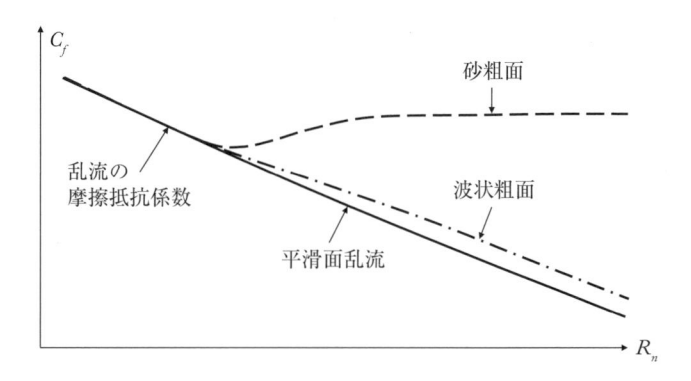

**図 2.11 表面性状と摩擦抵抗係数の変化**

$$\Delta C_f = 0.021\alpha R_n^{7/8} \frac{\varepsilon}{L} C_f, \quad \alpha = 0.018\sqrt{\frac{\lambda}{\varepsilon}} \tag{2.45}$$

ただし、$\varepsilon$ は粗度高さ、$\lambda$ は粗度波長である。

平板の摩擦抵抗に対する粗度の影響は大きく、実際の船体のような曲面の場合にも無視できない。【例題 2.3】からもわかるように、実船のレイノルズ数程度では非常に微小な粗度でも影響が出てくると予想される。模型船の実験結果から実船の抵抗を推定する場合には、実船のレイノルズ数が非常に大きいので、(2.1) 式の粗度修正と呼ばれる修正量 $\Delta C_f$ を実船の摩擦抵抗係数に加えるのが普通である。

新造直後の船体表面は清浄であるが、その使用とともに汚損の影響を受けて粗度が増加し、従って、抵抗が増加するため燃料消費量も増加する。実船の場合には単なる汚損だけではなく海洋生物の付着等をも受けるので、ドック入りした際に表面の清掃と再塗装が実施される。汚損による粗度の増加および粗度抵抗については古くから多くの検討例があるが、塗料の種類および塗装方法、ドックを出た後の経過日数、停泊日数と航海日数の割合、停泊港、航海場所、季節等によって一様ではない。古くは McEntee (1915) による鋼板を用いた実験、日本では戦前の出淵による駆逐艦「夕立」の実船実験が知られており、近年ではノルウェー造船研究協会（NSFI；1976）、英国造船研究協会（BSRA；1976）、国際試験水槽会議（ITTC；1978）、日本造船研究協会第 189 研究部会（SR189；1984）等により研究が実施されている。例えば SR189 では、表面粗度が $10\,\mu m$ 増加する毎に船速は 0.3% 低下し、燃料消費量は 1% 増加するとしている。

なお、ドック入りと再塗装を頻繁に実施するのは不経済であるため防汚塗料（anti-fouling paint）や自己研磨型塗料（self polishing paint）が用いられる。防汚塗料はその成分中の毒性により海中生物の船体への付着を防止するための塗料であり、自己研磨型塗料は流体との摩擦により徐々に塗料が研磨され、汚損を防止するとともに平滑さを保つ塗料である。例えば、性能の高い防汚塗料により 5 年間ドック入りなしという実績例もある。ただし、防汚塗料や自己研磨型塗料については海洋環境汚染防止の観点から問題となっており、塗料の成分や海域によっては既に使用を禁止されている。

## 2.3 船体の粘性抵抗

最も簡単な形状である平板に働く摩擦抵抗について解説したが、曲面をもつ物体には摩擦抵抗だけではなく粘性による圧力抵抗も働くことになり、これらの和である粘性抵抗を理論的に求めることは平板に比べてはるかに困難であり、計算流体力学（CFD）のような数値解析的手法を利用しなければならない。数値計算に基づく粘性抵抗の推定方法については 2.4.2 節で解説するものとし、ここでは粘性抵抗に対する基礎的な考え方について解説する。なお、本節では前記の粗度抵抗を除いて論じることとする。

(1) 形状抵抗、形状影響係数

平板の場合には平板に沿うせん断応力による抵抗すなわち摩擦抵抗のみを考えればよく圧力抵抗は 0 であるが、船体のように曲面をもつ物体の場合には粘性による圧力抵抗が存在する。

## 2.3 船体の粘性抵抗

特に、タンカー船型のような肥型物体（bluff body）で流れの下流側（船尾側）が肥型の場合では、境界層が剥離を起こして渦をつくり大きな圧力抵抗を生じる。このため粘性による圧力抵抗を渦抵抗あるいは剥離抵抗と呼ぶことがある。一般に流線型物体の場合には、摩擦抵抗の占める割合の方が大きくこれに圧力抵抗が加わる。一方、肥型物体の場合には、実用的なレイノルズ数においては粘性抵抗の大部分が圧力抵抗である。

曲面をもつ物体の粘性抵抗を推定する最も簡単な近似法は、物体の粘性抵抗をその物体と長さおよび浸水面積の等しい相当平板の摩擦抵抗を前提とし、それに表面が曲面であることによる影響を付加する考え方である。まず、平板のまわりの流れは境界層が十分薄いと考えられるので撹乱がなく、境界層の外側には一様な流れがあると考えて差し支えないが、曲面をもつ物体周囲の流体運動の場合には流速は一様ではなく流速が流線に沿って変化している。境界層理論によると境界層内部の流体運動は境界層外の流体運動および圧力によって支配されているから、当然曲面に沿う境界層は平板のそれとは異なり、その結果、表面に働く摩擦力も異なってくる。一般に境界層外の流速は物体前端部および後端部近傍を除き、多くの場所で一様流速すなわち物体の前進速度よりも大きくなっており、圧力もそれにともなって変化している。曲面に沿う境界層はこのような圧力変化の他に、流れに対する直角方向の曲率そのものの影響を受ける。すなわち一般に曲面が凸であると境界層は平面の場合より薄くなり、境界層内の速度勾配が大きくなって摩擦抵抗が増加する。

曲面をもつ物体の摩擦抵抗係数は、レイノルズ数の等しい平板の摩擦抵抗係数より大きくなり、しかもこの他に圧力抵抗の成分を考慮する必要がある。船体のような浮体の場合には、波の発生により船体表面上の圧力が変化して境界層に影響を与え、さらに複雑な造波と粘性の干渉現象を伴うが、考慮しないのが普通である。

ショルツ（Scholz, 1951）は2次元形状および回転体について、平板に対するプラントルらの方法と同様な方法により摩擦抵抗を計算し、その結果を平板の摩擦抵抗係数との比によって表し、物体の幅と長さの比に対する曲線で示した。2次元形状の摩擦抵抗に対する増加率は回転体に比べ大きく最高12〜16%に達したが、回転体ではこれが2%程度にとどまった。この結果をただちに一般の2次元あるいは3次元物体に適用できるわけではないが、曲面をもつ物体に働く摩擦抵抗の平板に働く摩擦抵抗に対する増加率は、レイノルズ数によってほとんど変化しないという重要な知見を与えている。

上の結果が、船体形状を対象としていかなるレイノルズ数においても成立するとすれば、レイノルズ数の等しい平板の摩擦抵抗係数を $C_f$ とするとき、任意の船型の摩擦抵抗係数は $rC_f$ とい

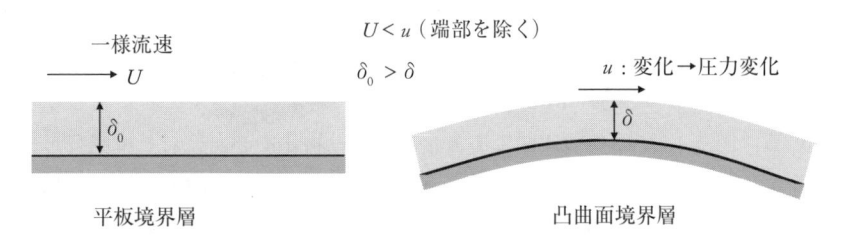

一様流速 → $U$　　$U < u$（端部を除く）　$\delta_0 > \delta$　　$u$：変化→圧力変化

$\delta_0$　　　　　　　　　　　　　　　　$\delta$

平板境界層　　　　　　　　　　　凸曲面境界層

**図 2.12　平板と曲面の境界層の比較**

う形で表すことができる。この $r$ は物体の幾何学的形状によって決まりレイノルズ数には無関係であるとされる。この係数は一般に $r>1$ であるから $r=1+K$ と書いて、$K$ を形状係数（形状影響係数、form factor）と呼ぶ。ここで述べた $K$ は平板の摩擦抵抗に対する増加率を示す係数として導入されたが、粘性による圧力抵抗についても平板の摩擦抵抗に比例して生じ、その係数もレイノルズ数に無関係であると仮定すると $K$ を $K=K_f+K_p$ と書くことができ、$K_f$ が形状影響による摩擦抵抗の増加を、また、$K_p$ が形状影響により生じる圧力抵抗を表している。従って、$KC_f=(K_f+K_p)C_f$ に相当する抵抗成分を形状抵抗と呼ぶことがある。すなわち、2.1節で示した図2.1および（2.1）式について、粗度抵抗を除き粘性抵抗の成分を

$$
\begin{aligned}
&\text{平板摩擦抵抗係数} = C_f \\
&\text{摩擦抵抗係数} \quad = (1+K_f)C_f \\
&\text{粘性圧力抵抗係数} = K_p C_f \\
&\text{形状抵抗係数} \quad = KC_f = (K_f+K_p)C_f \\
&\text{粘性抵抗係数} \quad = (1+K)C_f = (1+K_f+K_p)C_f = rC_f = C_v
\end{aligned}
\qquad (2.46)
$$

のように考えると理解しやすい。なお、圧力抵抗に対する形状影響係数 $K_p$ がレイノルズ数に無関係であるとする理論的根拠はないが、圧力抵抗の小さい流線型物体や特に形状が肥型でない場合には十分な近似度を持っていると考えられている。タンカー等の肥大船型の場合にも特段の不都合はないとされているが、なお一考の余地はある。

(2) 伴流抵抗と伴流解析

　平板相当分の摩擦抵抗と曲面の形状影響に基づく形状抵抗の和が粘性抵抗になると考えることができる。しかし、これらを流体現象として捉えると、摩擦抵抗の要因である摩擦による境界層内の速度欠損や、粘性圧力抵抗の原因である曲面に沿う圧力の変化および境界層の剥離現象と渦の発生は、いずれについても船体の後方に形成される伴流の中に流れの情報が蓄積されることになる。すなわち、船体より前方では船体の影響を受けなかった流れが船体の影響により粘性現象が発生し後方の流れのように変化した、と捉えれば運動量理論を用いて抵抗を求めることが可能になる。船体後方の伴流を解析して求めた粘性抵抗のことを伴流抵抗（wake resistance）と呼ぶことがある。理論的には粘性抵抗と伴流抵抗は一致するはずであるが、形状影響係数の決定方法の精度や、3.4節で紹介する砕波抵抗の成分が伴流抵抗に含まれる、といった要因のため一致しないのが普通である。

　次に、伴流解析（wake analysis）について解説する。実際に、伴流とは粘性流体中を物体が移動するとき、流体が物体との摩擦によりひきずられ、後流中の流速分布に流速の遅い部分、すなわち速度欠損が生じる現象である。物体表面からの剥離によって生じた渦もこの流れの中に含まれている。図2.13がその模式図である。ここでは物体中心面に対して左右対称な流れを考え、調査面 $S_A, S_B, S_\infty$ 上では圧力一定として運動量への圧力の寄与はないものと仮定する。また、側方の調査面 $S_\infty$ を無限遠方にとる。このとき物体に働く力は進行方向の流体抵抗のみであり、運動量積分は上流の調査面 $S_A$ と下流の調査面 $S_B$ 上についてのみ考慮すればよい。流体抵抗

## 2.4 粘性抵抗の推定方法

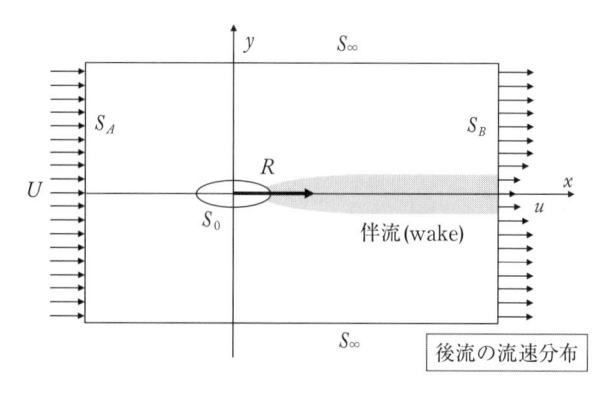

**図 2.13 伴流解析**

を $R$ とすると、運動量理論による（1.53）式より

$$R = \iint_{-\infty}^{\infty} \rho U^2 dS - \iint_{-\infty}^{\infty} \rho u^2 dS = \rho U \iint_{-\infty}^{\infty} (U-u) dS + \rho \iint_{-\infty}^{\infty} u(U-u) dS \quad (2.47)$$

となるが、流量一定の条件より

$$\iint_{-\infty}^{\infty} U dS = \iint_{-\infty}^{\infty} u dS \quad (2.48)$$

従って、抵抗を求める式は以下のようになる。

$$R = \rho \iint_{-\infty}^{\infty} u(U-u) dS \quad (2.49)$$

この式は伴流解析の最も基本的な式であり、実際に物体に加わっている力を計測することなく、後流の流速分布を計測することにより抵抗が求められる。(2.48) 式の積分範囲は伴流が存在する有限な領域で行えばよい。

## 2.4 粘性抵抗の推定方法

粘性抵抗は形状影響係数を用いて表現することができる。形状影響係数は第 8 章で紹介する水槽試験結果から求められるが、系統的に実施された模型試験結果に基づく推定式も数多く提案されているので、それらを利用することもできる。一方、数値解析手法の進歩により、CFD を用いて粘性抵抗を直接推定することも可能になっている。ここでは、形状影響係数の推定と数値計算に基づく推定方法について紹介する。

### 2.4.1 形状影響係数の推定

船体の全抵抗は粘性抵抗と造波抵抗の和で与えられるので、全抵抗係数 $C_t$ は (2.1) 式の粘性抵抗係数 $C_v$ と造波抵抗係数 $C_w$ の和として次のように表わされる。

$$C_t = (1+K)C_f + \Delta C_f + C_w \tag{2.50}$$

水槽試験については模型船のレイノルズ数が $10^6$ のオーダであるため、一般に粗度抵抗は生じていないと考えてよい。従って、模型船に関する抵抗係数に添え字 $m$ をつけて、模型船に加わる全抵抗係数を表現すると

$$C_{tm} = (1+K)C_{fm} + C_{wm} \tag{2.51}$$

となる。造波抵抗は造波の小さい低速では実用上無視できる。従って、造波抵抗係数 $C_{wm}$ が実用上無視できる、フルード数 $F_n$ が 0.1 以下の領域で模型試験を実施すれば、(2.51) 式より形状影響係数を次のように求められることがわかる。

$$K = \frac{C_{tm}}{C_{fm}} - 1 \tag{2.52}$$

このような方法により形状影響係数 $K$ を求める方法を低速接線法と呼んでいる。もう 1 つは造波抵抗が低速域で $F_n^4$ に比例するとして全抵抗係数を

$$C_{tm} = (1+K)C_{fm} + aF_n^4 \tag{2.53}$$

と表現し、低速域の数点の全抵抗値から最小 2 乗法により形状影響係数 $K$ と比例定数 $a$ を決定する方法である。これはプロハスカ（Prohaska）の方法（1966）と呼ばれている。日本の試験水槽では低速接線法により形状影響係数を求めることが多い。

多数の船型に関する形状影響係数のデータが蓄積され、それらのデータに対し、理論的な考察および統計解析を用いることによって、形状影響係数の経験的な推定式を与えることができる。今までに提案されている推定式のいくつかを表 2.2 に紹介する。

表 2.2 の推定式に利用されている船型パラメータを整理して示すと、表 2.3 のようになる。これから形状影響係数に及ぼす影響の大きいパラメータの知見を得ることができ、次のようなことがわかる。これらの結果を要目の最適化に活用することができる。

・方形係数 $C_b$ が大きいほど $K$ は大きい。
・長さ幅比 $L/B$ が大きいほど $K$ は小さい。
・幅喫水比 $B/d$ の影響はそれほど強くない。
・排水容積長さ比 $\nabla/L^3$ が大きいほど $K$ は大きい。
・浮心位置 $l_{cb}$ が後方になるほど $K$ は大きい。
・$B/L_R$ が大きいほど（ラン長さが短いほど）$K$ は大きい。
・中央横切面積係数 $C_m$ が大きいほど $K$ は大きい。

この他にも多くの推定式が提案されており、表 2.2 の推定式よりも複雑なパラメータを用いてい

## 2.4 粘性抵抗の推定方法

**表 2.2 形状影響係数推定式**

| 推定手法 | $K$ | $C_f$ |
|---|---|---|
| グランビル<br>(Granville, 1956) | $18.7\left(C_b \dfrac{B}{L}\right)^2$ | シェーンヘルの公式 |
| 笹島・田中<br>(1963) | $\sqrt{\dfrac{\nabla}{L^3}}\left(2.2C_b + \dfrac{P}{C_r}\dfrac{B}{L_R}\right)$ | シェーンヘルの公式 |
| 津田<br>(1968) | $\left(\dfrac{L}{B}\right)^{-2.09}\left(\dfrac{B}{d}\right)^{-0.157} C_b^{6.6}(6.64l_{cb}^2 - 32.2l_{cb} + 139.2)$ | ヒューズの公式 |
| 笹島・呉<br>(1969) | $3r^5 + 0.30 - 0.035\dfrac{B}{d} + 0.5\dfrac{t}{L}\dfrac{B}{d}$ | シェーンヘルの公式 |
| プロハスカ<br>(Prohaska, 1972) | $0.11 + 0.128\dfrac{B}{d} - 0.0157\left(\dfrac{B}{d}\right)^2 - 3.10\dfrac{C_b}{L/B} + 28.8\left(\dfrac{C_b}{L/B}\right)^2$ | シェーンヘルの公式 |
| グロス・渡辺<br>(Gross, 1972) | $0.017 + 20\dfrac{C_b}{(L/B)^2\sqrt{B/d}}$ | ITTC1957の公式 |
| SSPA<br>(1972) | $0.355 - 8.58\dfrac{C_b}{L/B\sqrt{B/d}} + 126.8\left(\dfrac{C_b}{L/B\sqrt{B/d}}\right)^2$ | ヒューズの公式 |
| 多賀野<br>(1972) | $-0.125 + 0.79\dfrac{C_b}{L/B\sqrt{B/d}} + 8.48\dfrac{C_m}{L/B\sqrt{B/d \cdot C_b}}\dfrac{B}{L_R}$ | シェーンヘルの公式 |
| 住吉<br>(1974) | $0.00618 + 0.79\dfrac{C_b}{L/B\sqrt{B/d}} + 2.45\dfrac{C_m}{L/B\sqrt{B/d \cdot C_b}}\dfrac{B}{L_R}$ | シェーンヘルの公式 |

備考:
$t$：トリム
$L_R$：横切面積曲線を台形で近似したときの船尾部の長さ（ラン長さ）
$l_{cb}$：浮心位置
$r = \dfrac{B/L}{1.3(1-C_b) - 3.1l_{cb}}$：肥大度を表すパラメータ
$P$：$r$の関数として図で与えられるパラメータ

**表 2.3 形状影響係数推定式利用パラメーター覧**

| 推定手法 | $L/B$ | $B/d$ | $B/L_R$ | $t/L$ | $\nabla/L^3$ | $C_b$ | $C_m$ | $l_{cb}$ | $r$ |
|---|---|---|---|---|---|---|---|---|---|
| グランビル | ○ | | | | | ○ | | | |
| 笹島・田中 | | | ○ | | ○ | ○ | | | ○ |
| 津田 | ○ | ○ | | | | ○ | | ○ | |
| 笹島・呉 | ○ | ○ | | ○ | | ○ | | | ○ |
| プロハスカ | ○ | ○ | | | | ○ | | | |
| グロス・渡辺 | ○ | ○ | | | | ○ | | | |
| SSPA | ○ | ○ | | | | ○ | | | |
| 多賀野 | ○ | ○ | ○ | | | ○ | ○ | | |
| 住吉 | ○ | ○ | ○ | | | ○ | ○ | | |

る場合が知られているが、いずれの式も境界層理論等による理論的考察に基づいて、多数の実験結果から統計解析等を使って定数を定めている。従って、これらの推定式の精度は使ったデータの試験条件に依存しているため、船種や船型および載荷状態によっては精度が十分でない場合がある。

試験水槽あるいは造船所では膨大な船型データおよび試験データを有しているので、このような経験的な推定式とは別に、母船型（タイプシップ）のデータから船型パラメータの相違を考慮して形状影響係数を推定する場合も多い。また、蓄積された膨大な実験結果を使ってニューラルネットワークの手法により形状影響係数を推定する試みも実施されている。

### 2.4.2 CFDによる推定法

上に述べた粘性抵抗の予測方法は、船型パラメータ等から大まかな見積もりをするためには有用であるが、具体的な船型に対して定量的な評価を行うためには、計算流体力学（Computational Fluid Dynamics；CFD）に基づく数値計算か模型試験を行う必要がある。模型試験については第8章で説明するので、ここでは数値計算による粘性抵抗の推定法について概要を説明する。

(1) 支配方程式

非圧縮性粘性流体の運動の支配方程式は以下のナビエ・ストークスの方程式

$$\rho \frac{\partial u_i}{\partial t} + \rho u_j \frac{\partial u_i}{\partial x_j} = -\frac{\partial p}{\partial x_j} + \frac{\partial}{\partial x_j}\left\{\mu\left(\frac{\partial u_i}{\partial x_j}+\frac{\partial u_j}{\partial x_i}\right)\right\}+f_i \tag{2.54}$$

および、以下の連続の式である。

$$\frac{\partial u_i}{\partial x_i}=0 \tag{2.55}$$

ここで、$x_i(i=1,2,3)$ および $u_i(i=1,2,3)$ はそれぞれデカルト座標 $(x,y,z)$ と流速 $(u,v,w)$ に対応し、$f_i$ は単位質量当たりの外力を表す。(2.54)式および(2.55)式は、それぞれ(1.26)式と(1.27)式を総和規約を用いて表したものである。総和規約とは、一つの項の中に同じ添え字が2回現れた場合、その添え字について和を取る決まりである。すなわち、(2.54)式では添え字 $j$ について、(2.55)式では添え字 $i$ について和が取られることになる。これらの支配方程式は、乱流による不規則な変動分を含んだ速度と圧力に対して成り立つものであり、(2.54)式と(2.55)式をそのまま用いて数値計算を行うのは、流れが層流である場合あるいは十分に細かい計算格子と時間刻みによって乱流の直接数値計算（DNS）を行う場合に限られる。乱流に対する実用的な計算方法としては、格子で解像できる空間的に大きなスケールの流れとそれよりも小さいスケールの流れに分解して、大きなスケールの流れに対する方程式を解くラージ・エディ・シミュレーション（LES）と呼ばれる方法と、元の方程式に対して平均化を行う

ことで得られるレイノルズ平均ナビエ・ストークス方程式（Reynolds Averaged Navier-Stokes equation；RANS）を支配方程式とする方法とがある。計算に必要なメモリ容量やCPU時間はLESの方がRANSよりも大きく、船体の粘性抵抗を推定するためには一般的にRANSが用いられる。RANSにおける平均とは、一般的にはアンサンブル平均を指すが、時間的に定常的な流れでは時間平均と同じである。

RANSの基礎式を導くためには、まず速度成分 $u_i$ と圧力 $p$ を以下のように平均成分と変動成分に分解する。

$$u_i = \overline{u}_i + u_i', \quad p = \overline{p} + p' \qquad (2.56)$$

(2.56)式を(2.54)と(2.55)式に代入して、もう一度全体に平均化を行うと以下のRANSの基礎式（レイノルズ平均ナビエ・ストークス方程式）が得られる。

$$\rho \frac{\partial \overline{u}_i}{\partial t} + \rho \overline{u}_i \frac{\partial \overline{u}_i}{\partial x_j} = -\frac{\partial \overline{p}}{\partial x_j} + \frac{\partial}{\partial x_j}\left\{\mu\left(\frac{\partial \overline{u}_i}{\partial x_j} + \frac{\partial \overline{u}_j}{\partial x_i}\right)\right\} - \frac{\partial \overline{u_i' u_j'}}{\partial x_j} + f_i \qquad (2.57)$$

および

$$\frac{\partial \overline{u}_i}{\partial x_i} = 0 \qquad (2.58)$$

(2.57)式の最後から2番目の項は、レイノルズ応力項と呼ばれ、変動成分が平均成分に与える影響を表している。$-\overline{u_i' u_j'}$ の部分はレイノルズ応力（Reynolds stress）と呼ばれ、これを乱流モデル（turbulence model）として与えることにより、(2.57)式と(2.58)式は閉じた方程式系を成し、数値解を求めることができるようになる。

運動量方程式に対して境界層近似を適用して得られる、境界層方程式を基礎式とする解析法もあるが、(2.57)式と(2.58)式をそのまま用いる方法が一般にCFDと呼ばれ、現在では主流となっている。

(2) 乱流モデル

乱流モデルは多くの種類があり、解く方程式の数によって以下のように分類される。

[0方程式モデル（zero-equation model）]

平均流に対する方程式である(2.57)式と(2.58)式以外には方程式を解かずに、平均流の解から代数的にレイノルズ応力項を与える。【Note 2.5】で触れた混合距離仮説も0方程式モデルの一種である。実際に船体まわりの流れに適用されるものとしては、Baldwin-Lomaxモデルが有名である。

[1方程式モデル (one-equation model)]

(2.57) 式と (2.58) 式で与えられる平均流の方程式に加えて、1つの輸送方程式を解くことにより構成されるモデルである。Spalart-Allmaras モデルが有名であり、船体まわりの流れ計算にも用いられる。

[2方程式モデル (two-equation model)]

平均流の方程式の他に2つの輸送方程式を解くことにより構成されるモデルであり。$k-\varepsilon$ モデルや $k-\omega$ モデルが有名であり、船体まわりの流れ計算にしばしば適用される。

以上のモデルでは、渦粘性の仮定 (eddy-viscosity assumption) を用いて、以下のようにレイノルズ応力を与える。

$$-\overline{u_i' u_j'} = \mu_T \left( \frac{\partial \overline{u}_i}{\partial x_j} + \frac{\partial \overline{u}_j}{\partial x_i} \right) \tag{2.59}$$

ただし、$\mu_T$ は渦粘性係数 (eddy viscosity) と呼ばれ、乱流の状態に依存する変数である。3次元ではレイノルズ応力は6つの独立な成分を持つが、それを1つの変数で表すことができると仮定している。レイノルズ応力を (2.59) 式のように表すことで (2.57) 式の渦粘性 $\mu_T$ を $\mu + \mu_T$ に置き換えることによって、粘性項とレイノルズ応力項を一緒に計算することができることも利点となる。

[レイノルズ応力モデル (Reynolds stress model)]

レイノルズ応力モデルでは渦粘性の仮定を用いずに、レイノルズ応力の各成分に対する輸送方程式が解かれる。渦粘性モデルよりも高次のモデルではあるが、式が複雑になり、モデル定数の数が多くなることと、計算の安定性が低いことが欠点であり、適用例はあまり多くない。

(3) 離散化

本来は速度や圧力等の物理量は空間的および時間的に連続的に変化しているが、計算機で解を求めるためには、飛び飛びの場所と時間に定義される有限の数の変数で表現する必要がある。これを一般に離散化と言う。支配方程式は離散化された変数で表され、これを支配方程式の離散化と言う。

空間的な離散化に対しては、有限差分法、有限体積法、有限要素法の3つの異なる方法がある。流体の数値解析には有限体積法が用いられることが多く、計算領域を有限な数の小さな体積に分割し、各小体積に対して運動量と質量の保存が満たされるように解が求められる。

支配方程式の微分項の離散化をどのように行うかによって、離散化された方程式の性質は異なってくる。離散表現のしかたのことを、離散化のスキームと呼ぶ。一般に精度が低いスキーム（低次精度スキーム）は計算の安定性が高く、精度が高いスキーム（高次精度スキーム）は逆に計算の安定性が低い。

空間的な離散化による誤差は、格子の幅を $\Delta$ とすると以下のように表される。

$$\varepsilon = O(\Delta^n) \tag{2.60}$$

$O(\Delta^n)$ は の $n$ 乗に比例する微小量を指す。指数 $n$ はスキームの精度に依存し、1次精度のスキームでは1、2次精度のスキームでは2となる。従って、空間離散化による誤差は格子幅を小さくしていくと0に近づき、用いるスキームの精度が高い程、近づく速度が大きくなる。時間に関する離散化についても同様のことが言える。

有限体積法で離散化を行うにあたっては、計算領域を設定して、その領域の分割を行う。その分割された小体積のことを計算セル（cell）、セルの並びのことを計算格子（mesh）と呼んでいる。2次元では四角形、3次元では六面体のセルが規則的に配置される格子を構造格子（structured mesh）と呼び、三角形や四面体等の任意形状のセルが自由に配置される格子を非構造格子（unstructured mesh）と呼ぶ。構造格子は計算の精度と効率が高いが、一方で、計算領域の複雑な形状に対応するのが困難であることが欠点である。

数値計算においては、解の精度は以下の3つの要素に依存している。
①格子の品質（細かさと滑らかさ等）
②乱流モデルの選択
③離散化スキームの選択

しかし、残念ながら、どのような格子を作って、どの乱流モデルを使って、どの離散化スキームを用いれば十分な精度が得られるというように、一般的な指針を示すことは非常に困難であり、解の品質は経験等を交えて多角的に評価されなければならない。品質がよい格子の生成と、計算精度の評価にある程度の熟練を要する点がCFDの課題であると言える。

(4) CFDによる粘性抵抗の評価法

CFDにより船舶の粘性抵抗を評価するためには、通常自由表面を平面として計算を行う。これは、フルード数が無限に小さくなった時の流れに相当する。またこの流れは、自由表面を対称面として船体を水平に切断したものを2つ背中合わせに張り合わせた物体のまわりの流れに対応することから、二重模型（double model）まわり流れと呼ばれることもある。左右対称の船体が直進しており、プロペラによる回転流を考慮しない場合では流れが船体の中心面に関して左右対称になるため、右舷側もしくは左舷側の片方だけを計算することになる。

無限流体中の船体を考えるときは、計算領域は本来無限遠方まで広がっているわけであるが、数値計算においては「十分に広い」有限の領域とする必要がある。船首から上流の境界までの距離を船長の半分程度、船尾から下流側の境界までの距離を船長程度とし、計算領域の深さと幅は船長の半分程度とされることが多い。図2.14に船体表面近くの境界面上の格子の例を示すが、用いられる格子の数は、片舷計算で10万から数百万セルとなる。

船体の抵抗試験では、船体模型に作用する力を検力計等で計測し、平板摩擦抵抗係数を用いて形状影響係数を求め、摩擦抵抗成分と粘性圧力抵抗成分を人為的に分離している。一方、数値計算においては、表面に作用するせん断応力と圧力を船体表面全体で積分することにより抵抗が求

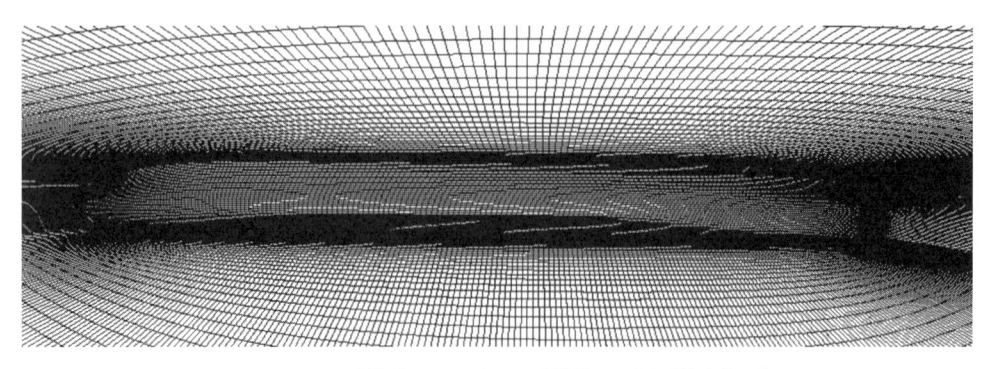

**図 2.14 二重模型まわり流れの計算格子の例（構造格子）**

められるので、摩擦抵抗成分と粘性圧力抵抗成分を直接求めることができる。船体まわりの流れのCFDは粘性抵抗の推定だけではなく、プロペラの設計にとって重要な伴流分布の推定にも有用である。また、第3章で解説するように、造波を扱うことができる数値計算法を用いることによって、造波抵抗を含む全抵抗を求めることも可能であり、実用的に用いられている。

## 2.5 粘性抵抗の低減

粘性抵抗の成分は、全抵抗の80%程度に及ぶことがあるので、船舶の馬力低減のためには粘性抵抗の低減が重要になってくる。実船の船体に働く粘性抵抗は (2.1) 式より

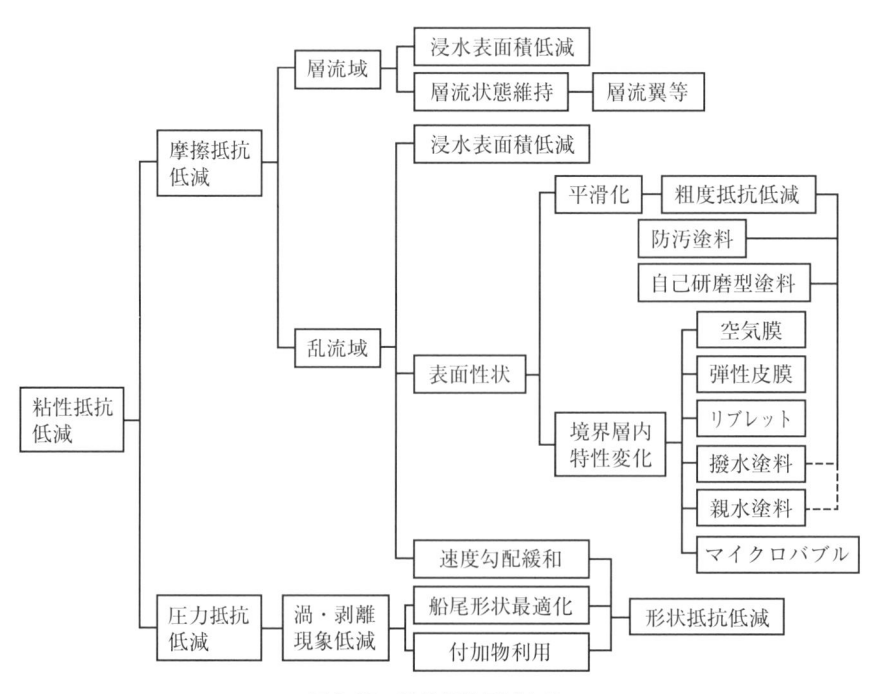

$$R_v = \frac{1}{2}\rho U^2 S C_v = \frac{1}{2}\rho U^2 S\{(1+K)C_f + \Delta C_f\} \tag{2.61}$$

**図 2.15 粘性抵抗低減方法**

2.5 粘性抵抗の低減

となる。従って (2.61) 式より、粘性抵抗を低減する考え方として、
　①速力の減速
　②浸水表面積 $S$ の低減
　③形状影響係数 $K$ の低減
　④摩擦抵抗係数 $C_f$ の低減
　⑤粗度抵抗係数 $\Delta C_f$ の低減

を図ることが基本である。速力を一定として粘性抵抗を低減する方法を分類すると図 2.15 のようになる。図 2.15 に示す方法の概要について紹介するが、実際の船体のまわりの流れはレイノルズ数が $10^8$〜$10^9$ となる乱流であるから、ここでは層流域の摩擦抵抗低減方法についての解説は省略する。従って、以下では図 2.15 の中の船体表面性状による乱流域の摩擦抵抗低減方法と形状抵抗低減方法に焦点を絞って紹介する。

### 2.5.1 摩擦抵抗の低減方法

ここでは主に、表面性状の工夫により乱流境界層内の流れの特性を変化させて、摩擦抵抗を低減する方法について紹介する。流れの特性についての具体的な変化としては、乱流発生メカニズムの変化、乱流境界層内の速度勾配の緩和、境界層の局所的な層流化、浸水表面の局所的な粗度の平滑化等が考えられているが、いずれも微小スケールの現象変化であるため流体力学的に未解明な点が多い。また、必ずしもここで紹介する全ての方法が実用的な船舶に有効というわけではないが、実用化のための研究が進められている課題である。

(1) 空気膜

空気膜法は乱流境界層の形成を空気膜により排除することにより、物体の表面に働くせん断応力を大きく低減する方法の総称であり、船体への応用に関する研究例は 1950 年頃にまでさかのぼる。船体に応用する場合には、主に船体平行部の船底にサイドキールや仕切りによる空気膜形成装置を設け、その部分にコンプレッサーで空気を送り込むことにより空気膜を保持するという方法が採用される。ただし、空気膜の形成には微小なステップ形状が用いられることもあり、後述するリブレットや撥水塗料と併用する場合もある。30% 程度の抵抗低減に成功した例も報告されているが、高速域やトリムが大きい場合、あるいは波浪中航行時に空気膜の保持が困難になるという問題があり、さらに最適空気供給量や空気を送り込むためのエネルギー増といった克服すべき課題があることが分かっている。

(2) 弾性皮膜

イルカ、シャチ、クジラ等の水棲動物は 40 ノット、時速にして約 75 キロの高速で泳いだという多くの記録がある。これらの水棲動物、特にイルカの遊泳速度については古くからグレイのパラドックス（背理 1936）とか「イルカの謎」と呼ばれているように、多くの流体力学者の関心を集めてきた。高速で泳ぐためには抵抗が低いか推力が高くなければならないが、抵抗が低いとすれば、その速度域で考えられる流れの状態、すなわち乱流域の流れではあり得ないほど抵抗が低くなければならず、推力が高いとすれば、通常の哺乳動物が持つ筋肉よりも異常に高い筋肉の

強さが必要になる。これがグレイのパラドックスで、理論的にあるいは実験的にこの謎を解こうとする多くの研究が1950年代以降に実施されている。

グレイのパラドックスを解明するための研究として、イルカの皮膚のような弾性皮膜の流体力学的効果に注目が集まり、イルカの皮膚を模擬した弾性を持つ表皮で剛体を覆った模型の実験により抵抗が減ったという報告がクレイマー（1960）により発表されたことがある。しかし、その後に多くの研究者が同様な実験を真剣に行ったにもかかわらず、抵抗が減るという追試結果は得られなかった。また、生きているイルカではなくイルカの死体を使った抵抗試験も実施されたが、これも抵抗が減るという結果は得られなかった。すなわち、単に弾性皮膜で船のような物体を覆っても抵抗が減るということは期待できない。生きているイルカの体表面は粘度の高い体液で覆われていることが指摘されており、これが摩擦抵抗低減に関係している可能性がある。また、イルカは自分自身の表面の皮膜を振動させて乱流状態の流れを層流化している可能性があるともされているが、いずれにしても流体力学的に未解明な点が多い。

(3) リブレット

弾性皮膜とともに摩擦抵抗低減方法として注目を浴びたものにリブレット（riblet）がある。リブレットはサメ肌を模したもので、物体表面に極めて微小な突起列を流れの方向に配した構造をしているが、見方を変えると微小な溝構造を配しているともいえるので、グルーブ（groove）と呼ばれることもある。サメもイルカのように高速で泳ぐので、サメ肌表面の流れは乱流状態になっていると考えられる。サメ肌はざらざらしているので摩擦抵抗が増加するように思われるが、その特殊な突起列の配置により乱流発生のメカニズムや乱流構造が変化するため摩擦抵抗を減らすことが可能になると考えられている。乱流は非常に微小な渦が物体表面からのバーストという現象により多数放出されることにより生じると考えられているが、リブレットは細かな流れの方向の溝構造によりバースト現象の横方向への拡がりを抑制し、乱流構造が変化すると考えられている。リブレットの研究はNASA（アメリカ航空宇宙局）の研究者により1970年頃から始められたが、実験によれば最大8%程度の摩擦抵抗低減効果があるとされている。

実際にリブレットの効果は1987年のアメリカスカップのヨットレースで注目を浴びたことがある。1983年のウィングレットつきフィンキール（コラム4.1参照）という新技術を採用したオーストラリアの高性能な挑戦艇によってカップが奪われたアメリカは、リブレットを艇体表面に採用した高性能艇を開発して、1987年のレースでカップを取り戻した。リブレットが勝利の一因になったと考えられている。

(4) 塗料による方法

既に2.2.3節で紹介したように、防汚塗料あるいは自己研磨型塗料を採用することにより、汚損を防止し平滑化を保つことにより粗度抵抗を低減させることができる。ここでは、その他の塗料として撥水塗料および親水塗料について紹介する。

撥水塗料は文字どおり浸水表面において流体をはじく機能を持った塗料であり、先に紹介した空気膜法と併用して局所的な空気膜を形成し摩擦抵抗を低減することが可能になる。また、その撥水機能により微小な空気粒を物体表面に捉えることが可能になることから、これが表面に沿っ

2.5 粘性抵抗の低減

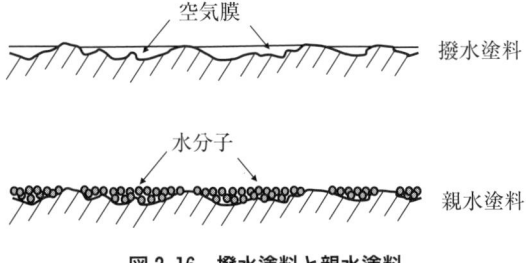

```
          空気膜
    ～～～～～～～    撥水塗料

          水分子
    ○○○○○○○○    親水塗料
```

**図 2.16 撥水塗料と親水塗料**

て転がることにより摩擦抵抗が低減されるという説や、ペイント粗面の中に空気粒を捉えることにより表面が平滑化され粗度抵抗が低減されるという考え方もある。さらに、船体表面に付着して形成される空気粒の層のために生物付着防止の効果があり、汚損による粗度抵抗が減るという指摘もある。

親水塗料と呼ばれる塗料は、撥水塗料とは逆に水との親和性のよい塗料である。この塗料の場合にはペイント粗面の中に、その親和性により水分子を捉えることができ、表面が平滑化されて粗度抵抗が減ると考えられている。撥水塗料と親水塗料の低減効果に関するイメージを図 2.16 に示す。

(5) マイクロバブル

マイクロバブルとは微細な気泡を意味し、物体表面に沿って上流からこれを乱流境界層内に流すことにより摩擦抵抗を低減する方法である。空気膜の場合には境界層の形成そのものを排除することになるが、マイクロバブルの場合には形成された境界層内に気泡が注入される。マイクロバブルは 1970 年代以降、旧ソビエト連邦、アメリカ、続いて日本において精力的に研究が実施された。実験や CFD 計算に基づく多くのデータから、船舶への応用に適した摩擦抵抗低減方法であると考えられており、実際に実船実験も実施されている。

マイクロバブルによる摩擦抵抗低減原理についても十分に解明されているわけではないが、物体表面近傍に気泡が多いほどせん断応力低減効果が大きいことが実験的に分っており、また、気泡量だけではなく、気泡径と摩擦抵抗低減効果との関係等も実験や CFD 計算に基づいて検討されている。

## 2.5.2 形状抵抗の低減方法

形状抵抗を低減させることは形状影響係数 $K$ を低減させるように船型を改良することである。既に紹介した船型パラメータと $K$ との関係式に基づいて設計条件下で $K$ の推定値が最小となるように各船型パラメータを最適化する方法が考えられる。

船型パラメータだけではなく、さらに、船体形状を最適化する次のような方法が考えられる。まず、境界層内の速度勾配の緩和を形状の工夫で行い、曲面による摩擦抵抗増加を抑える方法、すなわち $K_f$ を小さくする方法が考えられる。境界層外の流れ（2 次流れ）に沿う船体表面の凸面をなるべく少なくして境界層が薄くなるのを避ける、あるいは多少凹面にして境界層を厚くすることにより、摩擦抵抗増加を抑えることができる。ただし、凹面の曲率が大きい場合には流れ

の剥離を生じ、粘性圧力抵抗が増加してしまうので注意が必要になる。次に、粘性圧力抵抗の低減、すなわち $K_p$ を小さくするためには、船尾形状を流線型化することが効果的である。この他に、付加物により剥離を抑えて渦の発生を少なくし粘性圧力抵抗を低減する方法も考えられている。種々の設計条件のもとで3次元船体形状の最適化をするためには、2.4.2節で紹介した数値計算による手法を用いることができる。

　形状抵抗低減の問題は、船型最適化の問題に帰着されるので、体系的に船型最適化を実施するためには、最適化の過程も含め数値計算手法に基づく粘性抵抗低減という方法を採用することができる。例えば、非線形計画法（nonlinear programming）と呼ばれる最適化手法とCFD手法を組み合わせた方法では、船型を体系的に変更させて粘性抵抗を評価し、制約条件（設計条件）を満たす最適な船型の解を得ることができる。

# 第3章 造波抵抗

本章では主として自由表面を船体が進行するときの造波現象とそれによる造波抵抗について解説する。まず、船体の造波現象の理論的な取り扱いについて述べ、続いて造波抵抗の推定方法について解説する。さらに、造波抵抗と船型との関係ならびに極小造波抵抗の考え方を紹介する。

## 3.1 船体の造波現象

不規則な海洋波や船舶のような進行浮体の造る波のように、どのように複雑な波であっても種々の方向に並ぶ単純な波を無限に重ね合わせたものに等しいと考えることができる。この考え方により複雑な3次元水波を捉えるとき、合成される簡単な波の成分のことを素成波または成分波（elementary wave）と呼ぶ。一定速度$U$で進む浮体の後には、浮体の前進速度に等しい速度で定常的な波が追っていき、浮体と波との位置関係は常に一定である。浮体によって起こされる波は浮体のまわりに生ずる圧力変化に基づくものであるが、水面上の一点に集中的に圧力が作用しこれが一様な速度で移動する際にできる波は、ケルビン（Kelvin）によって初めて理論的に求められた。これは波を発生する源すなわち波源あるいは撹乱源が一点であるという最も単純な場合であるが、進行浮体の造る波も本質的にはこれと同様の性質を持つ。

素成波として正弦波を考え、まず、3次元的に分布する一般的な波を素成波の重ね合わせにより表現する。正弦波は微小振幅という仮定に基づく線形理論によって求められるので重ね合わせが可能である。いま$x$軸方向に進む2次元規則波$z=\eta(x,t)$は

$$\eta(x, t) = a \sin(kx - \omega t + \varepsilon) \tag{3.1}$$

と書けるから、図3.1のように$x$軸と$\theta$なる角度をなす$p$軸方向に進む2次元規則波は

$$\eta(p, t) = a \sin(kp - \omega t + \varepsilon) \tag{3.2}$$

により表される。ただし$p$軸と$xy$直角座標系との関係は

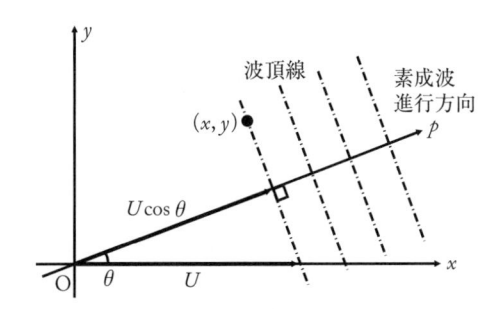

**図3.1　素成波進行方向と波速**

$$p = x\cos\theta + y\sin\theta \tag{3.3}$$

である。ここで3次元の水波の進行方向や波長にまったく制限を設けないとすると、素成波の伝播方向 $\theta$ は $0\sim 2\pi$ の任意の値を、また波数 $k$ は $0\sim\infty$ の任意の値を取り得る。従って、これら全ての方向と全ての波数の2次元規則波を重ね合わせて、積分表示により3次元の波 $z = \zeta(p, t) = \zeta(x, y, t)$ を表現すると

$$\zeta(p, t) = \int_0^{2\pi} d\theta \int_0^{\infty} A(k, \theta)\sin(kp - \omega t + \varepsilon)dk \tag{3.4}$$

あるいは

$$\zeta(x, y; t) = \int_0^{2\pi} d\theta \int_0^{\infty} A(k, \theta)\sin\{k(x\cos\theta + y\sin\theta) - \omega t + \varepsilon\}dk \tag{3.5}$$

となる。これが素成波の重畳で表された3次元水波の表示式である。(3.5) 式は2次元フーリエ変換の形をしていて、素成波の振幅である $A(k, \theta)$ はスペクトルに相当している。従って、これを波のスペクトル（wave spectrum）あるいは振幅関数（amplitude function）と呼ぶ。

次に、ケルビンが考えたように、1点に集中した波源が一定速度で移動している場合について、上の考え方を適用してみる。このような波も3次元水波であるから、素成波の重畳によって全体の波形が表現できる。波源が移動すると考える代わりに一様流中に波源があると考え、波源の位置を座標原点として造波現象を観察すると

$$\zeta(x, y) = \int_0^{2\pi} d\theta \int_0^{\infty} A(k, \theta)\sin\{k(x\cos\theta + y\sin\theta) + \varepsilon\}dk \tag{3.6}$$

と表され、波の形は常に一定でその山谷は常に同じ位置にあり、時間的に変化のない定常流とみなすことができる。この場合、波源とともに波が一緒に進行するためには、図3.1のように $x$ 軸と $\theta$ の角度をなす方向の素成波の波速は $U\cos\theta$ でなければならない。また、この素成波の波数 $k$ は、【Note 3.1】に示した正弦波の波速と波数の関係式から

$$U\cos\theta = \sqrt{\frac{g}{k}} \tag{3.7}$$

となるので

$$k = \frac{g}{(U\cos\theta)^2} = K_0\sec^2\theta, \quad K_0 = \frac{g}{U^2} \ :波数 \tag{3.8}$$

のように素成波の波数はある方向の素成波について唯一に定まる。なお、一般に $K_0$ を波数と呼んでおり素成波の波数と区別している。以上より素成波の振幅関数を $A(\theta)$ とし、波源の前方

には波は伝播しないから $-\pi/2 \sim \pi/2$ の方向に進む波だけを考え、さらに条件 (3.8) 式を先に求めた 3 次元水波の一般式 (3.6) に代入して

$$\zeta(x,\ y) = \int_{-\pi/2}^{\pi/2} A(\theta) \sin \{K_0 \sec^2 \theta (x \cos \theta + y \sin \theta) + \varepsilon(\theta)\} d\theta \tag{3.9}$$

が得られる。さらに

$$\zeta(x,\ y) = \int_{-\pi/2}^{\pi/2} \{C(\theta) \cos (K_0 p \sec^2 \theta) + S(\theta) \sin (K_0 p \sec^2 \theta)\} d\theta$$

$$C(\theta) = A(\theta) \sin \varepsilon(\theta),\quad S(\theta) = A(\theta) \cos \varepsilon(\theta) \tag{3.10}$$

のように表され、これが波源によって造られる自由表面波の表示式である。(3.10) 式の $C(\theta)$, $S(\theta)$ は各々 cos 波、sin 波の振幅に相当しているので、これらも振幅関数と呼ばれている。

**【Note 3.1】微小振幅波の基礎関係式** ─────────────

正弦波で表される 2 次元微小振幅波の波速 $c$、波長 $\lambda$、波数 $k$、周期 $T$、周波数 $f$、円周波数 $\omega$ については、相互に様々な関係式が成り立つ。水深が無限大の深水波について、よく使う関係式を簡単に整理しておくと次のようになる。

速度ポテンシャル：$\quad \phi(x, y, t) = -\dfrac{a\omega}{k} e^{ky} \cos (kx - \omega t)$

流速：$\quad u = \dfrac{\partial \phi}{\partial x},\quad v = \dfrac{\partial \phi}{\partial y}\quad$（速度ポテンシャルの定義）

圧力：$\quad p = -\rho \dfrac{\partial \phi}{\partial t} - \dfrac{1}{2} \rho (u^2 + v^2)\quad$（ベルヌーイの定理の応用）

波速：$\quad c = \dfrac{\omega}{k} = \dfrac{\lambda}{T} = \sqrt{\dfrac{g\lambda}{2\pi}} = \sqrt{\dfrac{g}{k}} = \dfrac{gT}{2\pi}$

波長：$\quad \lambda = \dfrac{2\pi}{k} = cT = \dfrac{2\pi c^2}{g}$

波数：$\quad k = \dfrac{2\pi}{\lambda} = \dfrac{g}{c^2} = \dfrac{\omega^2}{g}$

周期：$\quad T = \dfrac{2\pi}{\omega} = \dfrac{2\pi c}{g} = \dfrac{1}{f}$

円周波数：$\quad \omega = \dfrac{2\pi}{T} = kc = \sqrt{gk},\quad \omega^2 = gk\quad$（分散関係式）

────────────────────────────────────────

以上の表示 (3.10) 式では自由表面波の特徴を捉えることが難しいので、波の山谷がどのように表されるか調べてみる。まず、各素成波の山あるいは谷の重なるところが、3 次元波の山あるいは谷になると考えてみる。この条件すなわち等位相の条件を (3.10) 式の cos 波について考えてみると

$$K_0 p \sec^2\theta = K_0(x\cos\theta + y\sin\theta)\sec^2\theta = n\pi$$
$$(n = 0,\ \pm 1,\ \pm 2,\ \cdots) \tag{3.11}$$

となる。さらに、$\theta$ に関して位相の変化のない停留値の条件

$$\frac{\partial}{\partial\theta}\{K_0(x\cos\theta + y\sin\theta)\sec^2\theta\} = 0 \tag{3.12}$$

の重なるところが特に顕著な山あるいは谷になると考えられる。(3.12) 式の $\theta$ に関する微分を行うと

$$2\tan^2\theta + \frac{x}{y}\tan\theta + 1 = 0 \tag{3.13}$$

が得られる。(3.13) 式で $\tan\theta$ が実根を持つためには判別式が正または 0 でなければならないから

$$(x/y)^2 - 8 \geq 0 \tag{3.14}$$

従って

$$\Theta = \tan^{-1}\left|\frac{y}{x}\right| \leq \tan^{-1}\frac{1}{2\sqrt{2}} = 19°28' \tag{3.15}$$

すなわち波は波源後方の半頂角 19°28' の内部にのみ存在することがわかる。実際に等位相の条件および停留値の条件を連立させると、次のような $\theta$ をパラメータとする媒介曲線の表示が得られる。

$$\begin{cases} x = \dfrac{n\pi}{K_0}\cos\theta(2 - \cos^2\theta) \\ y = -\dfrac{n\pi}{K_0}\sin\theta\cos^2\theta \end{cases} \quad :\text{波頂線の方程式} \tag{3.16}$$

これが波頂線を表す方程式で、図 3.2 のような波系となる。船舶が造る波の紋様（wave pattern）によく似ており、ケルビン（1904）が最初にこれを求めたためケルビン波（Kelvin wave）と呼ばれている。この波系は 2 つの部分に分けられる。すなわち波頂線がほぼ $x$ 軸に直角に近い部分と、波源からハの字型に広がる部分である。前者を横波（transverse wave）、後者を拡散波（diverging wave）あるいは発散波とか縦波ということもある。

　船舶のような実際の浮体が進むときには、このような波が浮体表面上の圧力変化にともない各

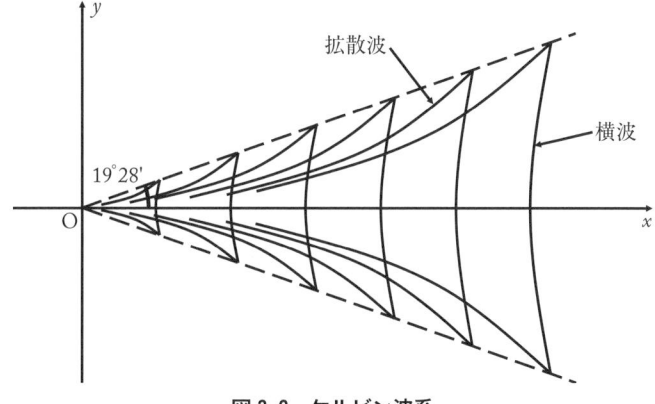

**図 3.2 ケルビン波系**

**図 3.3 実船の造るケルビン波**（写真撮影：中村庸夫、写真提供：ポルボックス）

点から発生し、全体として合成されたものが目に見える。ただし、浮体表面上で圧力変化の激しい点に発生する波が最も顕著で、実際はこのような点からそれぞれ別々の独立した波が発生しているように見える。図3.3は実船（客船と小型船）の造る波紋の写真であるが、浮体より離れた所では圧力変化の大きい部分で発生した波が再び合成されて、一点から発生する波と類似の形となり、ケルビン波と呼ばれる。

## 3.2 船体の造波抵抗

通常の船舶のように、自由表面上を浮体が進行する場合の圧力抵抗について考える。水面下では物体の運動によって圧力変化を生じるが、水面では圧力は大気圧に等しく一定でなければならないから、流速の変化に伴って圧力が変化するかわりにこれに対応するだけ水面が上昇あるいは下降する。流体粒子には慣性力が存在するために水面の変動は波動の形になる。このようにして起こされた波の伝播速度は浮体の前進速度に等しく、浮体が一定の速度で進行するとその後方に規則正しい波が追っていく。このような波系を維持するためには常にエネルギーを供給する必要があり、そのために浮体によってなされる仕事は反作用として流体抵抗を生じる。流体を完全流体として水面の変形（造波）を考慮した場合にはベルヌーイの式が

$$p+\frac{1}{2}\rho q^2+\rho gz = \mathrm{const.} \tag{3.17}$$

となり、水面の位置 $z$ も流速 $q$ も水面が変形しないとした場合、すなわち図3.4のように水面下の物体とその鏡像からなる二重模型（double model）のまわりの流れを想定したときとは異なってくるため、浮体表面での圧力分布 $p$ も水面の変形のない場合とは異なる。この結果として、圧力分布を浮体の全浸水表面にわたって積分してみても0にはならない。このようにして生じる圧力抵抗を造波抵抗と呼んでいる。

船体が造る自由表面波の形が分れば造波抵抗は1.4.2節の運動量保存則やエネルギー保存則を用いて計算することができる。ここでは最初に2次元の場合の造波抵抗をエネルギー保存則により考察する。次に、前節の3次元自由表面波の表示式との関連に着目して、3次元物体に働く造波抵抗について解説する。

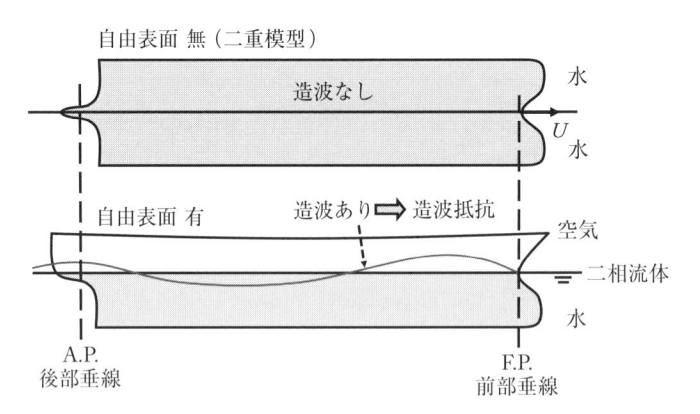

**図3.4　自由表面の有無の比較**

**(1) エネルギー保存則による基礎的考察（2次元）**

一定速度で進む船体の後ろには規則的な波が伴うが、この波の形を保つためには常にエネルギーが供給されなければならない。ここでは2次元物体の造波抵抗を1.4.2節で求めたエネル

## 3.2 船体の造波抵抗

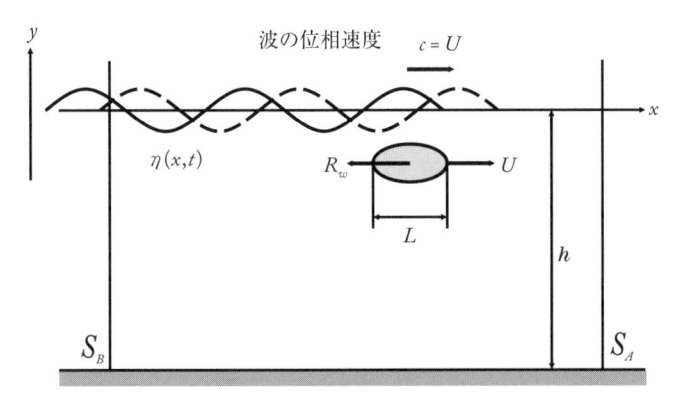

**図 3.5　2 次元物体による造波**

ギー保存則と流体抵抗との関係を用いて考察する。

まず、図 3.5 のように進行方向に $x$ 軸、それに垂直上向きに $y$ 軸をとり、水深 $h$ の流体領域における 2 次元物体の造波により $x$ 軸正方向に伝播する波形を、微小振幅の線形近似で考え、次のように仮定する。

$$\eta(x,\ t) = a \sin(kx - \omega t) \tag{3.18}$$

ここで、波形の伝播速度、すなわち波の位相速度 $c$ は物体の移動速度 $U$ に等しいから波数は

$$k = \frac{g}{U^2} = \frac{\omega}{U} \tag{3.19}$$

である。いま、2 次元問題を考えているので、エネルギーを単位幅当りのエネルギーとし、1.4.2 節で求めた粘性のない完全流体中のエネルギー保存則と流体抵抗との関係式 (1.57) を用いると、物体に働く単位幅当りの流体抵抗すなわち造波抵抗は

$$R_w = \frac{1}{U}\left(\frac{dE}{dt} - \int_{S_B} pu\,dy\right) \tag{3.20}$$

により求められる。粘性がないと仮定しているから、(3.20) 式により得られる抵抗は造波抵抗のみの成分である。波の全エネルギー（運動エネルギー＋位置エネルギー）は、波形が上のように表されるとき【Note 3.2】より単位波長当り $1/2 \cdot \rho g a^2$ であるから、(3.20) 式右辺（　）の第 1 項は

$$\frac{dE}{dt} = \frac{dE}{dx}\frac{dx}{dt} = \frac{dE}{dx}U = \frac{1}{2}\rho g a^2 U \tag{3.21}$$

となる。次に、後流の調査面 $S_B$ において圧力のなす仕事の項を計算する。完全流体の場合には速度ポテンシャルを定義することができ、有限水深 $h$ を有する線形理論の波形に対応する速度ポテンシャルは次のように書ける。

$$\phi(x,\ t) = -\frac{a\omega}{k}\frac{\cosh k(y+h)}{\sinh kh}\cos(kx-\omega t) \tag{3.22}$$

この式の水深 $h$ を無限大 $h\to\infty$ におくと【Note 3.1】の深水波の速度ポテンシャルになる。ここで、(3.20) 式の $x$ 方向の流速 $u$ は速度ポテンシャル (3.22) 式を用いて $u=\partial\phi/\partial x$ により求められる。一方、圧力 $p$ はベルヌーイの定理により与えられ、ここでは物体の造波による波形を微小振幅波とみなす線形近似の範囲で問題を考えているから、【Note 3.1】の圧力の式から2次以上の微小量を省略して線形化した $p=-\rho\partial\phi/\partial t$ により求めることができる。以上より、波の周期を $T$ として圧力がなした仕事を求めると

$$\int_{-h}^{0} pudy = \frac{1}{T}\int_{0}^{T}dt\int_{-h}^{0} pudy = \frac{1}{2}\rho g a^2 U\left(\frac{1}{2} + \frac{kh}{\sinh 2kh}\right) \tag{3.23}$$

が得られ、(3.20)、(3.21)、(3.23) の各式より造波抵抗を求めると

$$R_w = \frac{1}{2}\rho g a^2\left(\frac{1}{2} - \frac{kh}{\sinh 2kh}\right) \tag{3.24}$$

となる。さらに、水深が無限大 $h\to\infty$ である場合には

$$R_w = \frac{1}{4}\rho g a^2 \tag{3.25}$$

となる。これを造波抵抗係数に書き直すと、次のように表される。

$$C_w = \frac{R_w}{\frac{1}{2}\rho U^2 L} = \frac{1}{2F_n^2}\left(\frac{a}{L}\right)^2 \tag{3.26}$$

ここで、$F_n = U/\sqrt{gL}$ はフルード数である。このように造波抵抗は波源が起こす波の振幅の2乗に比例することがわかる。なお、波源が起こす波の振幅は物体形状と速度の影響を受けるが、物体の造る水波は重力波と考えてよいから、無次元波振幅 $a/L$ はフルード数の関数となる。

**【Note 3.2】波のエネルギー**

ここでは、正弦波で表される微小振幅波理論による水波の持つエネルギーについて考察する。波形を

$y = \eta(x, t) = a\sin(kx - \omega t)$ とし、対応する速度ポテンシャルも（3.22）式で与えられているとする。このような水波の1波長における単位幅あたりの総エネルギーは位置エネルギー $V$ と運動エネルギー $T$ の和であり、微小領域 $dxdy$ における各エネルギーを次のように積分すればよい。

$$V = \int_0^\lambda dx \int_0^\eta \rho g y\, dy, \quad T = \frac{1}{2}\rho \int_0^\lambda dx \int_{-h}^0 (u^2 + v^2)dy \tag{3.27}$$

流速 $u, v$ は速度ポテンシャル（3.22）式から $u = \partial\phi/\partial x$, $v = \partial\phi/\partial y$ により求められる。

まず、位置エネルギーについては、演算中に倍角の公式や $k\lambda = 2\pi$ の関係を用いて

$$V = \frac{1}{4}\rho g a^2 \lambda \tag{3.28}$$

と求められる。次に、運動エネルギーについては

$$\begin{aligned}\cosh^2 k(y+h) + \sinh^2 k(y+h) &= \cosh 2k(y+h) \\ \sinh 2kh &= 2\sinh kh \cosh kh\end{aligned} \tag{3.29}$$

の関係や、（3.22）式の水波の場合の分散関係式 $\tanh kh = \omega^2/gk$ を用いて積分演算を行うと

$$T = \frac{1}{4}\rho g a^2 \lambda \tag{3.30}$$

が得られる。従って、位置エネルギーと運動エネルギーは等しく、全エネルギー $E$ は

$$E = V + T = \frac{1}{2}\rho g a^2 \lambda \tag{3.31}$$

で与えられる。この結果は深水波の場合でも同じである。

---

**【例題 3.1】干渉波形と造波抵抗係数**

距離 $L$ の 2 つの波源、例えば 2 つの没水体あるいは船舶の船首波と船尾波等が造る水波の干渉と造波抵抗の関係を 2 次元的に調べたい。各波源の造る波形を

$$\begin{aligned}\eta_F &= a_F \sin(kx - \omega t) \\ \eta_A &= a_A \sin\{k(x - L) - \omega t\}\end{aligned} \tag{3.32}$$

として、両者の干渉波形を求め、その振幅から物体に加わる造波抵抗係数を求めよ。さらにその特徴について考察せよ。ただし、水深は十分にあると仮定する。

**【解答例】**

(3.32) 式による干渉波形を三角関数の合成公式を利用して求めると次のように表される。

$$\eta = \eta_F + \eta_A = \sqrt{a_F^2 + a_A^2 + 2a_F a_A \cos kL} \, \sin(kx - \omega t - \delta) \qquad (3.33)$$

ただし

$$\delta = \tan^{-1}\left(\frac{a_A \sin kL}{a_F + a_A \cos kL}\right) \qquad (3.34)$$

であるから、(3.26) 式を用いて造波抵抗係数を求めると

$$C_w = \frac{1}{2F_n^2}\left(\frac{a_F^2 + a_A^2}{L^2} + \frac{2a_F a_A}{L^2}\cos\frac{1}{F_n^2}\right) \qquad (3.35)$$

となる。ただし、(3.19) 式より $kL = gL/U^2 = 1/F_n^2$ を用いた。この造波抵抗係数の曲線を描くと、図 3.6 のようなフルード数に対し山 (hump)、谷 (hollow) を持つ曲線となる。これは 2 つの波源の造る水波の干渉に起因していることが上の結果より理解できる。船体のような 3 次元物体の場合でも、このような造波干渉により造波抵抗係数曲線にハンプ・ホローを生じる。なお、本文と同様に $a_F/L$ および $a_A/L$ はフルード数の関数である。

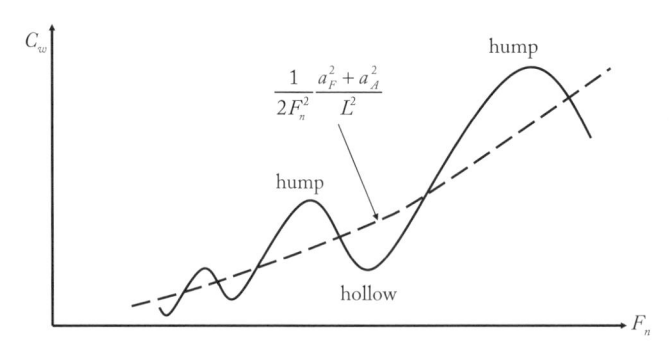

**図 3.6 造波抵抗係数曲線**

(2) 船体の造る自由表面波と造波抵抗

次に 3 次元船体による造波抵抗について解説する。船舶の造波抵抗を初めて理論的に求めたのはミッチェル (Michell, 1898) であるが、その理論計算式は船体表面上での圧力積分によって導かれた。一方、波のエネルギーの関係から造波抵抗を最初に求めたのはハブロック (Havelock,

1934）である。3次元自由表面波の場合について造波抵抗式を導出する過程は2次元の場合に比べると複雑であるが、3次元船体まわりの速度ポテンシャルを求め、(1.57) 式を適用すれば造波抵抗を求めることができる。速度ポテンシャルの表示については 3.3.3 節の造波抵抗理論で詳しく紹介する。ハブロックによる結果を整理すると、物体後方にできる波形が

$$\zeta(x,\ y) = \int_{-\pi/2}^{\pi/2} \{C(\theta) \cos(K_0 p \sec^2 \theta) + S(\theta) \sin(K_0 p \sec^2 \theta)\} d\theta \tag{3.36}$$
$$K_0 = g/U^2, \quad p = x \cos\theta + y \sin\theta$$

のように表現される場合、造波抵抗は

$$R_w = \frac{1}{2}\rho\pi U^2 \int_{-\pi/2}^{\pi/2} [\{C(\theta)\}^2 + \{S(\theta)\}^2] \cos^3\theta d\theta \tag{3.37}$$

で与えられ、素成波の振幅の2乗に関係することがわかる。すなわち、2次元の場合の考察と同様な結果となっており、振幅関数 $C(\theta),\ S(\theta)$ の形が求まれば造波抵抗を計算することができる。船体が左右対称の場合には素成波も左右対称に生成されるので、造波抵抗式の被積分関数は一般に偶関数と考えてよい。線形造波抵抗理論では、これらの振幅関数を船型の関数として与えることができる。一方、1.4.2 節で解説した運動量理論を非粘性の自由表面問題に適用することによっても (3.37) 式と同じ関係式を得ることができる。

　造波抵抗の計算値あるいは実験値が示す最も著しい特徴は、造波抵抗係数の曲線がフルード数に対して山谷をもつという点である。例題 3.1 で述べた 2 次元の場合と同じく、曲線の山の部分をハンプ（hump）、谷の部分をホロー（hollow）と呼び、船舶の場合には、一般に船首波と船尾波との干渉に基づいてハンプ・ホローが生じることになる。例えば、船首波と船尾波が相殺するように干渉した場合には造波抵抗は小さくなり、そのフルード数で造波抵抗係数曲線はホローを示す。また、造波抵抗係数曲線はフルード数の増加に伴ってハンプ・ホローがいつまでも繰り返されるわけではなく、高速域で最後の山を持つ曲線になることが知られており、これをラストハンプ（last hump）と呼んでいる。2 次元の場合の例題 3.1 の結果である (3.35) 式を検討すると

$$F_n = \sqrt{\frac{1}{(k+1)\pi}} \tag{3.38}$$

のフルード数でハンプ・ホローとなることがわかる。ただし、$k$ が奇数のときにハンプ、偶数のときにホローであり、$k=1$ がラストハンプに相当する。

　船舶の場合には、上記のように船首波と船尾波との干渉が造波抵抗に重要な意味を持つが、前者を船首波系（bow wave system）、後者を船尾波系（stern wave system）ということがある。船首波系の方は船の前端から発生すると考えてよいが、船尾波系の方は船型によって後ろの

肩から発生する波がはっきりしている場合と、後端からのものがはっきりしている場合がある。造波干渉には船首波系と船尾波系との発生する位置の間の距離が重要であり、この距離を wave making length と呼ぶ。この距離を船舶の前端から発生する波の最初の山と船舶の後端より発生する波の最初の山との間の距離とすれば、船長 $L$ にほぼ等しいことになるが、船型およびフルード数によって変化するのが普通である。これを考慮して得られたハンプ・ホローのフルード数推定式として次の式がある。

$$F_n = \sqrt{\frac{2}{(2k+1)\pi}} \qquad (3.39)$$

整数 $k$ は（3.38）式の場合と同様である。高速船の設計ではハンプ・ホローが特に重要になるが、高速艦船のような細長船型では wave making length を $0.9L$ ととることにより、ハンプ・ホローのフルード数推定式が次式のようになる。

$$F_n = \sqrt{\frac{1.8}{2k\pi}} \qquad (3.40)$$

なお、ラストハンプにおける造波抵抗を 3.4 節で紹介する船首バルブや多胴船の胴間造波干渉によって抑えることができる。

## 3.3　造波抵抗の推定方法

造波抵抗を推定する方法を体系的に見ると図 3.7 のような方法があげられる。以下ではこの図

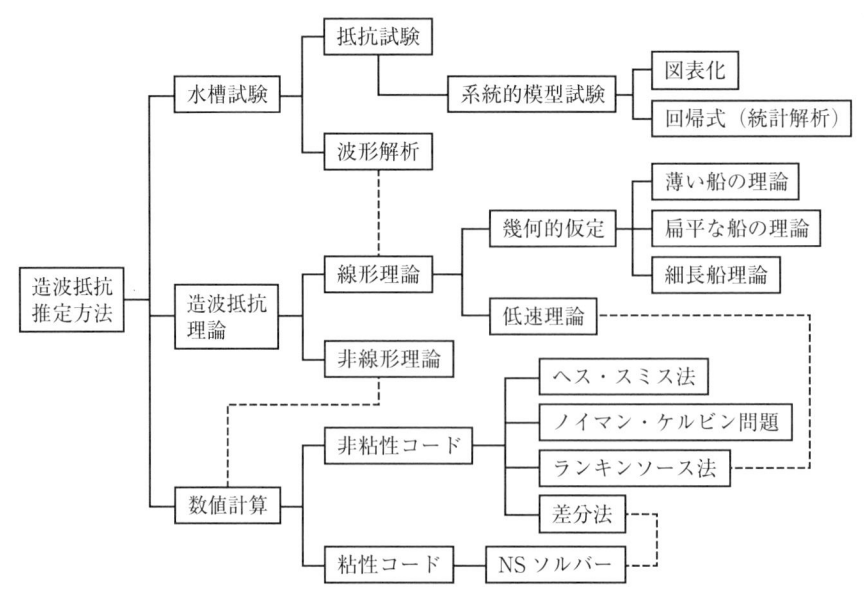

**図 3.7　造波抵抗推定方法**

## 3.3.1 水槽試験に基づく方法

水槽試験の目的は実船の馬力を精度良く推定することにあるが、その手法については第8章で詳しく解説する。ここでは模型船の水槽試験により造波抵抗を推定する方法について紹介する。推定方法としては、模型船を曳航して抵抗を計測する通常の抵抗試験（曳航試験、towing test）による方法と、曳航された模型船が造る波形の計測データから造波抵抗を直接求める波形解析（wave analysis）と呼ばれる方法がある。

(1) 抵抗試験

船体の全抵抗は粘性抵抗と造波抵抗の和で与えられる。模型船の抵抗係数に添え字 $m$ をつけて、模型船に加わる全抵抗係数を表現すると

$$C_{tm} = (1+K)C_{fm} + C_{wm} \tag{3.41}$$

となる。まず、実用上造波抵抗係数 $C_{wm}$ が無視できるフルード数 $F_n$ が 0.1 以下の領域で模型試験を実施すれば、形状影響係数 $K$ を (2.52) 式のような低速接線法あるいは (2.53) 式のようなプロハスカの方法を用いて決定することができる。$K$ を決定できれば、それよりフルード数の高い領域における造波抵抗係数は次のように求められる。

$$C_{wm} = C_{tm} - (1+K)C_{fm} \tag{3.42}$$

このようにして求められた造波抵抗係数をフルード数に対してプロットすると造波抵抗係数曲線が得られ、フルード数に対してハンプ・ホローを持つ曲線になることが知られている。

以上のように形状影響係数を考慮して、全抵抗を (3.41) 式のように表現する方法を、3次元外挿法あるいはヒューズの方法と呼んでいる。一方、船体の粘性抵抗の大部分は相当平板の摩擦抵抗で占められると仮定して、全抵抗係数を

$$C_{tm} = C_{fm} + C_{rm} \tag{3.43}$$

と分離し、抵抗試験結果から

$$C_{rm} = C_{tm} - C_{fm} \tag{3.44}$$

を求め、$C_{rm}$ を剰余抵抗係数と定義する方法を2次元外挿法あるいはフルードの方法と呼んでいる。(3.41) 式と (3.43) 式を比較すると

$$C_{rm} = C_{wm} + KC_{fm} \tag{3.45}$$

となるから、剰余抵抗には形状抵抗の成分が含まれていることになる。抵抗試験から造波抵抗を求める場合は3次元外挿法が一般的であるが、後の3.3.2節で紹介する系統的模型試験結果では剰余抵抗係数の形で整理された図表もある。

(2) 波形解析

曳航試験の場合には、造波抵抗は形状影響を考慮した粘性抵抗を全抵抗から差し引くことにより求められるが、波形解析によれば造波抵抗が直接求められる。曳航した模型船が造る波形を波高計により計測し、フーリエ変換等の手法を用いて波の振幅関数 $C(\theta)$, $S(\theta)$ を求める。振幅関数が決定できれば（3.37）式より造波抵抗を直接計算することが可能であり、このような過程を経て造波抵抗を求める方法を波形解析と呼んでいる。波形の計測方法としては、図3.8に示す縦切法（longitudinal cut method）と横切法（transverse cut method）がある。抵抗試験によって求めた結果と波形解析によって求めた結果とは一致しないのが普通である。従って、波形解析による造波抵抗を曳航試験から求めた造波抵抗と区別するために、波形造波抵抗または単に波形抵抗（wave pattern resistance）と呼んでいる。波形解析の場合には、抵抗値だけではなく、船型に直結した素成波の振幅関数という詳しい情報が得られるため、船型の改良に利用できる利点がある。実際の波形解析法適用例については8.6.2節であらためて紹介する。

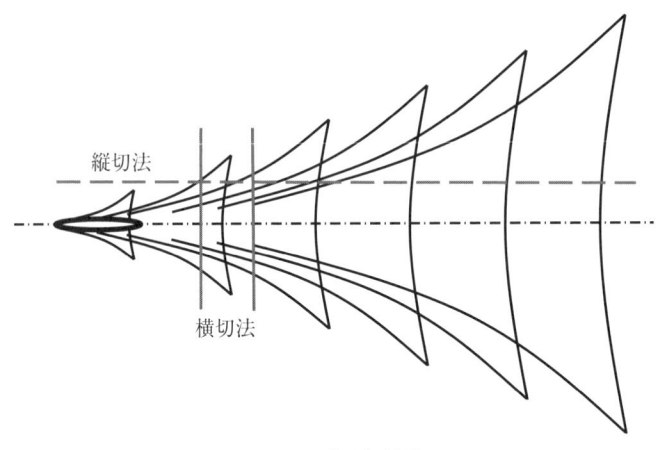

**図 3.8 波形解析法**

### 3.3.2 系統的模型試験結果の利用

船体の主要目や船型を系統的に変化させた模型船の抵抗試験結果を整理することによって、剰余抵抗あるいは造波抵抗の推定にこれらの系統的模型試験結果を利用することが可能である。剰余抵抗係数については（3.45）式のように造波抵抗だけではなく、粘性抵抗の内の形状抵抗が含まれた抵抗成分になっていることに注意する必要がある。従来から一般に公開され利用されてきた図表として有名なものを表3.1に紹介する。

これらの利用法について、図表の場合には、ある標準状態の抵抗値のみが図あるいは表で与えられていて、標準状態と異なる場合の修正方法が別の図や表で与えられていることが多い。例えば、山縣の図表では標準船型に対する剰余抵抗係数に対して、$B/L$ や $B/d$ が異なる場合の修正

3.3 造波抵抗の推定方法

**表 3.1 系統的模型試験結果**

| 系統的模型試験 | 形式 | 推定成分 | 主な船型パラメータ | 対象船型 |
|---|---|---|---|---|
| テイラー<br>(Taylor, 1933) | 図表 | 剰余抵抗 | 主要目比、肥せき係数、<br>横切面積曲線、肋骨線形状、速長比 | 艦艇 |
| 山縣<br>(1941) | 図表 | 剰余抵抗 | 主要目比、肥せき係数、浮心位置<br>横切面積曲線、平行部長さ、軸数 | 貨物船 |
| シリーズ60<br>(Todd, 1953) | 図表 | 剰余抵抗 | 主要目比、肥せき係数、浮心位置、<br>横切面積曲線、速長比 | 貨物船<br>(1軸) |
| 船舶技術研究所<br>(1964) | 図表 | 剰余抵抗 | 主要目比、肥せき係数、フルード数<br>載貨状態、トリム | 肥大船 |
| SR45（日本造船<br>研究協会, 1964) | 図表 | 剰余抵抗 | 主要目比、フルード数 | 高速貨物船 |
| シリーズ64<br>(Yeh, 1965) | 図表 | 剰余抵抗 | 主要目比、速長比 | 高速艦艇 |
| グルドハマー<br>(Guldhammer, 1965) | 図表 | 剰余抵抗 | 主要目比、肥せき係数、フルード数<br>肋骨線形状、船首バルブ有無 | 船型全般 |
| 国安・並松・田中<br>(1968) | 図 | 造波抵抗 | 主要目比、肥せき係数、浮心位置 | 大型肥大船 |
| サビット (Shaher<br>Sabit, 1971,72,76) | 回帰式 | 剰余抵抗 | 主要目比、肥せき係数、浮心位置<br>速長比またはフルード数 | 貨物船 |
| 土屋<br>(1972) | 回帰式 | 全抵抗 | 主要目比、肥せき係数、浮心位置<br>水線入射角、トリム等 | 漁船 |
| 神中・堤・荻原<br>(1974, 75) | 図 | 波形抵抗 | 主要目比、肥せき係数、船首バルブ | 数式船型 |
| ホルトロップ<br>(Holtrop, 1978,82) | 回帰式 | 造波抵抗 | 主要目比、肥せき係数、浮心位置<br>平行部長さ、船首バルブ、<br>船尾トランサム、フルード数 | 船型全般 |

係数が図表で与えられている。回帰式の場合には、所要の船型パラメータを代入するだけで表に示した抵抗成分が計算できるので、簡単に利用することができる。また、統計的な方法として回帰式ではなく、蓄積された多数の模型試験結果にニューラルネットワークの手法を適用し、造波抵抗を推定するという方法も試みられている。

### 3.3.3 造波抵抗理論

船体の造る波形が (3.36) 式のように振幅関数を使って表現することができれば、(3.37) 式によって振幅関数から造波抵抗を評価することができるので、造波抵抗理論の実用化には振幅関数を船型の関数としていかに表現するかが課題となる。一方、船体に働く一般的な抵抗の評価方法としては、応力積分による方法がある。ここで紹介する造波抵抗理論の場合には、流体を非粘性、非圧縮、非回転と仮定しているポテンシャル流であるから、応力は圧力のみとなり圧力積分によって造波抵抗を求めることができる。造波抵抗理論の問題解析の過程について概要フローを示すと図3.9のようになり、主な造波抵抗理論の比較を示すと表3.2のようになる。この表に見られるとおり、自由表面条件および船体表面条件の扱い方によって、理論の種類を分けることが

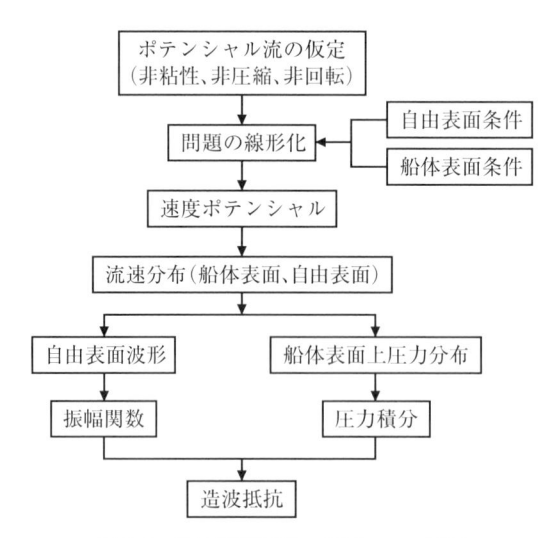

**図 3.9 造波抵抗理論の解析フロー概要**

**表 3.2 造波抵抗理論**

| 理論 | | 自由表面条件 | 船体表面条件 | 造波抵抗評価方法 |
|---|---|---|---|---|
| 薄い船の理論<br>（ミッチェル理論） | Michell<br>1898 | ケルビン型 | 船体中心面 | 振幅関数<br>（圧力積分） |
| イヌイド近似（薄い船）<br>(Inuid) | 乾<br>1953 | ケルビン型 | 流線追跡法<br>（二重模型近似） | 振幅関数 |
| 扁平な船の理論 | Hogner<br>1932 | ケルビン型 | 喫水線面 | 振幅関数 |
| 細長船理論 | 丸尾他<br>1962 | ケルビン型 | 船体中心線 | 振幅関数 |
| ヘス・スミス法 | Hess & Smith<br>1963 | 二重模型近似 | 船体表面 | 振幅関数 |
| ノイマン・ケルビン問題 | Brard 他<br>1972 | ケルビン型 | 船体表面 | 振幅関数 |
| 低速理論 | 馬場他<br>1975 | 馬場 | 船体表面<br>（二重模型近似） | 振幅関数 |
| ランキンソース法 | Dawson<br>1978 | ドーソン | 船体表面 | 圧力積分 |

できる。

　図 3.9 および表 3.2 で示されている、速度ポテンシャルと自由表面条件や船体表面条件の関係式について概説する。座標系としては本書の最初に示した図 1.1 のようにとり、船体による撹乱成分を含む全速度ポテンシャルを $\Phi$ とすると、水面下の流体領域における支配方程式として次のようなラプラスの方程式を満足しなければならない。

$$\frac{\partial^2 \Phi}{\partial x^2} + \frac{\partial^2 \Phi}{\partial y^2} + \frac{\partial^2 \Phi}{\partial z^2} = 0 \tag{3.46}$$

流速は

$$u = \frac{\partial \Phi}{\partial x}, \quad v = \frac{\partial \Phi}{\partial y}, \quad w = \frac{\partial \Phi}{\partial z} \tag{3.47}$$

で定義され、圧力はベルヌーイの定理から求めることができる。

次に自由表面条件（free surface condition）について述べる。厳密な自由表面条件は、運動学的条件（kinematical condition）と力学的条件（dynamical condition）を、浮体の造波によって生じる未知の波面 $z = \zeta(x, y)$ 上で満たさなければならない。運動学的条件は自由表面上において法線方向の速度が0になるという条件（流体は波面を貫通しないという条件）であり、力学的条件は自由表面上で圧力は大気圧に等しいという圧力一定の条件である。この2つの条件から求められる自由表面条件は非線形であるばかりではなく、未知である波面 $z = \zeta(x, y)$ 上で成立する式であるから、このまま解くには数値解析的な手法によらざるを得ない。これを解析的に解くために、次に述べる方法によって境界条件が近似あるいは線形化される。

A. 自由表面条件の二重模型近似

最も簡単な条件は自由表面を剛体面で近似する方法である。この場合は図3.4に示すような二重模型の流れになるので、二重模型近似（double model approximation）と呼ばれ、次のように表される。

$$\frac{\partial \Phi}{\partial z} = 0 \quad \text{on } z = 0 \tag{3.48}$$

B. ケルビン型自由表面条件

次に簡単な自由表面条件は非線形な条件を一様流速 $U$ の流れに基づいて線形化したもので、ケルビン型自由表面条件と呼ばれることが多く、船体による撹乱速度ポテンシャルを $\phi$ として

$$\Phi = Ux + \phi \tag{3.49}$$

とおくと

$$\frac{\partial^2 \phi}{\partial x^2} + K_0 \frac{\partial \phi}{\partial z} = 0 \quad \text{on } z = 0 \tag{3.50}$$

と表される。ただし、$K_0$ は (3.8) 式の波数である。

**C. 二重模型流れに基づく自由表面条件**

船体が存在するときには船体によって流れは曲げられるので、一様流ではなく二重模型流れに基づいて自由表面条件を線形化することも考えられる。ここでは、(3.48) 式と同じ二重模型の条件 $\partial \phi_0/\partial z = 0$ on $z=0$ を満たす速度ポテンシャルを $\phi_0$ とおき、あらためて全速度ポテンシャルを

$$\Phi = \phi_0 + \phi \tag{3.51}$$

と表す。船体形状が決まれば $\phi_0$ は計算できるので、$\phi$ が満足すべき自由表面条件として、馬場とドーソン (Dawson) による自由表面条件を紹介する。

馬場の自由表面条件 (1975) は低速の仮定から導かれたもので

$$\begin{aligned}
&\left[\frac{\partial \phi_0}{\partial x}\frac{\partial}{\partial x} + \frac{\partial \phi_0}{\partial y}\frac{\partial}{\partial y}\right]^2 \phi + g\frac{\partial \phi}{\partial z} = gD(x,y) \quad \text{on } z=0 \\
&D(x,y) = \frac{\partial}{\partial x}\left[\zeta_0(x,y)\frac{\partial \phi_0}{\partial x}\right] + \frac{\partial}{\partial y}\left[\zeta_0(x,y)\frac{\partial \phi_0}{\partial y}\right] \quad \text{on } z=0 \\
&\zeta_0(x,y) = \frac{1}{2g}\left[U^2 - \left(\frac{\partial \phi_0}{\partial x}\right)^2 - \left(\frac{\partial \phi_0}{\partial y}\right)^2\right] \quad \text{on } z=0
\end{aligned} \tag{3.52}$$

のように表現される。ここで関数 $D(x,y)$、$\zeta_0(x,y)$ は二重模型流れの速度ポテンシャル $\phi_0$ によって計算される。

ドーソンの自由表面条件 (1978) は

$$\left(\frac{\partial \phi_0}{\partial s}\right)^2 \frac{\partial^2 \phi}{\partial s^2} + 2\frac{\partial \phi_0}{\partial s}\frac{\partial^2 \phi_0}{\partial s^2}\frac{\partial \phi}{\partial s} + g\frac{\partial \phi}{\partial z} = -\left(\frac{\partial \phi_0}{\partial s}\right)^2 \frac{\partial^2 \phi_0}{\partial s^2} \quad \text{on } z=0 \tag{3.53}$$

と表される。ただし、$s$ は二重模型流れの静止自由表面上での流線に沿う座標を表している。

次に、船体表面条件 (hull surface condition) について述べる。船体表面では、物体の表面上において法線方向の速度が 0 になる、という運動学的条件 (流体は物体表面を貫通しないという条件) を課す必要がある。この条件を応用数学ではノイマン (Neumann) 条件と呼ぶ。船体表面を $S$ とすると船体表面条件は

$$\frac{\partial \Phi}{\partial n} = 0 \quad \text{on } S \tag{3.54}$$

と表される。ただし、$n$ は $S$ の外向き法線を示す。以下で紹介する船型の幾何的仮定に基づく造波抵抗理論の場合には、この条件が線形化して取り扱われることになる。

以上のように、船体まわりの自由表面流場の問題は、支配方程式、自由表面条件、物体表面条件を満足するように、未知関数である速度ポテンシャルおよび自由表面の形状（波形）$z = \zeta(x, y)$ を求める問題に帰着し、その結果として船体に働く造波抵抗が求められることになる。

(1) 船型の幾何的仮定に基づく理論

表 3.2 に示したように、船型に幾何的な仮定を置くことによって理論を分けることができる。主な理論としては、薄い船の理論（thin ship theory）、扁平な船の理論（flat ship theory）および細長船理論（slender ship theory）がある。一般に、これらの理論では撹乱速度ポテンシャルを次のように表す。

$$\phi(x, y, z) = -\iint_S \sigma(x', y', z') G(x, y, z; x', y', z') dS \tag{3.55}$$

ここで、$\sigma(x', y', z')$ は船体表面 $S$ 上の吹き出し分布密度（source density）であり、$G(x, y, z; x', y', z')$ はグリーン関数と呼ばれ、(3.50) 式と同じケルビン型の条件

$$\frac{\partial^2 G}{\partial x^2} + K_0 \frac{\partial G}{\partial z} = 0 \quad \text{on } z = 0 \tag{3.56}$$

を満たす関数である。このため $G(x, y, z; x', y', z')$ をケルビンソースと呼ぶこともある。従って、撹乱速度ポテンシャル (3.55) 式は既に自由表面条件を満たしているので、あとは船体表面条件を満足するように吹き出し密度を決定すればよい。ただし、(3.55) 式の積分領域 $S$ を、薄い船では水面下の船体中心面 $y' = 0$ に、扁平な船の理論では喫水線面 $z' = 0$ に、さらに細長船理論では面ではなく船体中心線 $y' = z' = 0$ に、それぞれ取りかつ船体表面条件を簡易化して吹き出し密度を決定する。

ここでは、理論の概要と計算結果の特質を知るために、薄い船の理論について紹介する。薄い船の理論はミッチェルにより発表されたため、ミッチェル理論とも呼ばれる。ミッチェルは船の長さに比べて幅が非常に小さい、すなわち船体が非常に薄いと仮定し、以上のような線形理論に基づいて造波抵抗を求めた。このとき (3.54) 式のノイマン型船体表面条件は、次のような条件に近似化することができる。

$$U \frac{\partial f}{\partial x} - \frac{\partial \phi}{\partial y} = 0 \quad \text{on } S_c (y = 0) \tag{3.57}$$

ただし、$y = f(x, z)$ は船体表面を表す関数、$S_c$ は船体中心面を表している。この条件を用いると船体中心面上の吹き出し密度は

$$\sigma(x,\ 0,\ z) = \frac{U}{2\pi}\frac{\partial f}{\partial x} \tag{3.58}$$

と表すことができる。ミッチェルによる造波抵抗公式は圧力積分によって求められるが、最終的に振幅関数による表示（3.37）式と同様に次のように書くことができる。

$$R_w = \frac{4\rho U^2 K_0^2}{\pi}\int_0^{\pi/2}[\{P(\theta)\}^2 + \{Q(\theta)\}^2]\sec^3\theta d\theta$$
$$\begin{Bmatrix}P(\theta)\\Q(\theta)\end{Bmatrix} = \iint_{S_c}\frac{\partial f}{\partial x}\begin{Bmatrix}\cos\\\sin\end{Bmatrix}(K_0 x \sec\theta)\exp(K_0 z \sec^2\theta)dxdz \tag{3.59}$$

ここで $P(\theta)$, $Q(\theta)$ は振幅関数に相当する。（3.37）式の振幅関数 $C(\theta)$, $S(\theta)$ との間には

$$\begin{Bmatrix}C(\theta)\\S(\theta)\end{Bmatrix} = \frac{2K_0}{\pi}\sec^3\theta\begin{Bmatrix}P(\theta)\\Q(\theta)\end{Bmatrix} \tag{3.60}$$

の関係がある。

　ミッチェル理論による造波抵抗の計算は多くの研究者によって実施されており、次のようなことが分かっている。計算値と実験値は全体の傾向としては良くあっているが、定量的にはかなりの相違がある。ミッチェル理論は非粘性の仮定に基づいているから、計算値には粘性の影響が入っていない。実際には粘性の影響と自由表面の影響は独立ではなく互いに干渉しあう。また、船の幅が極めて小さいと考えているので、計算値には船の幅が有限であるための影響が入っていない。ミッチェル理論による計算値では造波抵抗曲線のハンプ・ホローが実測値よりはるかに著しく現われる。この差は粘性の作用により船尾波が理論よりも小さくなるということと、船体の幅が有限であるために船首波が船体で妨げられ船尾側では船首波が理論値より小さくなるということが原因であり、特に低速で著しいことが知られている。

　ミッチェル理論と同じ薄い船の仮定に基づいたまま、船体表面条件の満足度を改善しようとした理論として、乾による流線追跡法（stream line tracing method）がある。乾の理論では、造波抵抗の計算には（3.55）式と同じ速度ポテンシャルの表示を使い、ミッチェル理論と同様に船体中心面上の吹き出し分布を用いるが、吹き出し密度と船体との対応関係をミッチェル理論による（3.58）式ではなく、吹き出し密度から逆に二重模型近似に基づく流線追跡によって船体形状を得るという点に特徴がある。このようにして得られた船型を Inuid（イヌイド）と呼んで、理論をイヌイド近似と呼ぶことがある。

**【例題 3.2】ミッチェル理論の造波抵抗公式**

　ミッチェルの造波抵抗公式（3.59）式を無次元化して造波抵抗係数の形に表し、造波抵抗がフルードの相似則に従うことを示せ。

**【解答例】**

代表長さ $L$ を用いて座標および振幅関数を

$$x, y, z \to Lx, Ly, Lz \quad , \quad P(\theta), Q(\theta) \to L^2 P(\theta), L^2 Q(\theta)$$

のように変換し、無次元化の操作を行うと、(3.59) 式は次のように書きかえられる。

$$C_w = \frac{R_w}{\frac{1}{2}\rho U^2 L^2} = \frac{8}{\pi F_n^4} \int_0^{\pi/2} [\{P(\theta)\}^2 + \{Q(\theta)\}^2] \sec^3\theta d\theta$$

$$\left.\begin{array}{c} P(\theta) \\ Q(\theta) \end{array}\right\} = \iint_{S_c} \frac{\partial f}{\partial x} \left\{\begin{array}{c} \cos \\ \sin \end{array}\right\} \left(\frac{x}{F_n^2}\sec\theta\right) \exp\left(\frac{z}{F_n^2}\sec^2\theta\right) dx dz \quad (3.61)$$

$$K_0 L = \frac{gL}{U^2} = \frac{1}{F_n^2}$$

従って、造波抵抗係数はフルード数の関数で表され、相似な船型はフルード数が同じなら造波抵抗係数が一致し、フルードの相似則に従うことがわかる。

---

**(2) 低速理論**

以上は船体の幾何的特徴に基づいて近似化され理論が展開されているが、船速に関する仮定を設けて理論を展開することもできる。船速については低速肥大船もあれば高速なコンテナ船もあるが、流体力学的にはいずれも低速とみなすことができ、速度 $U$ が微小であると仮定することができる。このような場合には、造波が生じない二重模型流れを基礎的な流れと考えることができ、先に紹介した二重模型流れに基づく自由表面条件 (3.52) 式あるいは (3.53) 式を満足する速度ポテンシャルを求めることができる。これらは低速造波理論あるいは低速理論 (low speed theory) と呼ばれ、馬場の理論では、振幅関数が (3.52) 式の関数 $D(x, y)$ を用いて

$$\left.\begin{array}{c} C(\theta) \\ S(\theta) \end{array}\right\} = -\frac{K_0}{\pi U}\sec^3\theta \iint_{F_c} D(x, y) \left\{\begin{array}{c} \cos \\ \sin \end{array}\right\} \{K_0 \sec^2\theta(x\cos\theta + y\sin\theta)\} dx dy \quad (3.62)$$

で与えられ、この振幅関数から (3.37) 式により造波抵抗を計算することができる。ただし、馬場の理論では、船体表面条件は二重模型流れ $\phi_0$ の部分のみが満たしており、厳密には波動影響を表す $\phi$ は船体表面条件を満たしていない。

**(3) 境界積分方程式に基づく方法**

造波抵抗を計算するために船体表面や自由表面に吹き出しを置いて、これを境界積分方程式の数値解析によって解く手法について解説する。この理論には多くの手法が提案されているが、ここではヘス・スミス法 (Hess & Smith method)、ノイマン・ケルビン問題 (Neumann-Kelvin problem)、ランキンソース法 (Rankine source method) について解説する。

ヘス・スミス法は非揚力体まわりのポテンシャル流 (nonlifting potential flow) を数値解析的

に解く手法の名称であり、船体の場合には次のような二重模型流れの速度ポテンシャルの吹き出し密度を数値的に求めることができる。

$$\phi_0(x, y, z) = Ux - \iint_{S+S'} \sigma_0(x', y', z') \frac{1}{r_0} dS \qquad (3.63)$$

$$r_0 = \sqrt{(x-x')^2 + (y-y')^2 + (z-z')^2}$$

ただし、$S$ は船体の浸水表面であり $S'$ はその鏡像面を表している。従って、この速度ポテンシャルは（3.48）式で表わされる二重模型の条件を満足している。速度ポテンシャル（3.63）式を $S$ 上のノイマン型境界条件（3.54）式と同じ形の条件 $\partial \phi_0/\partial n = 0$ on $S$ に代入すると、吹き出し密度 $\sigma_0(x', y', z')$ を未知数とする次の積分方程式が得られる。

$$2\pi\sigma_0(x, y, z) - \iint_{S+S'} \sigma_0(x', y', z') \frac{\partial}{\partial n}\left(\frac{1}{r_0}\right) dS = -Un_x \quad \text{on } S \qquad (3.64)$$

ただし、$n_x$ は $x$ 軸と法線 $n$ との方向余弦を表している。この積分方程式は第2種フレドホルム型積分方程式と呼ばれ、ヘス・スミス法では船体表面を有限個の四辺形パネルに分割してそれぞれパネルの中で吹き出し密度が一様であるとし、（3.64）式を離散化して解くことにより吹き出し密度を求めることができる。この結果を造波抵抗の計算に応用するためには、得られた吹き出し密度を（3.55）式のケルビンソースの密度であると近似する必要がある。すなわち、（3.64）式によって得られた吹き出し密度を（3.55）式に代入し、振幅関数の計算を経て造波抵抗を近似的に計算すればよい。

次に、ノイマン・ケルビン問題では、船体表面条件として（3.54）式のノイマン型条件を課し、自由表面条件として（3.50）式のケルビン型条件を課すことから、このように呼ばれている。撹乱速度ポテンシャルを（3.55）式で表し、これを（3.54）式に代入することにより（3.64）式と同様な積分方程式を導き、ケルビンソースの密度を求めることになる。ところが、この問題をブラール（Brard, 1972）が厳密に検討したところ、撹乱速度ポテンシャルの表示は（3.55）式ではなく、これに喫水線に沿う吹き出し線密度の項を加えなければならないことがわかった。造波抵抗は振幅関数を使って計算できるが、いずれにしてもグリーン関数 $G(x, y, z; x', y', z')$ の計算が複雑な割には高い精度が得られなかったため、造波抵抗を推定するという実用的な目的のためにはほとんど利用されていない。

境界積分方程式に基づく方法のうち最も成功を収めた手法として、ドーソンによるランキンソース法がある。この方法では、速度ポテンシャルを（3.51）式のように表し、二重模型流れの速度ポテンシャルとして（3.63）式を採用し、さらに波動影響を表す速度ポテンシャルを

$$\phi(x, y, z) = -\iint_F \sigma_F(x', y', 0) \frac{1}{r_F} dxdy - \iint_{S+S'} \Delta\sigma_0(x', y', z') \frac{1}{r_0} dS \qquad (3.65)$$

$$r_F = \sqrt{(x-x')^2 + (y-y')^2 + z^2}$$

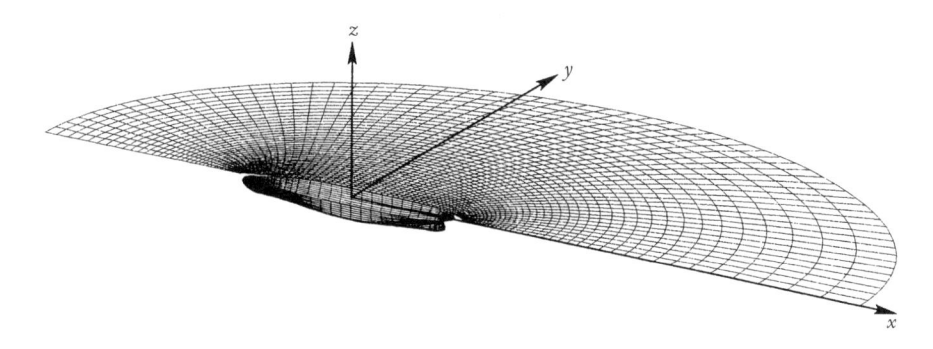

**図 3.10 パネル分割例**

のように表す。このように、波動影響の速度ポテンシャルも $1/r_0$ あるいは $1/r_F$ という単純な吹き出し、すなわちランキンソースのみによって表現する。解析方法としては、(3.65) 式がノイマン型の船体表面条件 (3.54) 式およびドーソン型の自由表面条件 (3.53) 式を満たすように、吹き出し密度 $\sigma_F(x', y', 0)$ および $\Delta\sigma_0(x', y', z')$ を決定する。船体表面はヘス・スミス法と同様にパネルで分割し、自由表面についてもパネルで分割する。パネル分割例を図 3.10 に示す。自由表面条件 (3.53) 式を満たすための手法として、上流差分法、パネルシフト法、楕円型自由表面パネルの採用等の手法が提案されている。造波抵抗は速度ポテンシャルから船体表面上の圧力分布を求め、圧力積分によって計算される。

### 3.3.4 CFD による推定法

以上の造波抵抗理論では流れを非粘性と仮定しているが、ここでは粘性を考慮した方法について解説する。粘性流体の運動方程式であるナビエ・ストークス方程式に基づいた数値計算 (CFD) を行う場合、一般的に粘性と自由表面の影響を含んだ計算によって圧力抵抗と摩擦抵抗が同時に評価される。従って、自由表面を含まない場合の CFD について 2.4.2 節に述べた内容は、ほとんど全てそのまま自由表面を含む場合についても当てはまる。そのため、ここでは自由表面の取り扱いについて主に解説する。

自由表面における運動学的条件は水面を水粒子が通過しないということに相当し、最も一般化された形で記述すると以下のようになる。

$$\frac{\partial H(x, y, z, t)}{\partial t} + u\frac{\partial H(x, y, z, t)}{\partial x} + v\frac{\partial H(x, y, z, t)}{\partial y} + w\frac{\partial H(x, y, z, t)}{\partial z} = 0 \tag{3.66}$$

ここで、$H(x, y, z, t)$ は以下の形で自由表面形状を表す関数である。

$$H(x, y, z, t) = \text{const.} \tag{3.67}$$

(3.66) 式は、自由表面上の点 $(x, y, z)$ にある水粒子上から観測した関数 $H(x, y, z, t)$ の値の変化率を示しており、その値が 0 であるということは、ある時刻に自由表面上にあった粒子はその

まま自由表面上にあり続けるということを示している。

自由表面の力学的条件は、気液の界面の液体側に働く応力と気体側に働く応力が等しいということであり、数式に表すと以下のようになる。

$$\sigma_{ij} \cdot n_i |_{\text{liquid}} - \sigma_{ij} \cdot n_i |_{\text{gas}} = \gamma \kappa \tag{3.68}$$

ここで、$n_i$ は界面の単位法線ベクトル、$\gamma$ は界面の表面張力、$\kappa$ は界面の平均曲率であり、$\sigma_{ij}$ は次式で表される応力テンソルである。

$$\sigma_{ij} = -p + \mu \left( \frac{\partial u_i}{\partial x_j} + \frac{\partial u_j}{\partial x_i} \right) \tag{3.69}$$

船舶の造波の問題では、気体側の応力と表面張力と界面における粘性応力の影響は小さいので、力学的条件は以下のように単純化される。

$$p = 0 \tag{3.70}$$

自由表面を含む流れの具体的な計算法は運動学的条件の取り扱い方や、用いる格子系の組み合わせによって多くの種類が存在するが、ここでは、船舶の造波抵抗の計算に用いられる代表的なものをいくつか紹介する。

(1) MAC 法（Marker And Cell method）

MAC 法では、図 3.11 に示すように自由表面上に多数の目印となる粒子（マーカー粒子）を配置して、その位置を追跡することにより自由表面を表現する。粒子は周囲の水粒子と同じ速度で移動する。すなわち、粒子の位置を $(x, y, z)$ とすると、

$$\frac{dx}{dt} = u, \quad \frac{dy}{dt} = v, \quad \frac{dz}{dt} = w \tag{3.71}$$

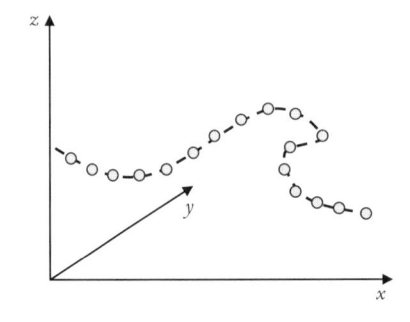

図 3.11　マーカー粒子による自由表面の表現

となる。1980年代から1990年代に掛けて開発され、船舶の造波の問題にも適用された実績があるが、近年では計算効率と計算精度の面から後述する他の方法が主に用いられるようになってきた。

(2) 高さ関数と自由表面適合格子を用いた方法

図3.12に示すように、自由表面の位置を$xy$平面上の基準面からの高さ$\zeta(x, y, t)$として表すと、(3.66)式の$H(x, y, z, t)$は以下のように定義される。

$$H(x, y, z, t) = \zeta(x, y, t) - z = 0 \tag{3.72}$$

(3.72)式を(3.66)式に代入すると、$\zeta(x, y, t)$が満たすべき式が得られる。

$$\frac{\partial \zeta(x, y, t)}{\partial t} + u\frac{\partial \zeta(x, y, t)}{\partial x} + v\frac{\partial \zeta(x, y, t)}{\partial y} - w = 0 \tag{3.73}$$

$\zeta(x, y, t)$は高さ関数(height function)と呼ばれ、$\zeta(x, y, t)$を変数とする方法では、$H(x, y, z, t)$を変数とする方法と比較して扱う空間の次元が1つ少なくて済むことと、自由表面の位置を直接表すため、数値拡散の影響が小さいことが利点となる。一方で、巻波のように界面の高さが多価関数となってしまうような場合や、界面の分裂や合体が起こる場合を扱うことが出来ないことが短所となる。このように、自由表面の位置を陽的な関数で記述することを、自由表面の陽関数表示と呼ぶ。また、マーカー粒子を用いる方法や高さ関数を用いる方法は、自由表面の位置が直接計算されることから界面追跡法(interface tracking method)と呼ばれることもある。

高さ関数を用いた自由表面の表現法は、自由表面に適合した格子系と組み合わせて用いられることが多い。この方法では、(3.73)式を解くことによって求めた格子点の位置の自由表面の高さに合わせて、図3.13に示すように計算領域の境界が自由表面と一致するように格子を再生成する。扱うことができる自由表面の変形の範囲に制約があるものの、他の方法と比較して計算精度は最も高いことから、船舶の造波の問題への適用例も多い。

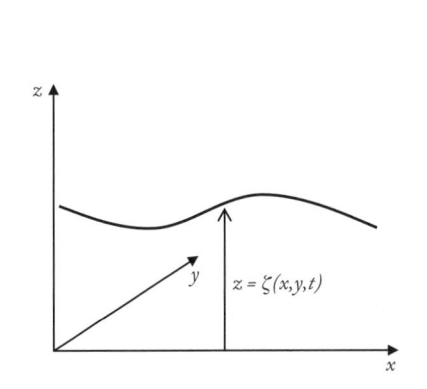

**図3.12 高さ関数による自由表面の表現**

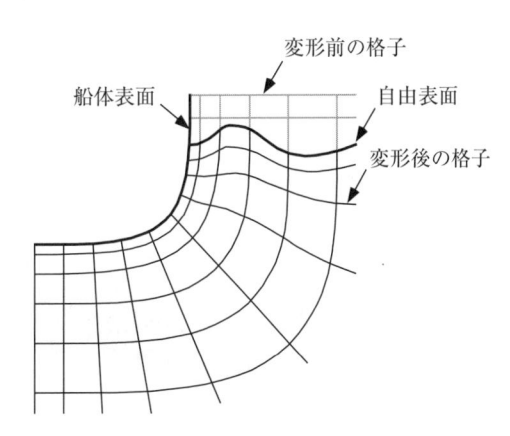

**図3.13 自由表面適合格子**

(3) VOF 法（Volume Of Fluid method）

CFD 計算において、自由表面の運動学的条件として（3.66）式の形を用いる場合、自由表面の位置は（3.67）式の方程式の解として陰的に表現される。そのためこの形の自由表面の表現を陰関数表示と呼ぶ。また、自由表面（気液界面）の位置は直接計算されるのではなく、$H(x, y, z, t)$ についての輸送方程式を解くことで間接的に求められるため、この形を用いる計算法を界面捕獲法（interface capturing method）と呼ぶこともある。この種の方法は高さ関数法のように取り扱うことができる自由表面形状に制約がないことが利点となる。一方で、自由表面の位置が（3.67）式で表される方程式の解として陰的に表現されるため、関数 $H(x, y, z, t)$ の数値拡散の影響によって、界面の位置の誤差が大きくなることが欠点となる。

自由表面の位置を表す関数 $H(x, y, z, t)$ は自由に定義できるが、VOF 法では $H(x, y, z, t)$ として、計算セル内の体積のうちの液体が占める割合（fractional volume of fluid）を取る。すなわち、図 3.14 に示すように、ある計算セルの全体が自由表面より下にあり、液体で満たされているとき、$H(x, y, z, t)$ の値は 1 となり、逆に全体が自由表面より上にある場合に 0 となる。また、セルの中に自由表面が存在している場合は、液体が占める体積割合に応じて 0 と 1 の間の値を取ることになる。

$H(x, y, z, t)$ の値は、自由表面に垂直な方向に不連続に変化するので、（3.66）式を数値的に解く際には、この不連続性が保たれるように特殊な工夫が必要となる。初期の VOF 法では、ドナー・アクセプター法（donor-acceptor scheme）と呼ばれる手法が用いられたが、近年では

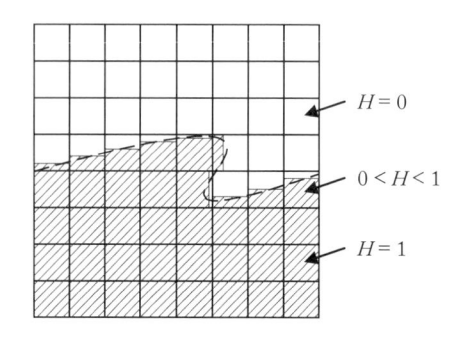

**図 3.14　VOF 法における自由表面形状の表現方法**

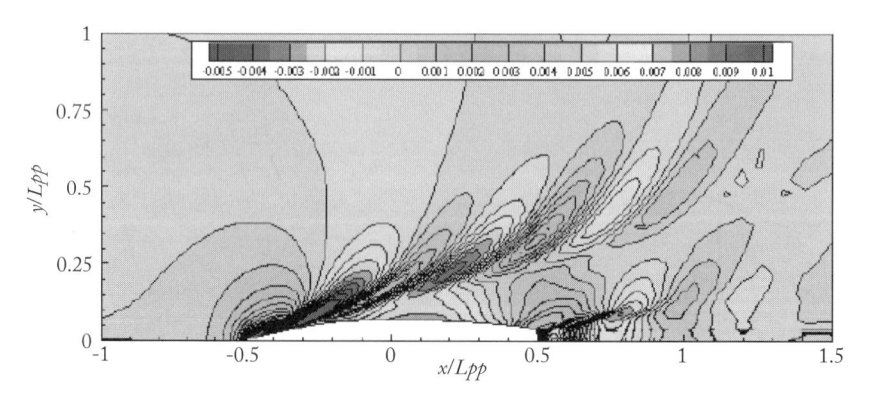

**図 3.15　VOF 法による船体まわり自由表面流の計算例**（Rhee 2005）

HRIC 法（High Resolution Interface Capture scheme）や CICSAM 法（Compressive Interface Capturing Scheme for Arbitrary Meshes scheme）等のより高精度な手法が用いられるようになってきている。

VOF 法は現在最も広く用いられている自由表面流れの計算法であり、船舶の造波の問題への適用例も多い。図 3.15 に VOF 法による船体まわりの自由表面流の計算結果の例（Rhee, 2005）を示す。

(4) レベルセット法（Level-set method）

VOF 法は任意の自由表面の形状を容易に表現できることが利点であるが、一方で関数 $H(x, y, z, t)$ の変化が不連続であることから、高精度化が困難であることが欠点である。これに対して、レベルセット法では、図 3.16 に示すように $H(x, y, z, t)$ として自由表面までの距離に液体側で正となり、気体側で負となる符号をつけた値を取る。これにより $H(x, y, z, t)$ の変化は連続的になるので、高精度の計算スキームが適用できる。ただし、計算の進行とともに、$H(x, y, z, t)$ の分布が自由表面からの距離とは異なって来るため、変形した自由表面への距離を計算して $H(x, y, z, t)$ の値を設定する「再初期化」（re-initialization）と呼ばれる操作が必要となる。図 3.17 にレベルセット法による船体まわりの自由表面流の計算結果の例（日野 2005）を示す。

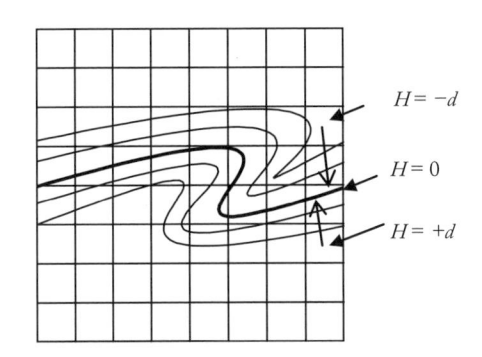

**図 3.16　レベルセット法における自由表面形状の表現方法**
（$d$ は自由表面への距離を示す）

**図 3.17　レベルセット法による船体まわり自由表面流の計算例**（日野 2005）

## 3.4 造波抵抗の低減

造波抵抗の全抵抗に占める割合は、タンカー等の低速肥大船の場合には5%程度にしかならないが、コンテナ船、漁船、艦艇のように常用のフルード数が高い船型の場合には、5割程度に及ぶことがある。従って、特に高速船の場合には造波抵抗の低減が重要になってくる。抵抗成分と船型との相関を見ると、概ね摩擦抵抗、粘性圧力抵抗、造波抵抗の順に、船型に対してより敏感に変化するという特性がある。中でも造波抵抗については、フルード数による変化も大きいので、船型計画において計画フルード数の設定と船型による造波抵抗の変化に注意しなければならない。

(1) 船首尾波造波干渉の利用

船体からの船首波と船尾波との干渉が造波抵抗に重要な意味を持つ。既に3.2節 (2) で述べたように前者を船首波系、後者を船尾波系と呼び、船首波系と船尾波系との発生する位置の間の距離が造波干渉に重要であり、この距離を wave making length と呼ぶが、これは船型とフルード数によって変化する。この距離を船舶の前端から発生する波の最初の山と船舶の後端より発生する波の最初の山との間の距離とすれば、これは船長にほぼ等しい。

造波抵抗を実験的あるいは理論的に低減する方法が確立される以前には、船首尾波の造波干渉により造波抵抗係数曲線が谷となるフルード数を設計速度として船長を決定するという方法が取られていた。その後の船型学の発展に伴い、実験的にあるいは理論的に造波抵抗を低減する方法の開発が進み、中でも特筆すべきものが次に紹介する船首バルブの採用であった。

(2) 船首バルブ、船尾バルブ、船尾トランサム

造波抵抗理論の進歩とともにこれを実際に応用することにより、造波抵抗の少ない船型を理論的に決定できるようになっている。その最も重要な成果が船首バルブの採用である。図3.18に示すように船首バルブは船首端水面下の球状の突出形状であり、主船体が造る船首波とバルブが造る波を逆位相となるように干渉させれば、船体全体の作るケルビン波系の振幅を小さくすることができる。図3.19には船首バルブを付けた場合と付けない場合の波形について、図3.8のような縦切法で計測した場合の例を示す。造波抵抗の大きさは (3.36), (3.37) 式に示したように船体の作る素成波の振幅の2乗に関係するから、船首バルブによる造波干渉の結果により造波

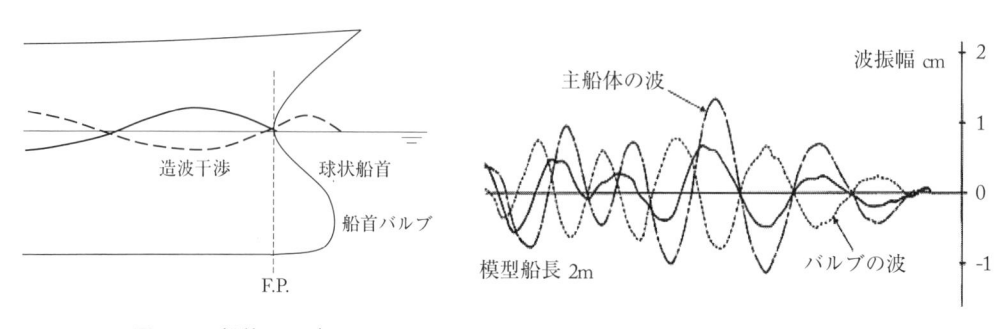

図 3.18　船首バルブ

図 3.19　造波干渉波形計測例

抵抗を減少させることができる。現在ではほとんど全ての一般商船で船首バルブが採用されている。

船首バルブ以外に船尾バルブや水中翼形状の付加物等、様々な付加物を利用した造波干渉の研究も行われている。また、没水型の船尾トランサム形状は、船尾波の起点を後ろにずらすことができるので、見掛け上船長を長くしフルード数を小さくする効果によって造波抵抗を低減することができる。なお、船舶の造波による曳き波は沿海域の漁業施設や海岸への環境問題としても捉えられており、この面からも曳き波の振幅を小さくする要求が高まっている。

(3) 極小造波抵抗理論による横切面積曲線最適化

船型全体について造波抵抗を極小化する形状情報を理論的に得る方法もある。その手法として良く知られているものに、極小造波抵抗理論（minimum wave resistance theory）による横切面積曲線の最適化がある。ミッチェル理論に基づいて、(3.59)式の振幅関数 $P(\theta)$, $Q(\theta)$ を $y = f(x, z)$ が船首尾の両端で0になることを考慮して部分積分すると

$$\left.\begin{array}{l}P(\theta)\\Q(\theta)\end{array}\right\} = K_0 \sec\theta \iint_{S_c} f(x, z) \left\{\begin{array}{c}\sin\\-\cos\end{array}\right\} (K_0 x \sec\theta) \exp(K_0 z \sec^2\theta) dx dz \qquad (3.74)$$

が得られる。この式から船型の長さ方向の変化が造波抵抗に支配的な影響を持つ、ということがわかる。極小造波抵抗理論（丸尾・別所 1963）はこの考察に基づいており、ミッチェル理論による造波抵抗公式に変分法を適用し、排水容積一定等の制約条件下で造波抵抗が極小となる最適横切面積曲線を求めることができる。横切面積曲線は長さ方向の船体の横切面積分布を示したもので、船型設計において主要目に次いで重要であり、これらによって設計する船の造波抵抗特性がほぼ決まってしまう。

(4) 船型最適化手法

船型は横切面積曲線の他にフレームライン形状等の細部の形状が組み合わさっている。造波抵抗を低減させるさらに進んだ方法として、最適な船型を直接求める方法も研究されている。造波抵抗理論に関してはミッチェル理論のような線形理論のみならず、数値的な手法も含み様々な理論が実用に供されている。これらの進んだ造波抵抗計算手法を利用し、非線形計画法（nonlinear programming）と組み合わせて造波抵抗の少ない実用船型を理論的に求めようとする研究が実施されている。例えば、ランキンソース法による造波抵抗計算法を最適化手法として知られている非線形計画法に組み込んで、様々な設計条件のもとで造波抵抗を最小とする船型を求めることが可能である。図3.20はこの手法によって求められたコンテナ船型の母船型と最適化船型の前半部形状の比較を示した線図(lines)である。造波抵抗を小さくするために船首バルブが大きくなっていることがわかる。さらに進んだ方法として、CFDと非線形計画法の組み合わせによっても船型最適化が可能になっている。

図 3.20 最適化船型計算例

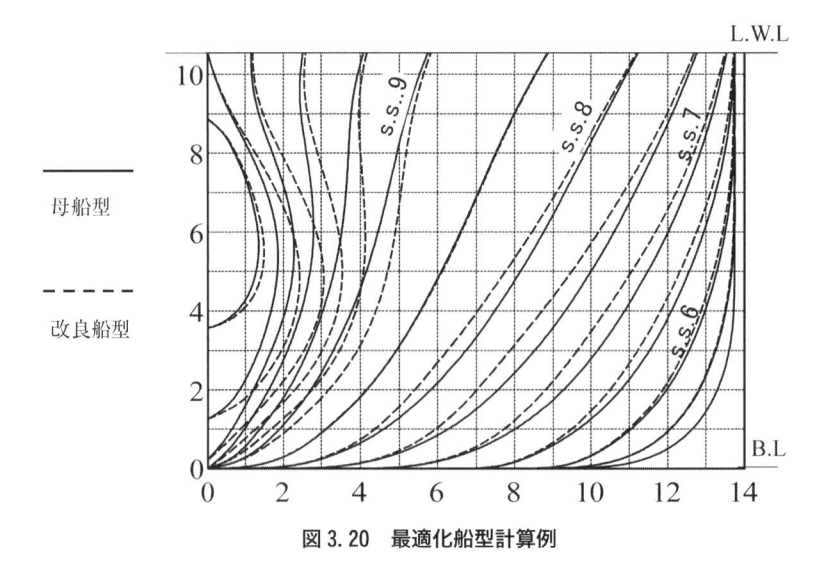

(5) 多胴船

海上輸送の高速化の必要性に伴い各国で高速船型の研究が実施されているが、高速船の特徴は流体抵抗のうち造波抵抗の占める成分が非常に高いことである。高速船については、船首バルブによる造波抵抗減少という考え方だけではなく、双胴（catamaran）や三胴（trimaran）、あるいはそれ以上の多胴船型（multi hull）について検討している例も見られる。多胴船型とすることにより各胴を細長船型として抵抗低減を図ることができ、同時に各胴の間の造波干渉を利用することも可能になる。

図 3.21 は波源の進行方向のシフトおよび横方向のシフトにより、ケルビン波がどのように干渉するかを模式的に示したものであるが、進行方向にシフトすれば横波が干渉して減少し、横方向にシフトすれば拡散波が干渉して減少することが推測される。船首バルブは進行方向に波源をシフトしたことに相当するが、高速の場合には横波が徐々に小さくなり拡散波が支配的になることが知られているので、高速の場合には波源を横方向にずらすということも効果的である。これが双胴、三胴、五胴といった多胴船について検討する理由のひとつになっている。多胴船型については、ランキンソース法やCFDによる造波シミュレーション手法を併用することにより、最適胴配置の検討に役立つ。ランキンソース法を利用した波紋の計算例を図 3.22 に示す。

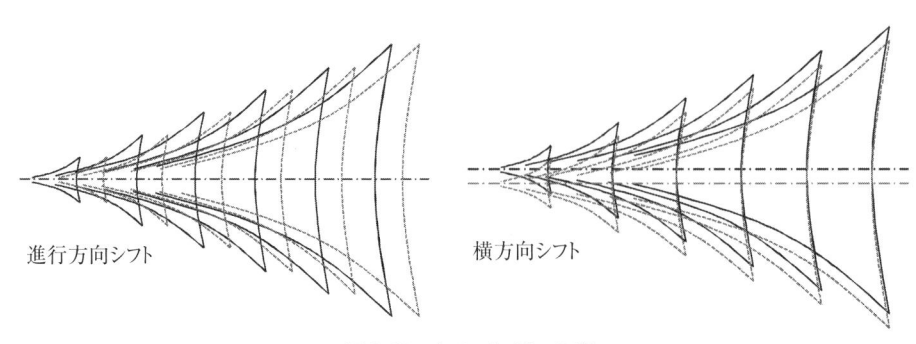

図 3.21 ケルビン波の干渉

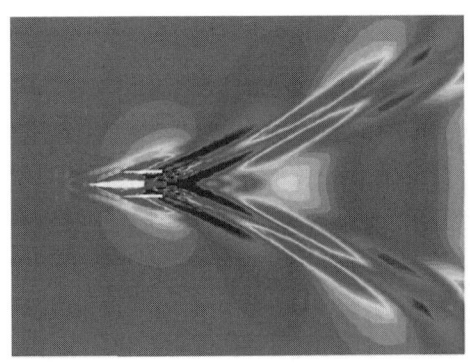

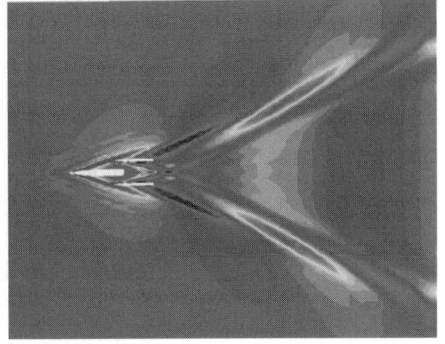

最適胴配置

**図 3.22 三胴船による造波干渉**

## 3.5 砕波抵抗、飛沫抵抗

　船舶のような進行浮体がつくる自由表面波はケルビン波と呼ばれ、浮体には造波抵抗が働く。しかし、進行する浮体近傍の現象は極めて複雑であり、流場は基本的に非線形な現象によって支配されている。例えば浮体近傍の水面の盛り上がりが著しい場合には、自由表面が不安定になり砕波現象が起こる。このとき流体が持っていた位置のエネルギーは自由表面が崩れたために生じる渦運動のエネルギーに転化する。この現象によって生じる運動量変化により浮体に抵抗が働き、これが砕波抵抗（wave breaking resistance）と呼ばれる（馬場, 1969）。このような現象は肥大船のように船首形状が肥型な浮体の場合に生じることが多い。

　馬場は肥大船まわりの自由表面現象を詳細に観察し、砕波現象に伴う渦流れと後方における伴流との関係を調べるために伴流解析を実施した。船体後方には粘性伴流により一般に船体中心線をピークとする速度欠損の領域が1か所現れる。ところが砕波現象の著しい肥大船型の場合には、船体中心線の両側に船の半幅ほど離れた位置にも小さなピークを持つ速度欠損の領域を生じることが確かめられた。すなわち3か所の速度欠損領域を持つ流速分布が得られ、伴流解析によって伴流抵抗を求めたところ粘性抵抗の推定値よりも大きいことが判明し、その差が砕波抵抗であると認識されるようになった。これが馬場による砕波抵抗の発見の概要である。船体抵抗を

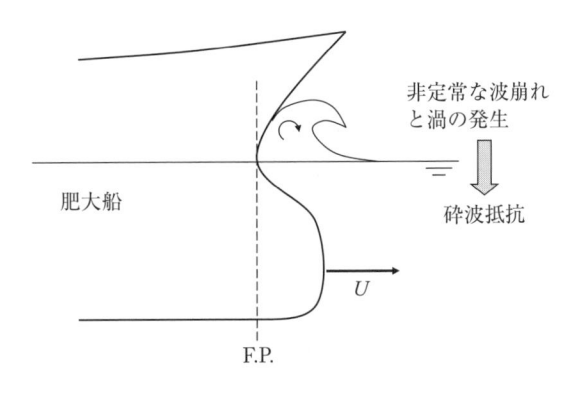

**図 3.23 砕波抵抗**

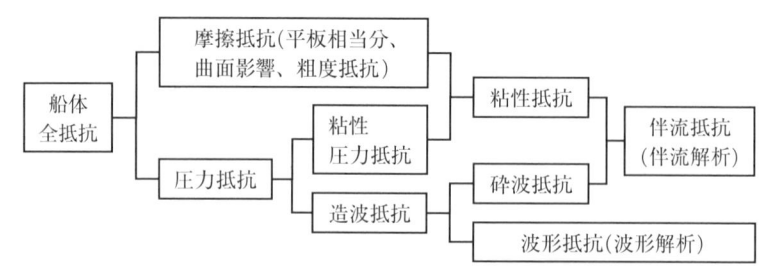

**図 3.24 船体全抵抗の成分分離**

計測可能な流れの情報に基づいて抵抗成分を分離してみると図3.24のようになる。また、これらの抵抗成分を式の形で書くと以下のように分離することができる。

$$
\begin{aligned}
船体全抵抗 &= 圧力抵抗 + 摩擦抵抗 \\
&= 造波抵抗 + 粘性圧力抵抗 + 摩擦抵抗 \\
&= 波形抵抗 + 砕波抵抗 + 粘性抵抗 \\
&= 波形抵抗 + 伴流抵抗
\end{aligned}
\tag{3.75}
$$

一方で、船首まわりの自由表面は特異な非線形現象を呈し、船首形状や相似則のパラメータによって系統的に変化する非線形な波と浅水波とのアナロジーに基づく研究も行われている（宮田 1980）。この非線形波を再現する数値モデルの開発により、長突出薄型の船首形状による抵抗低減に成功している。

次に、高速で滑走する高速艇のような場合、その浸水面の前端で流体が前方にはね飛ばされる現象がある。このときに発生する飛沫（spray）によって運動量変化が生じ、その反作用によって浮体は抵抗を受け、これが飛沫抵抗（spray resistance）である。砕波や飛沫の現象は自由表面の極めて非線形性の強い現象であり、これを精緻に解明することは現時点のCFD等の数値計算法をもってしても困難であるとされている。

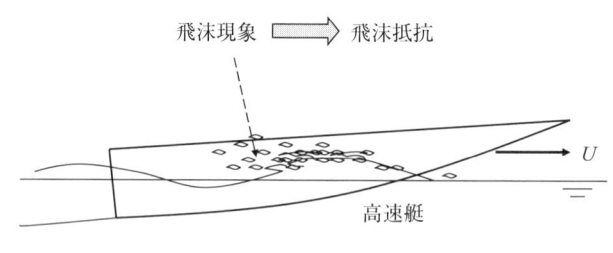

**図 3.25 飛沫抵抗**

# 第4章 船体に働くその他の抵抗

船舶が水面上を移動することにより様々な流体諸現象が生じ、それに伴い様々な成分の流体抵抗を受ける。前章までに主要な抵抗成分である船体の粘性抵抗と造波抵抗について解説してきたが、本章ではその他の流体抵抗として、副部抵抗、空気抵抗、波浪中抵抗増加、さらに浅水影響・制限水路影響（水深および水幅の影響）について解説する。

## 4.1 副部抵抗

船体に装着する副部としては、主に図1.6に示すような装置が挙げられる。これらのうち、省エネデバイス、フィンスタビライザ、水中翼といった揚力体には、揚力とともに誘導抵抗が働く。また、全ての副部には水の粘性による摩擦抵抗や粘性圧力抵抗といった粘性抵抗が働く。以下では副部に働く誘導抵抗と粘性抵抗について解説する。

### 4.1.1 誘導抵抗

誘導抵抗は圧力抵抗のひとつで、翼の3次元性、すなわち翼幅が有限であることによって生じる抵抗成分であるが、ここでは3次元翼について論じる前に、まず、2次元翼のまわりの流れについて簡単に紹介する。2次元翼は無限幅の翼、すなわちアスペクト比無限大の翼であり、2次元翼理論によれば、流体が翼の後端から滑らかに流出するというクッタの条件を満足させるためには、翼型のまわりに循環を考えなければならない。さらに、流体力学の渦定理のひとつとして知られているストークスの定理によれば、閉曲線に沿う循環がゼロでない場合にはその中に渦が存在することになる。従って、翼内部に流体を仮想すると、この中には渦が存在しなければならない。

次に、このように翼内部に渦が存在するとした場合の3次元翼まわりの流れについて考える。渦を渦糸にモデル化して考えると、3次元翼内部に考えた渦の場合には翼幅が有限であるため渦の長さも有限になるが、渦定理のひとつであるヘルムホルツの定理によれば渦は端点をもつことができないのでこのままでは不合理である。従って、翼の両側から渦が流体中に抜け出し、流れに沿って移動すると考える。すなわち、一様流中に翼があるとすると流れの方向に渦が無限下流に伸びていると考えるのが合理的である。例えば、翼を1本の渦で置き換えた場合には、渦は図4.1のように翼の両端から外部に出てコの字型の渦になる。これを馬蹄型渦（horse shoe

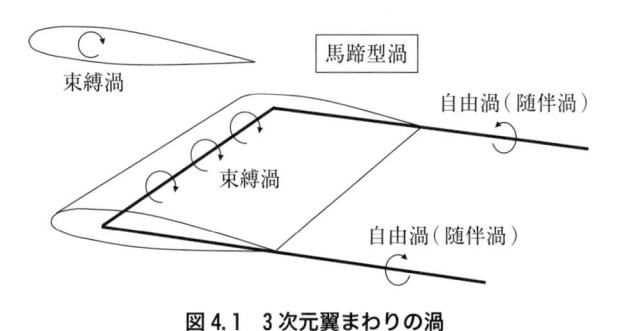

**図4.1 3次元翼まわりの渦**

vortex）という。翼内部に考えた1本の渦の場合には、そのまわりの循環は翼幅全体にわたって一定であるが、実際には翼の上で循環が翼幅方向に変化し翼端に行くにつれて減少するので、循環の変化に相当した渦が各点から流れ出し翼の後方に渦層ができる。翼内部に考えた渦を束縛渦（bound vortex）、流れ出す渦を随伴渦（trailing vortex）あるいは自由渦（free vortex）と呼ぶ。実際の可視化現象として、飛行機雲がこれに相当する。

【Note 4.1】渦定理

　非粘性流体すなわち完全流体の力学では、いくつかの有名な渦定理が知られている。これらの渦定理は翼理論の基礎になっているので、ここではそれらの結果のみ紹介する。

### ストークスの定理

　ストークス（Stokes）の定理は数学の定理であるが、流体力学的に表現すると、「循環の強さは閉曲面に囲まれた面積とその中の渦の強さとの積に等しい」という定理である。従って、本文のように閉曲線に沿う循環がゼロでない場合にはその中に渦が存在しなければならない。これが、翼を渦糸で表現する理論的根拠になっている。

### ケルビンの循環定理

　この定理は循環の時間的不変性に関する定理であり、ケルビン（Kelvin）の定理あるいはトムソン（Thomson）の定理とも呼ばれている。この定理によれば、「完全流体の運動においては保存力の下で、流体の運動に伴って移動する任意の閉曲線 $C(t)$ に沿う循環は時間的に不変である」ことが示される。

### ラグランジュの渦定理

　ラグランジュ（Lagrange）の渦定理は、「完全流体の運動においては保存力の下で、渦は発生することも消滅することもない」ことを示している。これを、渦の不生不滅の定理とも呼んでいる。ただしこの結論は、密度 $\rho$ が圧力 $p$ のみの関数で、保存力が1価のポテンシャルを持つときにのみ成立するので、この条件が満たされない場合には渦が発生する。例えば、流体に外部から熱を加えて対流を起こすとき、密度 $\rho$ は温度の関数でもあるから渦が発生する。また、流体の粘性を仮定するとその作用はポテンシャルを持たない力と考えられるから、これによっても渦が発生する。

### ヘルムホルツの定理

　ヘルムホルツ（Helmholtz）の定理は渦の空間的な性質を述べたもので、「1つの渦管は常に1つの渦管として保たれ、その強さは不変である」、あるいは「ある時刻に同一の渦線上にあった流体粒子は常に同一の渦線上にある」と表現できる。ある曲線の接線方向と渦度ベクトルの方向が一致する曲線のことを渦線といい、渦管は渦線で囲まれた管状の曲面になる。さらに、渦管の断面積をゼロとした極限が渦糸になる。従って、空間に考えた1本の渦は強さが不変であるから端点を持つことはなく、図4.1に示す馬蹄型渦の形成をもたらす。

## クッタ・ジューコフスキーの定理

クッタ・ジューコフスキー（Kutta-Joukowski）の定理は、「速度 $U$ の一様流中の物体に循環 $\Gamma$ があるとき、物体には一様流と垂直の方向に大きさ $\rho U \Gamma$ の揚力 $L$ が働く」と表すことができ、循環の強さを求めることができれば揚力が得られることを意味している。翼に働く揚力を説明する際の関係式として重要な定理である。

---

以上のように幅の有限な翼の後方には随伴渦があり、それは周囲に速度を誘起することになる。これを誘導速度（induced velocity）といい、ビオ・サバールの法則により計算できる。誘導速度は翼の位置においては流れの方向に直角であり、また翼幅の方向にも直角で下向きであるため、これを吹きおろし（wash down）と呼び、翼の任意断面における流速は一様な流れの速度に誘導速度を合成したものになる。一様流に対する迎角を $\alpha$ とすると誘導速度により実際の迎角は $\alpha$ より小さくなるが、その差を $\Delta \alpha$ とすると実際の迎角は $\alpha - \Delta \alpha$ であり、これを有効迎角（effective angle of attack）という。誘導速度 $w$ は一般に一様流速 $U$ に比して小さいので、実際の $\Delta \alpha$ も小さくなり $\Delta \alpha \approx w/U$ 程度である。迎角の減少は翼のまわりの循環を減少させ、その結果として揚力は幅の無限に広い2次元翼の場合より小さくなる。さらにクッタ・ジューコフスキーの定理により翼に働く揚力はこれにあたる流れに直角であるから、一様流 $U$ に直角な方向より $\Delta \alpha$ だけ傾いている。従って、一様流に直角に働く揚力の他に、一様流方向の力の成分すなわち抵抗を生じる。この抵抗を随伴渦によって誘導された抵抗という意味で誘導抵抗（induced drag）と呼ぶ。すなわち2次元翼では翼幅無限大と考えているため随伴渦はないので誘導抵抗は生じないが、幅が有限な3次元翼には粘性がなくとも抵抗が働く。この抵抗に打ち勝って翼を前進させる仕事は後流に渦を作るために費やされることになる。なお、誘導抵抗の現象には必ず揚力が生じているから、本節では記号として揚力には $L$ を用い、誘導抵抗には抗力の記号 $D$ を用いることにする。以上の説明を図で示すと図4.2のようになる。

クッタ・ジューコフスキーの定理により2次元翼に働く力は単位幅について $\rho U' \Gamma$ であるから、揚力は

$$L = \rho U' \Gamma \cos \Delta \alpha = \rho U \Gamma \tag{4.1}$$

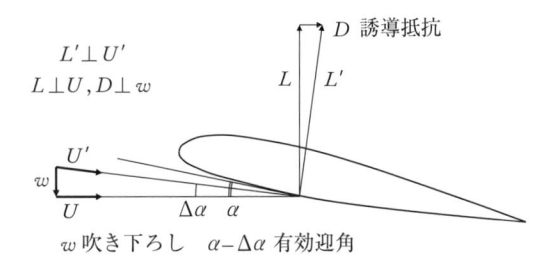

**図 4.2　誘導抵抗の発生原理**

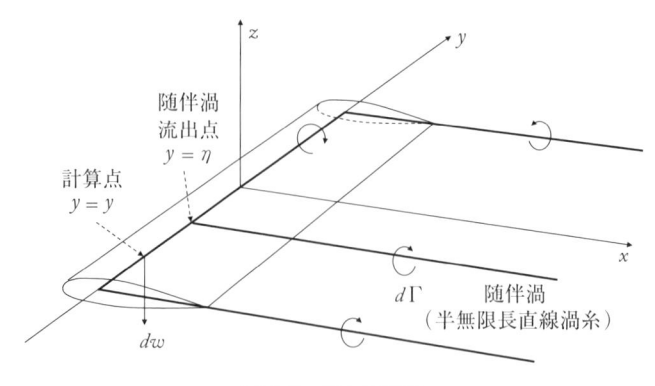

**図 4.3　揚力線理論**

また誘導抵抗は

$$D = \rho U' \Gamma \sin \Delta \alpha = \rho w \Gamma \quad (4.2)$$

となる。従って、翼幅方向に微小部分すなわち翼素（blade element）$dy$ を考え、翼素に働く揚力を $dL$、誘導抵抗を $dD$ とすれば

$$\begin{aligned} dL &= \rho \Gamma U dy \\ dD &= \rho \Gamma w dy \end{aligned} \quad (4.3)$$

である。

次に、翼全体に働く揚力および誘導抵抗を求める計算式を導くために、翼を近似的に1本の渦で置き換える。このような考え方はランチェスター（Lanchester）とプラントル（Prandtl）によって提唱されたもので、ランチェスター・プラントルの揚力線理論（lifting line theory, 1910）と呼ばれている。【Note 4.2】のビオ・サバールの法則によれば、図 4.3 のように $x=0$ から半無限直線状に伸びている循環 $d\Gamma$ の随伴渦が、翼の位置で $y$ 軸上に誘導する下向きの速度 $dw$ は

$$dw = -\frac{d\Gamma}{4\pi r} \quad (4.4)$$

である。ただし、$r$ はいずれも翼上の随伴渦の流出点 $y=\eta$ と誘導速度の計算点 $y=y$ との距離 $r=\eta-y$ である。随伴渦の循環 $d\Gamma$ は束縛渦の循環分布を $\Gamma(\eta)$ とすると

$$d\Gamma = \frac{d\Gamma(\eta)}{d\eta} d\eta \quad (4.5)$$

である。従って、この随伴渦による誘導速度は (4.4) 式と (4.5) 式から

$$dw = -\frac{1}{4\pi}\frac{d\Gamma(\eta)}{d\eta}\frac{d\eta}{\eta-y} \tag{4.6}$$

と書ける。翼幅を $b$ とすると翼全体から流出する随伴渦による誘導速度は (4.6) 式を翼幅方向に積分することにより

$$w = -\frac{1}{4\pi}\int_{-b/2}^{b/2}\frac{d\Gamma(\eta)}{d\eta}\frac{d\eta}{\eta-y} \tag{4.7}$$

となる。従って、誘導抵抗は (4.7) 式を (4.3) 式に代入して積分すると

$$D = \rho\int_{-b/2}^{b/2}\Gamma(y)w(y)dy = \frac{\rho}{4\pi}\int_{-b/2}^{b/2}\int_{-b/2}^{b/2}\Gamma(y)\frac{d\Gamma(\eta)}{d\eta}\frac{d\eta dy}{y-\eta} \tag{4.8}$$

となり、揚力も (4.3) 式から

$$L = \rho U\int_{-b/2}^{b/2}\Gamma(y)dy \tag{4.9}$$

と書ける。このように翼の循環分布が与えられれば、誘導速度や誘導抵抗を計算することができる。

**【Note 4.2】ビオ・サバールの法則**

流体力学では、3次元渦糸まわりの流れについて、ビオ・サバールの法則 (Biot-Savart's law) と呼ばれる電磁気学で有名な法則と同じ関係式が成り立つことが知られている。渦糸は流体領域で1本の曲線により表され、ある循環強さ $\Gamma$ を持っているとする。このとき、渦糸上に微小部分 $d\mathbf{s}$ をとると、この渦糸部分の $\Gamma d\mathbf{s}$ によって誘起される速度 $d\mathbf{u}$ は $d\mathbf{s}$ における接線方向に直角であり、流速を求める点までの距離を $\mathbf{r}$ とすると $\mathbf{r}$ にも直角になる。これらの関係が電流の微小な部分が誘起する磁場の関係と同じになるので、次のようなビオ・サバールの法則と同様な関係式が成立する。

$$d\mathbf{u} = \frac{\Gamma}{4\pi r^3}d\mathbf{s}\times\mathbf{r}$$

積分すれば渦糸全体によって誘起される速度を求めることができる。

$$\mathbf{u} = \frac{\Gamma}{4\pi}\int\frac{d\mathbf{s}\times\mathbf{r}}{r^3} \tag{4.10}$$

実際に図 4.4 のような半無限長の3次元渦糸についてビオ・サバールの法則を適用し、誘導速度を求めて

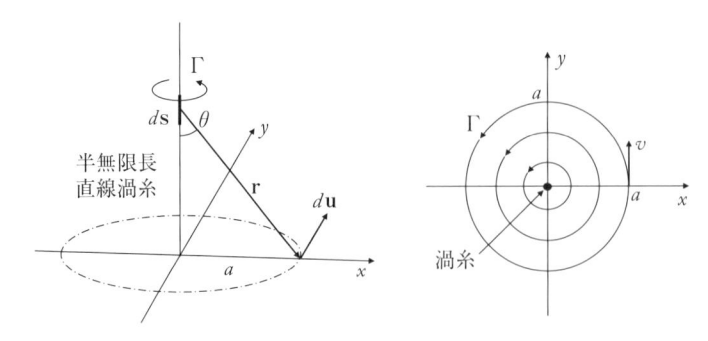

**図 4.4 半無限長渦糸**

みる。図 4.4 よりビオ・サバールの法則の計算に必要なベクトル等を図 4.4 の $a$ および $\theta$ を用いて表すと次のようになる。

$$d\mathbf{s} = (0,\ 0,\ -dz) = (0,\ 0,\ ad\theta/\sin^2\theta)$$
$$\mathbf{r} = (a,\ 0,\ -z) = (a,\ 0,\ -a\cot\theta)$$
$$d\mathbf{s} \times \mathbf{r} = (0,\ a^2 d\theta/\sin^2\theta,\ 0)$$
$$r = a/\sin\theta$$

これらの式を (4.10) 式に代入して誘導速度を求めると、$y$ 方向の速度 $v$ のみが生じ

$$v = \frac{\Gamma}{4\pi a}\int_0^{\pi/2} \sin\theta d\theta = \frac{\Gamma}{4\pi a}$$

となる。この結果を図 4.3 に適用すれば (4.4) 式が得られる。

---

以上の揚力線理論を用い実際に誘導抵抗を求めてみる。ただし、簡単のため計算条件を以下のとおりとする。
①楕円状循環分布
②微小迎角（揚力傾斜一定）

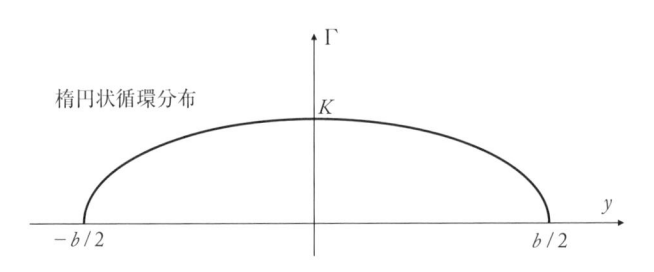

**図 4.5 楕円状循環分布**

③翼断面は翼幅にわたって相似（翼断面特性一定）
④翼幅にわたって翼にねじれなし（翼幅方向迎角一定）

循環分布は翼の平面形状、翼の断面形状（翼型）および迎角によって決まってくる。例えば翼平面形状が楕円形の場合には循環分布は楕円状に分布していると考えてよい。ここで条件①に従い図4.5のように楕円状循環分布を考え、$K$ を定数として

$$\Gamma(y) = K\sqrt{1 - \left(\frac{2y}{b}\right)^2} \tag{4.11}$$

と置くと誘導速度

$$w = \frac{K}{2b} \tag{4.12}$$

が得られる。従って、誘導速度は翼幅方向に一定である。このような分布が重要であるのは、(4.12) 式のように誘導速度が翼幅全体にわたって一定であるとき、後流の自由渦のエネルギーが最小となり誘導抵抗も最小になる、ということが証明できるからである。すなわち循環が楕円分布の翼である楕円翼（elliptic wing）は誘導抵抗が最も小さく、その意味で最良の翼であるということになる。この場合の揚力を求めてみると

$$L = \rho U K \int_{-b/2}^{b/2} \sqrt{1 - \left(\frac{2y}{b}\right)^2} dy = \frac{\pi}{4} \rho U b K \tag{4.13}$$

となり、(4.12) 式と (4.13) 式から揚力を用いて誘導速度を表すと

$$w = \frac{2L}{\pi \rho U b^2} \tag{4.14}$$

となる。さらに (4.12) 式あるいは (4.14) 式を (4.3) 式に代入して誘導抵抗を求めると、誘導速度が一定であるので容易に積分できて

$$D = \rho \int_{-b/2}^{b/2} \Gamma(y) w \, dy = \frac{\pi}{8} \rho K^2 = \frac{2L^2}{\pi \rho U^2 b^2} \tag{4.15}$$

となり、揚力が求まれば誘導抵抗も決まるという重要な関係が成立する。

揚力線理論を楕円状循環分布に適用して得られた (4.15) 式を用いて誘導抗力を求めるためには、まず揚力を求めなければならない。このため、先の条件②〜④を用いて揚力を求める。翼全体の揚力係数を次のように定義する。

$$C_L = \frac{L}{\frac{1}{2}\rho U^2 S} \tag{4.16}$$

ただし、$S$ は翼の水平投影面積である。条件②〜④から求めた揚力係数は

$$C_L = \frac{C_\alpha \alpha}{1 + C_\alpha/\pi\lambda} \tag{4.17}$$

と表わされる。ここで、$\lambda = b^2/S$ は翼の縦横比あるいはアスペクト比（aspect ratio）と呼ばれる。また、$C_\alpha = dC_L/d\alpha$ は揚力係数曲線の迎角 $\alpha$ に対する傾斜すなわち揚力傾斜であり、迎角が小さいときには揚力傾斜を一定とみなすことができる。ごく薄い翼では平板翼の場合に対する揚力傾斜の理論値 $C_\alpha = 2\pi$ を使って

$$C_L = \frac{2\pi\alpha}{1 + 2/\lambda} \tag{4.18}$$

とすることができる。(4.18) 式は完全流体に対する理論式であるが、実際の流体では粘性の影響により循環が減少するので、揚力傾斜は $2\pi$ ではなく $C_\alpha = 5.73$ を使うことがある。

次に、誘導抵抗を抵抗係数の形で表し、揚力係数との関係を表すと、誘導抵抗と揚力の関係 (4.15) 式を使って

$$C_D = \frac{D}{\frac{1}{2}\rho U^2 S} = \frac{C_L^2}{\pi\lambda} \tag{4.19}$$

となる。従って、揚力係数が一定とすると、誘導抵抗係数はアスペクト比に逆比例して幅が広いほど小さくなる。以上の結果は循環が楕円分布であるとして求めた結果であるが、翼の概形が楕円に近ければこの結果が成り立ち、誘導抵抗推定のための基礎式である。

以上の結果は揚力線理論による結果であり、アスペクト比が大きい直線翼によく当てはまる。しかし、実用的なアスペクト比の小さい翼、例えば舶用プロペラの回転翼の場合には揚力線理論は適用できない。これらの場合には翼を渦の層として計算しなければならない。このような考え方は揚力面理論（lifting surface theory）と呼ばれている。舶用プロペラへの揚力面理論の適用については、推進器の理論の1つとしてあらためて5.2.3節で紹介する。また、さらに複雑なモデル化に基づく揚力体の計算手法も研究されている。

【コラム 4.1】誘導抵抗の低減

翼は揚力を発生する非常に有用な流力的構成要素であるが、一方必然的に誘導抵抗を発生することになるので、ここでは誘導抵抗の低減法について紹介する。(4.19) 式から考えると翼端を延長しアスペクト比を大きくすれば誘導抵抗を低減できる。しかしこのような手段が取れない場合には、翼端から出る随伴渦

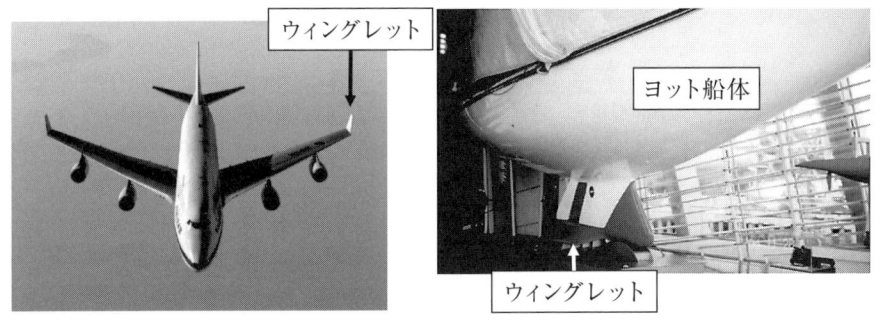

図 4.6 ウィングレット

を拡散し誘導速度を弱める方法が有効である。このための1つの方法としてウィングレット（翼端小翼、winglet）が知られており、図 4.6 のような航空機の主翼端やヨットのキール端に用いられることがある。前者の例として、ボーイング 747 の長距離用の機体に採用され成功しているとされている。また、既に 2.5.1 節(3) で紹介したが、後者の例ではアメリカスカップ 12 m 級ヨットのオーストラリア艇にウィングレット付フィンキールが用いられ、不敗を誇ったアメリカを破ったことで有名である（1983）。これは常時斜航しているヨットのキールにより生じる誘導抵抗を、ウィングレットにより低減することに成功したからであるとされている。

---

**【例題 4.1】水中翼船**

水平投影面積 $S$、アスペクト比 $\lambda$ の翼を主翼とする水中翼船の重量を $W$ とするとき、次の問いに答えよ。ただし、海水の密度を $\rho$ とし、翼特性は楕円の平板翼で近似できるものとして翼の迎角を $\alpha$ とする。

(a) 水中翼船の重量を水中翼のみにより支える（浮上航走する）ための最低速力を求めよ。
(b) そのときの推力を求めよ。ただし、摩擦抵抗や造波抵抗は無視できるものと仮定してよい。

**【解答例】**

(a) (4.16), (4.18) 式を利用して、重量と揚力を $W=L$ と等値すると

$$U = \sqrt{(\lambda+2)W/\pi\rho S\lambda\alpha}$$

が得られる。

(b) (4.18), (4.19) 式を利用して、推力と誘導抵抗を $T=D$ と等値し、(a) の結果を用いると

$$T = 2\alpha W/(\lambda+2)$$

が得られる。

---

## 4.1.2 副部に働く粘性抵抗

ここでは、副部に働く粘性抵抗について解説する。個々の副部抵抗については巻末に示されて

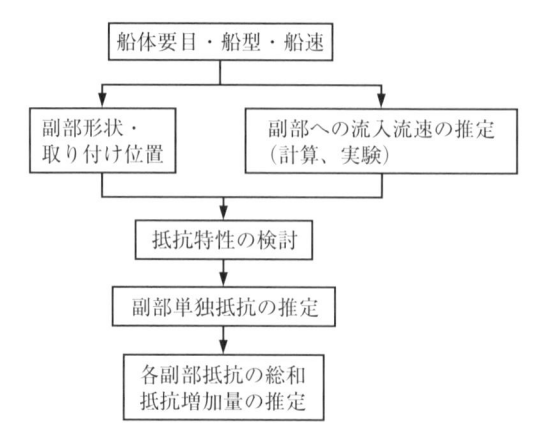

**図 4.7 副部抵抗推定手順**

いる推進性能関係のシンポジウム、日本造船研究協会の報告書、あるいは便覧等の文献に実験式や経験式、あるいは図表が発表されているので、ここでは基礎的な考え方について解説する。

これらの副部抵抗による模型船もしくは実船の抵抗増加量は概ね図 4.7 のような手順により推定されるが、副部の形状特性や流入流速によって抵抗特性が異なってくる。また、副部抵抗を推定するために抵抗試験を行う場合には、副部の寸法が小さいためレイノルズ数が低くなり、副部模型まわりの流れが層流域に入る可能性があるので、副部に乱流促進装置を設ける等の注意が必要である。以下では、副部の形状特性の違いに基づいて解説するものとし、部材形状を主に円断面部材・肥型断面部材と流線型部材に分けて解説し、さらに開口部・凹部の扱いについても簡単に解説を加える。なお、本節でも抵抗の記号として $D$ を用いる。

(1) 円断面部材、肥型断面部材

ここでは、2 次元的な断面形状を持つ部材のうち、円断面部材に働く粘性圧力抵抗について解説する。円断面ではない肥型断面形状の物体についても同様な抵抗特性となるので、以下の考え方を援用することができる。

一定速度で前進する円柱まわりの圧力分布は図 4.8 のようになる。完全流体の場合には圧力分布が前後対称であり、ダランベールの背理により物体には抵抗が働かないが、実験結果や粘性を考慮した理論計算の結果では圧力分布が前後非対称になり、前面と背面に大きな圧力差ができて物体に圧力抵抗が働く。流体を完全流体とした場合にはベルヌーイの定理が成立し、物体の前端の流速 $q=0$ となる岐点では圧力が $p-p_0=1/2 \cdot \rho U^2$ となる。【Note 1.2】に示したように圧力 $p-p_0$ を岐点圧で無次元化した

$$C_p = \frac{p-p_0}{\frac{1}{2}\rho U^2} \tag{4.20}$$

を圧力係数と呼ぶ。一方、物体下流表面における圧力 $p_b$ を背圧（back pressure）といい、

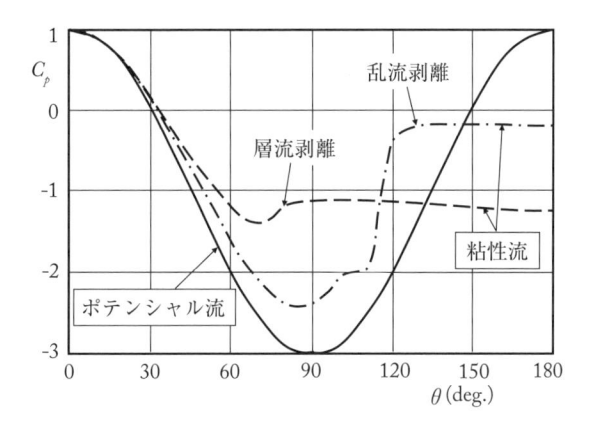

**図 4.8　円柱まわりの圧力分布**

$$C_{pb} = \frac{p_b - p_0}{\frac{1}{2}\rho U^2} \tag{4.21}$$

を背圧係数と呼び、粘性流体中では背圧係数が物体後端で1まで回復しない。極端な場合として、流れに垂直においた2次元平板を考えたとき、抵抗係数は約 2.0 であるが、このうち前面の寄与は 0.8 程度であるのに対し、背圧係数は $-1.2$ でその符号を変えたものが背面の寄与に相当するから、抵抗係数の約 60% が低い背圧に起因することがわかる。円柱の場合にも同様な理由により粘性圧力抵抗が生じることがわかる。

円柱の抵抗係数 $C_D = D/(1/2 \cdot \rho U^2 d)$、ただし $d$ は円柱直径、は図 4.9 のような特性を示す。これによると、レイノルズ数 $R_n = Ud/\nu$ に対して、$R_n < 10^3$ ではレイノルズ数の増加とともに抵抗係数は減少し、$10^3 < R_n < 2 \times 10^5$ では抵抗係数が 1.0〜1.2 のほぼ一定値になる。ところがレイノルズ数が $2 \times 10^5$〜$5 \times 10^5$ で抵抗係数は突然 0.3 程度まで低下し、これ以上のレイノルズ数ではやや上昇してまたほぼ一定値を示すようになる。この突然の変化は円柱の境界層の性質が変化することに関連していることが確かめられている。すなわちレイノルズ数がある値以下では境界層は層流であるが、この臨界値を越えると流れは乱流に遷移する。剥離点前方の境界層が乱流になると剥離点は図 4.8 のように層流の場合よりも後方に移動し、従って、死水領域が減少す

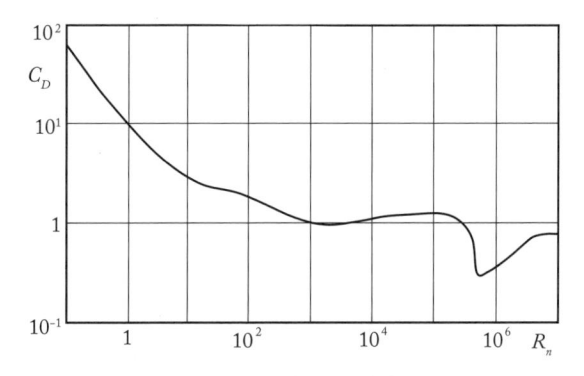

**図 4.9　円柱の抵抗係数**

るので抵抗が減少することになる。抵抗が急激に変化する臨界レイノルズ数は、境界層の遷移（transition）に対応していて、これは表面の粗さ、流れの中における乱れの程度によって変化する。レイノルズ数が臨界値よりも十分大きい場合には、生成された渦は粘性の影響をほとんど受けず抵抗係数はほぼ一定となる。実船のまわりの流れは乱流であるから、副部を構成する円断面部材や肥型断面部材の抵抗係数は一定とみなしてよい。簡単な物体に関しては多くの抵抗測定結果があり、それらを整理した結果が便覧等に公表されているので、その抵抗係数を利用することもできる。ただし利用する場合には、臨界レイノルズ数とその抵抗係数がどのレイノルズ数範囲に対する値であるかについて注意を払う必要がある。

(2) 流線型断面部材、流線型軸対称部材

ここでは、流れは乱流として、2次元的な流線型断面を持つ部材および流線型軸対称部材に働く形状抵抗について解説する。省エネデバイス、フィンスタビライザ、水中翼等は2次元的な流線型あるいは翼型断面を持つ部材で構成され、これらが装着される局所的な流れに対して迎角を有する場合には、以下の形状抵抗の他に4.1.1節で述べた誘導抵抗が働く。

流線型物体の粘性抵抗については、ヘルナー（Hoerner, 1958）により次の実験式が与えられている。まず、2次元柱体の場合には

$$C_D = \frac{D}{\frac{1}{2}\rho U^2 t} = 2\left\{\frac{c}{t} + n + 60\left(\frac{t}{c}\right)^3\right\}C_f \tag{4.22}$$

となる。ただし、$c$ はコード長であり、$n$ は最大厚さ $t$ が前縁から $0.3c$ 付近にある普通の形状については $n=2.0$、最大厚さが $0.35 \sim 0.40c$ にある層流翼型については $n=1.2$ である。右辺第1、2項が摩擦抵抗を、第3項が圧力抵抗を示し、(2.45)式の形状影響係数 $r=1+K$ が幾何学的な形状パラメータの関数として与えられた形になっていて、2.3節で解説した形状影響係数の考え方によって粘性抵抗が表現されている。

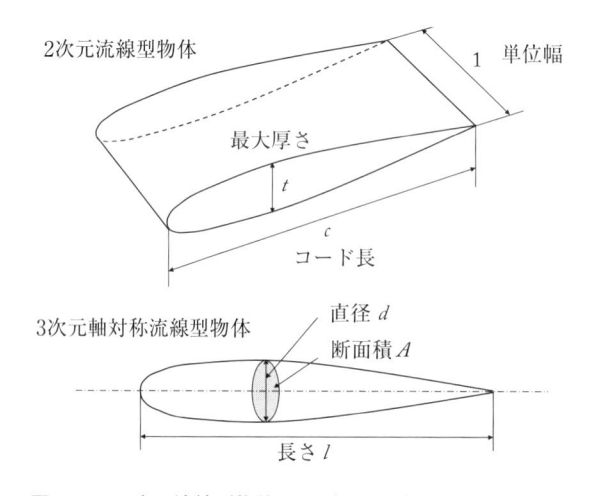

**図4.10　2次元流線型物体および3次元軸対称流線型物体**

次に、3次元軸対称流線型物体（紡錘型物体）の場合には、$A$ を最大横断面積として

$$C_D = \frac{D}{\frac{1}{2}\rho U^2 A} = \left\{3\frac{l}{d} + 4.5\left(\frac{d}{l}\right)^{\frac{1}{2}} + 21\left(\frac{d}{l}\right)^2\right\}C_f \tag{4.23}$$

のように与えられている。ここで（4.22）および（4.23）式のいずれの場合にも、平板の摩擦抵抗係数 $C_f$ として表2.1のプラントル・シュリヒティングの公式を用いる。

【例題 4.2】流線型断面部材と円型断面部材の抵抗の比較 ─────────────

　流線型部材に働く抵抗と等しい抵抗の円型断面部材の大きさを次の条件の下で推定せよ。部材は2次元的な形状で抵抗は単位幅あたりで考えることとし、流線型部材の形状を $t/c=0.20$、流線型部材のコード長に基づくレイノルズ数 $R_n$ を $10^6 \sim 10^7$ とする。また、円柱の抵抗係数を1.0と仮定する。なお、有効数字は2桁でよい。

【解答例】
　流線型部材の抵抗係数の推定に（4.22）式を用いると抵抗は

$$D = \rho U^2 t\left\{\frac{c}{t} + n + 60\left(\frac{t}{c}\right)^3\right\}C_f$$

と表される。一方、円型断面部材の抵抗は円柱の抵抗係数を1.0としてよいので

$$D = 0.5\rho U^2 d$$

となる。両者を等値して $d$ の推定式を求めると次式のようになる。

$$d = 2\left\{\frac{c}{t} + n + 60\left(\frac{t}{c}\right)^3\right\}C_f t$$

流線型部材を普通の形状と仮定して $n=2.0$ とし、条件 $t/c=0.20$ を代入する。さらに、表2.1のプラントル・シュリヒティングの公式により $C_f$ を求め、$d$ を推定すると

$$R_n = 10^6 \text{ のとき } d = 0.033t$$
$$R_n = 10^7 \text{ のとき } d = 0.022t$$

となる。すなわち、円型部材の直径が流線型部材の厚みの高々2〜3パーセント程度でも抵抗が同程度になる。従って、副部についての流体力学的形状設計も重要な課題となる。

## (3) 開口部・凹部の扱い

船体表面には船体外の付加物だけではなく、スラスター、シーチェスト等の開口部あるいは凹部を設けることが必要になることも多い。一般に、これらの開口部あるいは凹部によっても抵抗は増加する。

開口部や凹部の副部抵抗についても、ヘルナー（1958）による円形開口部や矩形溝形状の検討例がある。例えば、図4.11のような深い溝形状と浅い溝形状について抵抗係数を調べたところ、次のようなことが分かった。まず、深い溝形状の場合には、$eb$ を基準面積とした抵抗係数は $h/e$ の増加とともに増加し、ほぼ0.25程度で最大となるが、その後減少しほぼ1以上で一定値となる。一方、浅い溝形状の場合には、$hb$ を基準面積とした抵抗係数は $e/h$ の増加とともに線形的に増加し、ほぼ0.8以上で一定値となる。複雑な開口部や凹部の場合には、実験やCFD計算によって抵抗を推定する必要がある。

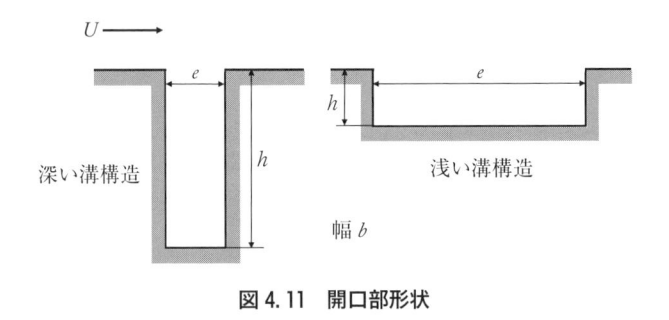

**図4.11　開口部形状**

## 4.2　空気抵抗

船体の上部構造物を含む浮体の水面上の部分には空気の粘性に基づく粘性抵抗が働いている。これを水抵抗に対して空気抵抗（air resistance）と呼ぶ。

進行する浮体が受ける空気抵抗は摩擦抵抗と粘性圧力抵抗の和と考えられるが、空気の摩擦抵抗は水抵抗に比べて無視し得るほど小さいので、粘性圧力抵抗が支配的であり、特に水面上の形の悪い部分の渦発生による渦抵抗のみが問題になる。船舶の場合には空気のレイノルズ数が非常に大きくかつ気流が最初から乱れている乱流であるから、前節で述べたように抵抗係数はレイノルズ数にほとんど無関係と考えてよい。空気抵抗の測定は主として水面上部の模型を用いた風洞試験により行なわれるが、水抵抗に比べて空気抵抗の割合が普通は極めて低く、あまり重要視されないため実施例も少ない。ただし、自動車運搬船やLNG船のように水面上の構造物の大きな船型については、空気抵抗を無視できない場合もあるので、風洞試験が実施される。風洞試験では、構造物まわりの流れが層流剥離と乱流剥離では抵抗係数が違ってくるので、乱流域で実施するか、乱流促進を利用して実施する必要がある。

空気抵抗係数は相対風向によって大きく異なり、正面より風を受けた場合が最も重要である。一般に、水面上の船体が受ける空気抵抗は以下のように解析することができる。抵抗成分としては空気による粘性圧力抵抗と考え、抵抗係数を次のように定義する。

$$R = \frac{1}{2}\rho V_R^2 A k(\theta) C \tag{4.24}$$

ただし、$\rho$ は空気の密度、$V_R$ は相対風速、$A$ は水面上船体の正面投影面積、$k(\theta)$ は風向影響係数、$C$ は正面風圧抵抗係数である。なお、$V_R$ は $U$ を風速、$V$ を船速、$\chi$ を船首方向と風向のなす角度として

$$V_R = \sqrt{U^2 + V^2 - 2UV\cos\chi} \tag{4.25}$$

で与えられる。また、相対風向 $\theta$ は

$$\theta = \tan^{-1}\frac{\sin\chi}{V/U - \cos\chi} \tag{4.26}$$

で与えられる。風向影響係数 $k(\theta)$ は船型によって異なり、正面風圧抵抗係数や風向影響係数については、便覧等に公表されている例がある。空気抵抗はブリッジを含む水面上船体の正面投影面積でほぼ決まってしまうが、甲板上の上部構造物としてこの他にも多数の艤装部材があるので、正確にはこのような部材にも空気抵抗が働く。このような部材に働く空気抵抗は一般に小さいので無視できるが、部材が大きい場合には考慮する必要がある。上部構造物に関する抵抗係数については、前節の副部抵抗の考え方を援用することができる。

## 4.3 波浪中抵抗増加

波のない平水面上を船体が進行する場合の流体抵抗は、以上の抵抗成分で構成される。しかし、船舶は通常、波のある海洋を航行し、かなりの荒天中を航行する場合もある。そのような場合には流体抵抗として波浪による抵抗の増加分を加味する必要がある。

波浪中で抵抗が増加することは古くから知られていたが、抵抗増加に関する理論については1950年代に研究が行われた。平水中の場合と同様に波浪中を進行する浮体についてエネルギー保存則を適用すると、浮体の前進運動による造波、浮体の動揺による造波、および浮体表面での波の反射・回折によって、エネルギーが運び去られることがわかる。このうち最初の要因によって生じる抵抗は平水中の造波抵抗と同じであり、後者の2つの要因による抵抗が波浪中抵抗増加の原因になっている。すなわち波浪中抵抗増加は造波抵抗の増加と考えられる。波浪中の浮体の運動は動揺の固有周期（natural period）と波との出会い周期（period of encounter）に支配されるが、船体動揺のうち縦揺れ（pitching）や上下揺れ（heaving）の縦運動が抵抗増加に最も大きな影響を与えることが知られている。

規則波中の船体運動に伴う船より遠方の波は、図3.1に示すように平水中と同様に種々の $\theta$ 方向に進む素成波の重ね合わせで表現できる。平水中の場合には素成波の波数が(3.8)式のように $\theta$ に対して一意に定まったが、波浪中では一般に各方向 $\theta$ に対して2種類の波数 $k_1$ および $k_2$ の波があり、その振幅を $H(k_1, \theta)$ および $H(k_2, \theta)$ とすれば、これらは船型、船速、入射波の波

長と方向、船の運動状態の関数になる。丸尾の公式（1957）による波浪中抵抗増加の式は、平水中の造波抵抗（3.37）式よりも複雑になるが、抵抗増加の大きさは振幅の2乗に比例し、平水中の造波抵抗と同様な結果になっている。

波浪中抵抗増加を $\Delta R$ と書き、入射波の振幅を $a$ として抵抗増加係数（added resistance coefficient）を $\Delta R/\rho g a^2(B^2/L)$ と定義すると、これはフルード数 $F_n$ および波長船長比 $\lambda/L$ の関数で表され、向かい波中では $\lambda/L$ が 1.0〜1.2 のときに最大になる。また、その最大値は船速が高いほど大きい。丸尾の公式に基づいた計算結果によると次のような性質があることが分かった。

・波による抵抗増加は線形近似の範囲では平水中の抵抗とは無関係になる。
・動揺振幅が波高に比例すると考えれば抵抗増加量は波高の2乗に比例する。
・抵抗増加は縦揺れの影響が支配的である。
・肥大船を除き船体による波の反射の直接的影響は比較的小さい。
・抵抗増加が最大となるのは同調率が1になるときとは一致せず、動揺周期の速度よりやや高速で生じる。
・抵抗増加は波長が船長よりやや大きいときに最大となる。
・最大の抵抗増加は正面向かい波のときに生じるのではなく、斜め前方からの波のときに生じる。
・船体の縦慣動半径（radius of gyration）を変えると抵抗増加も変化するが、一般にこれが小さい方が抵抗増加も小さい。

丸尾の公式については、その後多くの研究者が検討を行っているが、計算結果と実験値との最も顕著な差は、肥大船が短波長域を進行する場合に生じる。すなわち、肥大船の場合には $\lambda/L$ が 1.0 以下になると実験値との差が徐々に大きくなることが知られており、この原因は肥大船の船首船体表面の波の反射によるものと考えられている。このような波浪中抵抗増加の成分の推定法について、藤井・高橋（1975）は半実験式を提案した。藤井・高橋の式は波の入射方向と船体表面の接線とのなす角度の関数で表わされ、船首の肥大度が大きいほど波の反射による抵抗増加が大きくなる。

## 4.4 浅水影響・制限水路影響

以上では、船体は水深に制限がなくかつ無限に広い自由表面上を進行すると考えてきたが、港湾等の陸に近い水域では水深が制限されており、さらに河川や運河を航行するときには水深だけではなく水路の幅も制限されている。水深の浅いところを航行する船舶に働く抵抗が水深の深い場合に一致しないということは古くから知られており、これを浅水影響（shallow water effect）という。これに水路の幅が有限な影響すなわち側壁影響（wall effect）が加わったものを制限水路影響（restricted water effect）と呼ぶ。

実船の船体に加わる全抵抗 $R_t$ は、抵抗係数を $C_t$ とすると、前章までの解説に基づいて次のように書ける。

## 4.4 浅水影響・制限水路影響

$$R_t = \frac{1}{2}\rho U^2 S C_t = \frac{1}{2}\rho U^2 S\{(1+K)C_f + \Delta C_f + C_w\} \tag{4.27}$$

浅水域を航行する場合、浅水影響は3つの現象に分けて考えることができ、(4.27) 式の各項に次のような影響を及ぼす。

①船体と水底との距離が狭くなったために水流が制限されて、船体との平均相対流速が無限水深の場合より大きくなる。これにより (4.27) 式の流速 $U$ が増加するため抵抗が増加する。
②船底下方の流速が大きくなるため圧力の低下を生じ、このために船体が沈下する。これにより (4.27) 式の浸水面積 $S$ が増加し抵抗が増加する。また、沈下のために水面下の形状が若干変化したことになるので、形状影響係数 $K$ も変化する。
③造波現象が深水の場合と異なり、いわゆる浅水波 (shallow water wave) ができることから造波特性が変化し、(4.27) 式の造波抵抗係数 $C_w$ が変化する。

ここでは③の現象についてさらに考察する。まず、有限な水深 $h$ の場合の水波の波速 $c$ と波長 $\lambda$ の間には次のような関係がある。

$$c^2 = \frac{g\lambda}{2\pi}\tanh\frac{2\pi h}{\lambda} \tag{4.28}$$

ここで、波長が $\lambda \to \infty$ のとき $\tanh 2\pi h/\lambda \to 2\pi h/\lambda$ となり、水波は $c = \sqrt{gh}$ 以上の速さでは伝わることができない。しかも、この波速の場合には波長が無限大となり、いわゆる孤立波 (solitary wave) となることがわかる。従って、前進速度 $U$ で進行する浮体によって造られる波系を構成する $\theta$ 方向に伝わる素成波の波速は、図3.1を参照して考えると

$$U\cos\theta = \sqrt{gh} \tag{4.29}$$

に達すると孤立波となり、これ以上の速度では波はなくなる。このため浮体の前進速度がこの速度に近づくと横波の波長が無限大になり、波高も大きくなって造波抵抗が非常に大きくなる。この速度を越えると横波は消滅して拡散波のみとなり、図4.13のように深水の場合の波系であるケルビン波とは様相が非常に異なってくる。

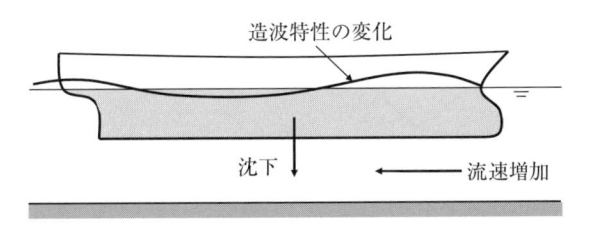

**図 4.12 浅水影響**

深水の場合（ケルビン波）　　　　浅水の場合

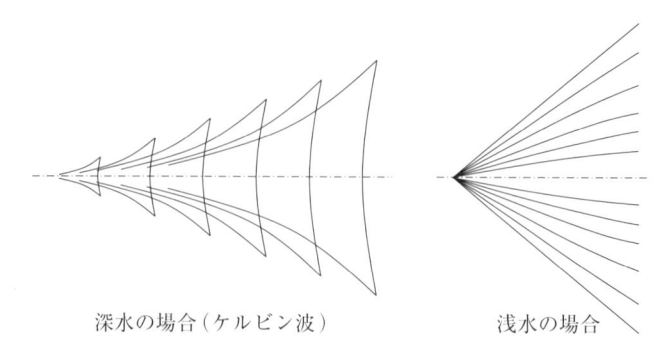

**図 4.13　進行浮体による深水波と浅水波**

　浅水域では以上のように造波特性が変化し、船舶の曳き波の影響が顕著になってくるので注意する必要がある。一般に、水深に基づくフルード数

$$F_h = \frac{U}{\sqrt{gh}} \tag{4.30}$$

が 0.6〜0.7 になると浅水影響が出始めるとされており、$F_h < 1.0$ の速度範囲を subcritical zone、$F_h \approx 1.0$ に相当する船速を critical speed、$F_h > 1.0$ の速度範囲を supercritical zone と呼ぶことがある。ケルビン波の波頂角は subcritical zone の速度範囲で次第に大きくなっていき、線形理論によれば critical speed でこれが 90 度、すなわち真横方向になる。曳き波の波高が最大となるのはフルード数 $F_h$ が 0.9〜1.0 付近であるため、この速度範囲で航行するのは避ける必要がある。さらに速度の高い supercritical zone では、図 4.13 のように横波は存在せず、拡散波のみとなる。

　浅水影響による造波抵抗係数の変化は船型によって傾向が異なり、簡単に推定することは困難であるが、船長 $L$ に基づく通常のフルード数 $F_n = U/\sqrt{gL}$ をベースとしてその曲線の変化をみると、一般に、水深 $h$ と吃水 $d$ との比 $h/d$ が低いほどラストハンプがフルード数 $F_n$ の低い方に移動し、かつ高い値を示すようになる。

　次に制限水路影響について解説する。まず、側壁影響は主として浮体の造る波が側壁に反射す

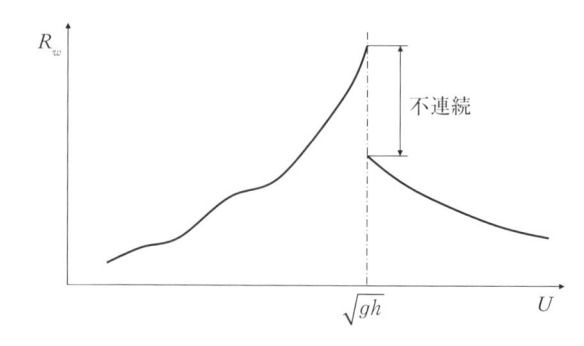

**図 4.14　制限水路影響による造波特性**

## 4.4 浅水影響・制限水路影響

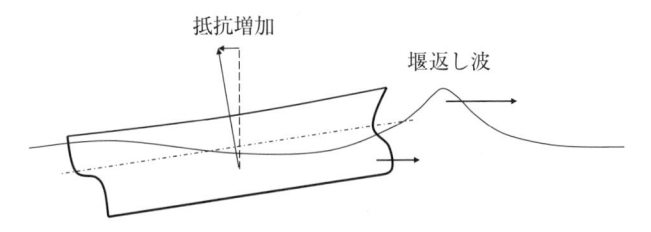

**図 4.15 堰返し波による抵抗増加**

ることによって造波抵抗が変化するという形で現われる。これに上記の浅水影響が加わると制限水路影響となり、特に浮体の前進速度 $U$ が孤立波の速度 $c=\sqrt{gh}$ 付近、すなわち critical speed 付近で、特異の現象が起こる。浮体の前進速度がこの速度に達したとき、造波抵抗は図4.14 のように著しく大きくなるが、この速度を越えると不連続的に減少する。また、この速度を中心とするある速度範囲で流体の一部が堰返され、浮体の前進速度よりも速い速度で前方に伝わっていく現象がみられる。前方に伝わる波動を堰返し波（stagnation wave）、あるいは数理分野ではソリトン（soliton）と呼ぶ。このような波が起こると船体には大きい船尾トリムが生じ、図4.15 のように抵抗が著しく増加する。また、このような速度範囲より低い速度でも、水路の断面積が浮体の通過によって狭められるために、相対流速が増加する影響が現われ、これによっても流体抵抗は増加する。このような影響を blockage effect と呼ぶ。

# 第5章　推進器の基礎

推進装置（以下、推進器と呼ぶ）とは、船体に働く抵抗と逆方向に推力を発生させ、船を前進させる装置を意味し、推進法とはそこで生じる物理現象を体系づけて説明することに他ならない。推進法は広い意味では、推進の主役となる推進器と舵を含む船体との干渉も含まれ、本章では主にプロペラ理論とその応用について解説し、船体・プロペラ・舵を含む干渉問題と推進効率については第7章で解説する。

## 5.1　推進器の種類

推進器と呼べるものにはいろいろな種類の装置がある。推進器の最大の特徴は、流体を蹴りだしてその反動で推進力を得るという点にあり、その蹴りだし力をどのように発生せしめるかという点で推進器の種類が異なってくる。

例えば、和船の櫓（図5.1）と、近代船のスクリュープロペラ（図5.2）は、全く外見が異なるが、どちらも揚力を利用している点で同じメカニズムの推進法といえる。違いは揚力を発生させる翼の形とその動き方が異なるだけである。すなわち、スクリュープロペラは推進方向と一致した軸を中心に翼を回転させて揚力を発生しているのに対して、櫓は推進する方向とほぼ直角の方向に翼を8の字を描くように往復運動させながら揚力を発生させている。櫓の場合、往復運動になるため、形状を維持したままでは揚力が逆方向に発生する。そのため、漕ぎ手が微妙にその迎角を変えている。熟練者と初心者で技量が大きく異なるのも、この迎角の調整が難しいためであると考えられる。

このように、推進器と揚力は切っても切れない関係があり、推進器の理論の根幹をなしているのは揚力に関する理論である。そのような推進器の理論については、5.2節以降で詳細に説明することにして、まずは例外的な推進器について紹介する。

その中で最も代表的なものはジェット推進である。ジェット推進は、取り込んだ流体を何らかの方法で噴射して進むもので、分かりやすい推進法である。例えば、図5.3に示されるウォータージェット推進は流体を取り込む入口（インテイク）とその吐き出し口（ノズル）を見ると確

**図 5.1　櫓が発生する揚力と推力**　　　　**図 5.2　スクリュープロペラの揚力と推力**

**図 5.3　ウォータージェット推進**（Hamilton 社 HP より）

かにジェット推進であるが、管路の中で流体に運動を与えるためにインペラとステータから構成されるポンプを用いている。

　生物の中にもジェット推進を利用しているものがある。良く知られたイカの推進であり、イカは口から取り込んだ海水を、漏斗と呼ばれる排出孔から吐き出して推進する。しかしながら、瞬発性はあるがどう見ても効率的とは言えない。生物が使用するジェット推進からもわかるように、ジェット推進は瞬間的に高速が欲しい場合の推進法ともいえる。なお、船舶にジェットを利用して推進する先端的な試みにいわゆるフレミングの法則を利用し流体を加速して進む電磁推進がある。

　次にヒレ推進について紹介する。これも生物が良く利用する方法であるが、ヒレ推進は、ジェット推進と揚力を利用した推進の中間的な方法とも言える。ヒレの作動が前進速度にくらべて十分速い場合、揚力はほとんど発生せず、抗力によって流体に前進方向と逆方向の運動エネルギーを与え、その反動で推進力を得ているが、逆にヒレの運動が流体の速度より十分に遅い場合にはヒレは翼のように揚力を発生するようになる。マグロ等の高速遊泳魚は、まさにこの場合である。また、外輪船で用いるパドル推進は、前者の場合のヒレが往復運動しないで無限につながった場合と考えることができる。揚力を利用する推進器の分類を考えたとき、翼の動き方という視点で分けてみると表5.1のように推進器を分類することができる。

**表 5.1　翼の動き方による推進装置の分類**

| 翼の動き方 | 推進装置の例 |
| --- | --- |
| 推進方向を軸とした回転 | スクリュープロペラ<br>アルキメディアンスクリュー |
| 推進方向と直角な軸に対する回転 | フォイトシュナイダープロペラ<br>パドル推進 |
| 推進方向と直角な方向の往復運動 | 魚のヒレ、オール（片方向） |
| ほぼ推進方向の軸に対する八の字運動 | 和船の櫓・櫂 |

## 5.2 推進器の理論

推進理論は、スクリュープロペラを対象にして発展してきた。それらの理論は、大別して次の3種類に分類できる。すなわち (1) 運動量理論、(2) 翼素理論、(3) 渦理論である。また、最近では、ナビエ・ストークス方程式に基づく数値計算法（CFD）も開発されているが、ここでは基本的な観点から渦理論までを解説する。

スクリュープロペラ（以降、プロペラと呼ぶ）(screw propeller) は、推進方式として最も進歩した推進器であり、実在する船舶のほとんどがプロペラを装備している。典型的なプロペラの幾何形状とそれぞれの部分名称を図5.4に示す。プロペラは、揚力を推力に変換するプロペラ翼（以降、翼と呼ぶ）(blade) と、その羽根に回転力を与えるとともに推力を軸に伝えるプロペラボス（以降、ボスと呼ぶ）(boss) からなる。プロペラには、通常3枚から6枚の複数の回転翼が使われ、翼はある程度の面積を持つ。これは、翼表面の低圧環境で発生するキャビテーションの抑制を考慮しているからである。キャビテーションについては次の6章で詳しく解説する。

プロペラの翼面については、前進している船の後ろから見える面を正面（正圧面、圧力面）と呼び、その反対側の面を背面（負圧面）と呼んでいる。また、翼が回転しているとき流体を切る前側を前縁（leading edge）と呼び、後側を後縁（trailing edge）と呼ぶ。プロペラの翼面をネジに見立て、プロペラが1回転する間に前進する距離をピッチ（pitch）と呼ぶが、翼の付け根のボスから翼の先端であるチップにわたってピッチが一定ではなく、半径方向に変化するプロペラが一般的である。古くは製造上の理由から圧力面が平坦であったため、この圧力面をもってピッチ面としてきた歴史があり、後述するMAU型プロペラはその一例である。ピッチには2種類の定義があり、圧力面が平坦なプロペラに適用されるフェイスピッチと、前縁と後縁を結んだ直線（ノーズテールライン）を用いたノーズテールピッチである。各回転翼は一般の翼型と同様に翼断面の中心線が反っており、これをキャンバー（camber）と呼ぶ。プロペラの設計においては、翼の展開面形状だけではなく、ピッチ分布やキャンバー分布も重要になる。なお、圧力面が真の螺旋面の場合には中心軸に直角となるが、一般にはこれが傾斜しておりレーキ（rake）

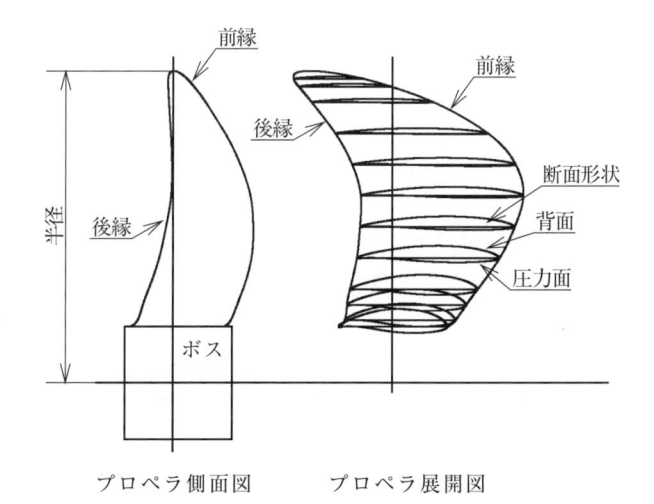

**図5.4 プロペラ形状とその名称**

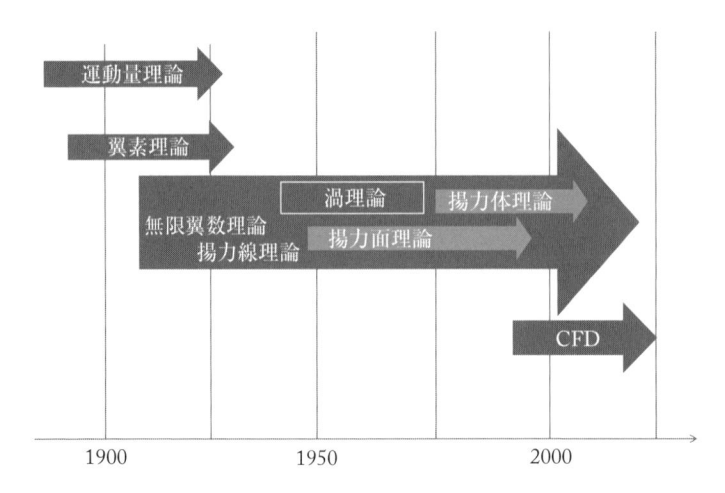

図 5.5　プロペラ理論の発展

を持つという。さらに翼弦の中央を結んだ中心線をスキューラインと呼ぶが、このラインと基線（ジェネレーターライン）との距離や角度をスキュー（skew）と呼び、これが大きいと図 5.4 のように翼が後方へなびいたようになり、振動や騒音の防止に効果がある。

　次に、プロペラの理論の発展について概説する。プロペラ理論は概ね図 5.5 に示すような発展を遂げている。図 5.5 からわかるように、プロペラの理論は運動量理論から始まり、ごく短い間、翼素理論が出現したが、その後は渦理論を中心に実用的な理論にまで成熟してきた。渦理論は、まず無限翼数理論が現れるが、すぐに揚力線理論が主流となりはじめ、理論を用いたプロペラのピッチ分布や最大キャンバー分布等の設計が初めて可能となった。その意味で揚力線理論の出現はプロペラ設計において重要な意味を持つ。最近では渦格子法等に展開できる揚力面理論がもっぱら利用されているが、揚力面理論によってプロペラの断面形状まで含めた最適な 3 次元形状を決定するには至ってはおらず、設計されたプロペラの形状を与えてプロペラ性能やキャビテーション性能を分析し改良を加えるといった利用法が多いようである。

### 5.2.1　運動量理論

　図 5.6 はプロペラが単独で作動しているときの流体の速度と圧力を示したものである。プロペラに近づいた流体は、その作動円板とも呼ぶべき空間を通り過ぎ加速される。このとき、流体はプロペラから運動量をもらう。ここで運動量と力および速度の間には、運動量 $= MV$、力 $= M\partial V/\partial t$ の関係がある。ここで $M$ は質量、$V$ は速度、$t$ は時間を表す。すなわち、運動量の時間微分が力となる。圧力を $p$ と表しプロペラを通過する流管にこの関係を適用したのが、プロペラの運動量理論である。

　運動量理論では、流場全体での密度 $\rho$ が変わらないとし、プロペラ面を通過する流管に対して、プロペラ面（プロペラ円盤 propeller disc）の上流側と下流側のそれぞれの領域でベルヌーイの定理を適用すると、

## 5.2 推進器の理論

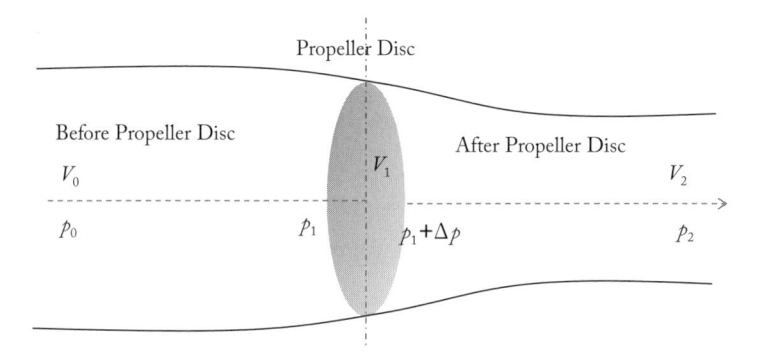

**図 5.6 プロペラまわりの速度と圧力**

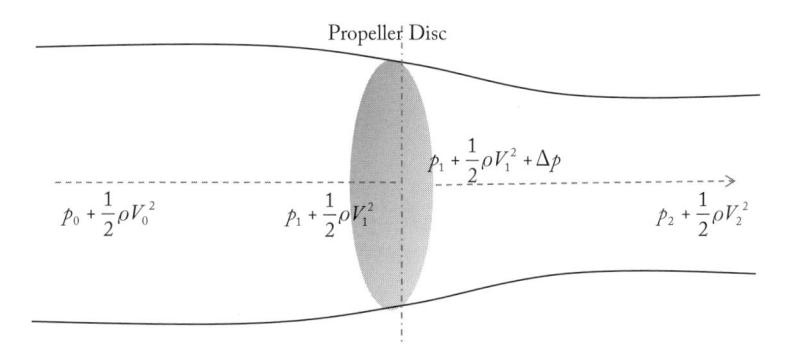

**図 5.7 ベルヌーイの定理の適用**

プロペラ円盤前方　　$p_0 + \dfrac{1}{2}\rho V_0^2 = p_1 + \dfrac{1}{2}\rho V_1^2$ (5.1)

プロペラ円盤後方　　$p_1 + \dfrac{1}{2}\rho V_1^2 + \Delta p = p_2 + \dfrac{1}{2}\rho V_2^2$ (5.2)

と表され，(5.1), (5.2) 式から次の関係が得られる．

$$p_0 + \dfrac{1}{2}\rho V_0^2 + \Delta p = p_2 + \dfrac{1}{2}\rho V_2^2 \tag{5.3}$$

一方，プロペラで発生している推力 $T$ とプロペラ面での圧力差 $\Delta p$ の関係は

$$T = \Delta p S_P \tag{5.4}$$

で表される．ここで，$S_P$ はプロペラ円盤の面積である．また，速度との関係は先の運動量の微分を用いて

$$T = \rho V_1 S_P (V_2 - V_0) \tag{5.5}$$

で与えられる。よって、(5.3), (5.4), (5.5) 式および無限前方と後方の圧力が等しいと仮定すると、運動量理論によって導き出される最も重要な定理

$$V_1 - V_0 = \frac{1}{2}(V_2 - V_0) \tag{5.6}$$

が得られることになる。これは、無限後方における流体速度 $V_2$ と無限前方における流体速度 $V_0$ の差、すなわちプロペラによって加速される速度は、プロペラ面においてはそのちょうど半分だけ加速されるということを示している。

次に、この定理に基づいてプロペラの効率等を求めることができることを示す。プロペラの効率は、流体から得た仕事に対するプロペラが行った仕事との比である。すなわち

$$\eta_{Pi} = \frac{TV_0}{TV_1} = \frac{V_0}{V_0 + \frac{1}{2}(V_2 - V_0)} = \frac{1}{1 + \frac{1}{2}u} \tag{5.7}$$

ここで、$u$ は加速係数であり $(V_2 - V_0)/V_0$ で与えられる。この場合の効率は、流体が粘性影響もなく、また流体に回転も与えないということから考えられる最大の効率を意味することから理想効率と呼ばれる。さらに、推力（スラスト）係数を

$$C_T = \frac{T}{\frac{1}{2}\rho V_0^2 S_P} = \frac{\rho V_1 (V_2 - V_0) S_P}{\frac{1}{2}\rho V_0^2 S_P} = u(2+u) \tag{5.8}$$

のように表すと、(5.7), (5.8) 式から $u$ を消去して、理想効率と推力係数 $C_T$ との関係は次のように表わされる。

$$\eta_{Pi} = \frac{2}{1 + \sqrt{1 + C_T}} \tag{5.9}$$

以上のように、運動量理論はプロペラの形状および流場や圧力場の不均一さ等を無視した大胆な理論ではあるが、プロペラの基本的な特性を表す理論であると考えることができる。この運動量理論を用いて実際に実用化されているプロペラの特性を調べると、興味深い事実が見えてくる。プロペラの性能予測のためにプロペラ形状を表すパラメータを種々に変更して性能試験が行われ、その結果が設計チャートとして整理されているが、それらのうち運輸技術研究所（現在の海上技術安全研究所）で作成された MAU プロペラ設計チャートを取り上げ、MAU プロペラの性能を運動量理論から考察してみる。

MAU プロペラの単独試験結果は表 5.2 に示す条件で実施され整理されている。主要なパラ

表 5.2　MAU シリーズの系統的試験

| 翼数 $Z$ | 3翼 | 4翼 | 5翼 | 6翼 |
|---|---|---|---|---|
| 展開面積比 EAR | 0.30, 0.50 | 0.40, 0.55, 0.60 | 0.50, 0.65, 0.80 | 0.55, 0.70, 0.85 |
| ピッチ比 $P/D$ | 0.4〜1.2 | 0.5〜1.6 | 0.4〜1.6 | 0.5〜1.5 |
| ボス比 | 0.18 ||||
| 前進係数 $J$ | 0.0〜1.0 ||||
| 翼断面 | AU | MAU | MAU | AUw |

メータは、翼数 $Z$、ピッチ比（pitch ratio）、展開面積比（expanded area ratio）EAR および前進係数（advance coefficient）$J$ の 4 種類である。ピッチ比はピッチ $P$ とプロペラ直径 $D$ との比 $P/D$、展開面積比は圧力面の面積に翼数をかけた展開面積とプロペラ円盤面積との比であり、さらに、前進係数は後で示す（5.10）式で定義されている。なお、ボス比はボス直径とプロペラ直径との比である。まず、全てのプロペラがたった 4 つのパラメータで整理できることが重要な意味をもつ。これらのうち、ピッチ比と前進係数 $J$ は、その揚力に対して最も影響を与える翼の迎角と同じ意味を持つ重要なパラメータである。

　運動量理論で得られた理想効率が、実際のプロペラの効率をどの程度表現することができるかについて、MAU プロペラチャートで検討してみる。MAU プロペラチャートでは、プロペラ特性がそれぞれ（5.10），（5.11），（5.12）式で定義される前進係数 $J$、推力係数（thrust coefficient）$K_T$ およびトルク係数（torque coefficient）$K_Q$ で整理されている。各式で $\rho$ は流体の密度、$n$ はプロペラの毎秒回転数、$D$ はプロペラ直径、$V_a$ はプロペラの前進速度を表し、$T$ は推力（スラスト）、$Q$ はトルク（回転モーメント）である。

$$J = \frac{V_a}{nD} \tag{5.10}$$

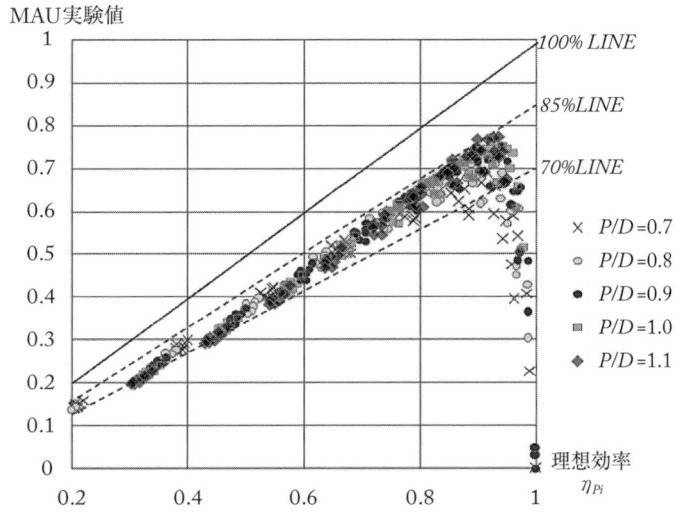

図 5.8　理想効率と MAU シリーズのプロペラ効率の実験値

$$K_T = \frac{T}{\rho n^2 D^4} \tag{5.11}$$

$$K_Q = \frac{Q}{\rho n^2 D^5} \tag{5.12}$$

　図 5.8 に理想効率と実験値の比較を示す。プロペラの最大効率は、理想効率の 70〜85% であり、運動量損失以外による損失は 15〜30% であることがわかる。実際の船舶に使用されるプロペラの作動点では理想効率が 75〜80% になることが多く、この付近での損失は 20〜25% 程度となっていることがわかる。なお、プロペラの効率の定義については 7.1 節で、実験による求め方については 8.2 節で解説する。

　運動量理論では、流体は非粘性でありプロペラによる回転流もないと仮定されているが、実際にはプロペラのトルクは粘性のために増加し、推力は減少する。また、プロペラは流体に回転を与えるため、これも損失の一部となる。粘性の影響を調べた例を図 5.9(a), (b) に示す。

　図 5.9 は、ピッチ比を 0.8 として、展開面積比を変えて効率を比較したものであり、翼の濡れ面積と翼厚比を変えた場合の効率の変化を示している。濡れ面積と翼厚比は、直接、翼の粘性抵抗に影響するパラメータと考えられるから、これにより粘性の影響が少なくとも 7〜8% はあることがわかる。

　運動量理論によってプロペラの効率を分析したが、プロペラの効率改善を考えるとき、出発点としてどの程度の効率改善が期待できるかという期待値等は、運動量理論から導かれることが多い。ここで、運動量理論に基づいた MAU プロペラの効率推定式を紹介しておく。

$$\eta_0 = (0.187\eta_{Pi}^2 + 0.685\eta_{Pi})(0.9475 - 0.5\text{EAR}^2 + 0.325\text{EAR}) \tag{5.13}$$

(5.13) 式の計算結果を MAU プロペラの実験値（ピッチ比が 0.7 以上のデータ）と比較して図 5.10 に示す。全ての実験値をこのような簡単な式で近似できる運動量理論は簡便であり、その後にプロペラの回転による影響を考慮した改良が加えられている。

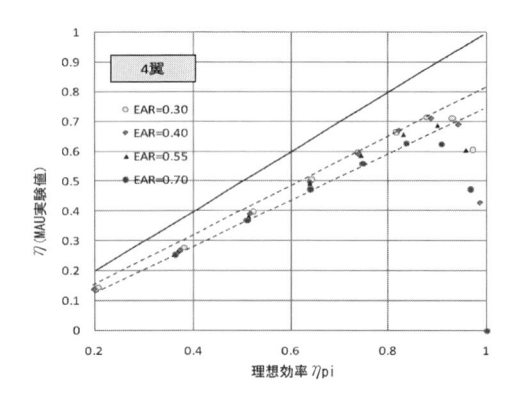

図 5.9(a)　翼面積と効率の関係（4 翼） 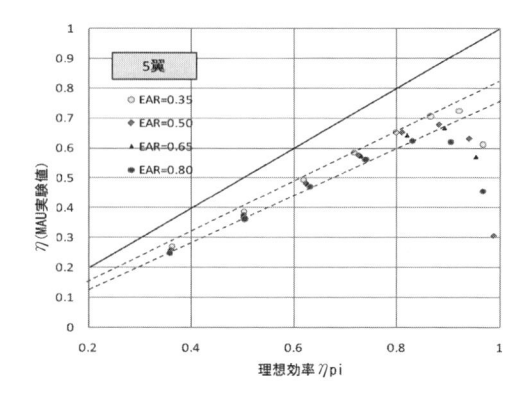　　　　図 5.9(b)　翼面積と効率の関係（5 翼）

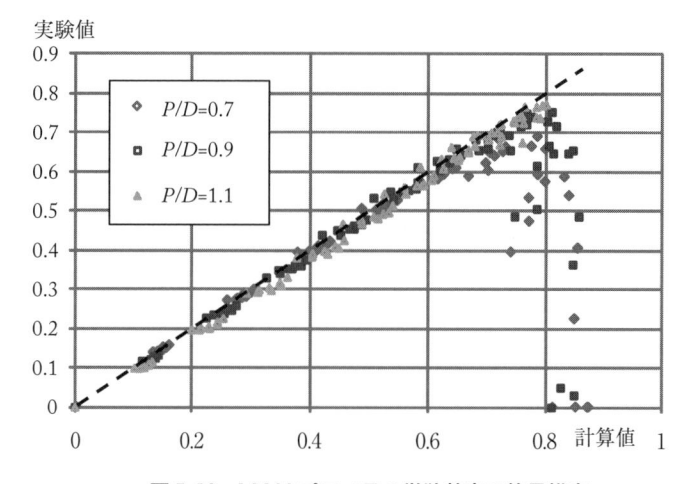

**図 5.10　MAU プロペラの単独効率の簡易推定**

### 5.2.2　翼素理論

翼素理論は、プロペラ翼を幅の狭い 2 次元翼（これを翼素と呼ぶ）の集合体と考え、翼素に働く流体力を半径方向に積分することでプロペラの流体力が求められるとした理論である。実際には、プロペラ翼は 3 次元翼であるため、そのための補正が必要となる。例えば、翼の誘導速度のために流場が変形し迎角が小さくなる、あるいは流れ自体が曲率をもつようになり、そのための補正を必要とする。このように、翼素理論といってもどこまで 3 次元影響を考慮するかで幾つかの手法に分類されるので、ここでは翼素理論の基本的な考え方についてのみ説明する。

翼素理論において、プロペラの推力 $T$ およびトルク $Q$ は次式で求められる。

$$T = Z\int_0^R dTdr = Z\int_0^R (dL\cos\beta - dD\sin\beta)dr \tag{5.14}$$

$$Q = Z\int_0^R dFrdr = Z\int_0^R (dL\sin\beta + dD\cos\beta)r\,dr \tag{5.15}$$

$$dL = C_L(r)\frac{1}{2}\rho V(r)^2 C(r) \tag{5.16}$$

$$dD = C_D(r)\frac{1}{2}\rho V(r)^2 C(r) \tag{5.17}$$

各式の $dL$ や $dD$ は、それぞれ翼素の揚力と抗力であり、翼素の揚力係数 $C_L(r)$ と抗力係数 $C_D(r)$ から求められる。ただし、$C(r)$ は半径 $r$ における翼弦長、$V(r)$ は半径 $r$ における流速である。なお、$Z$ は翼数を示す。揚力は流れの方向に直角、抗力は流れと同じ方向の流体力である。翼素における速度と力の関係を図 5.11 に示す。

翼素理論は基本的に 2 次元の理論であるため、翼の誘導速度の影響を直接取扱うことができない。誘導速度を考慮した翼性能の計算は次に述べる渦理論の登場を待つことになる。

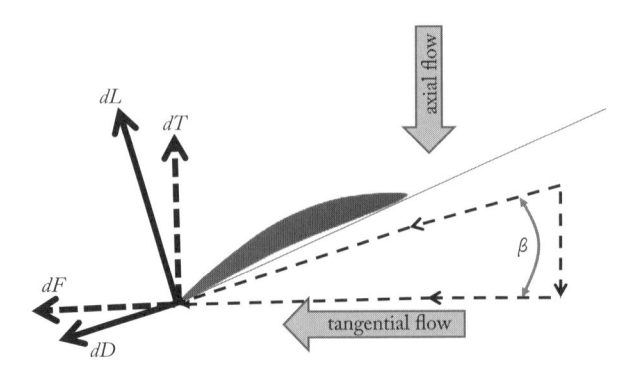

**図 5.11 翼素に働く力**

### 5.2.3 渦理論

　渦理論の出現でプロペラ理論は飛躍的に発展したと言っても過言ではない。プロペラに発生する渦は、例えば図5.12に見られるようにキャビテーション試験を実施するとその一部が見えてくる。見えるのは自由渦と呼ぶプロペラから離れた後の渦であり、ちょうど飛行機の翼端に生じる翼端渦が結露して肉眼で見える飛行機雲に近い。

　プロペラの渦理論は、プロペラ翼全体を渦で覆うというモデルであり、渦理論の進展はその渦の形や強さをどのように精度良く求めるかというところにかかってきた。最初のモデルは一翼を渦強さが変化する一本の渦糸で置き換えた揚力線理論であったが、舶用プロペラの翼は航空機の翼に比べてアスペクト比（縦横比）が小さく、またキャビテーション等の問題では翼弦方向の圧力分布情報が重要となることから揚力面理論が発展し、現在では揚力面理論を中心に様々な改良がなされている。

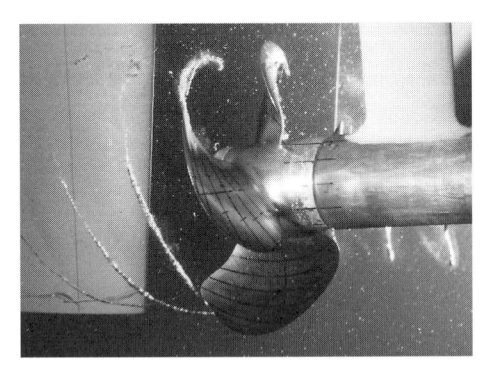

**図 5.12 プロペラに発生する渦**

#### (1) 2次元翼と3次元翼

　2次元翼と3次元翼の形状的な違いは、翼幅（スパン）が無限であるか有限であるかという点であり、それは翼の端部の有無を意味する。また、翼はその上面と下面の圧力差で揚力を発生していて、上面のほうが圧力は低いので、圧力の高い下面の流れが上面と接する部分があれば、そこで流れは下面から上面に流れ込む状態が生まれる。2次元翼の場合には、上面と下面の流れは後縁と呼ぶ翼の後端部で出会うまで翼を貫通して流れることはないが、3次元翼の端部ではそれが可能となり流れの方向と同じ軸をもつ渦が生まれる。これが航空機の飛行機雲であり、プロペ

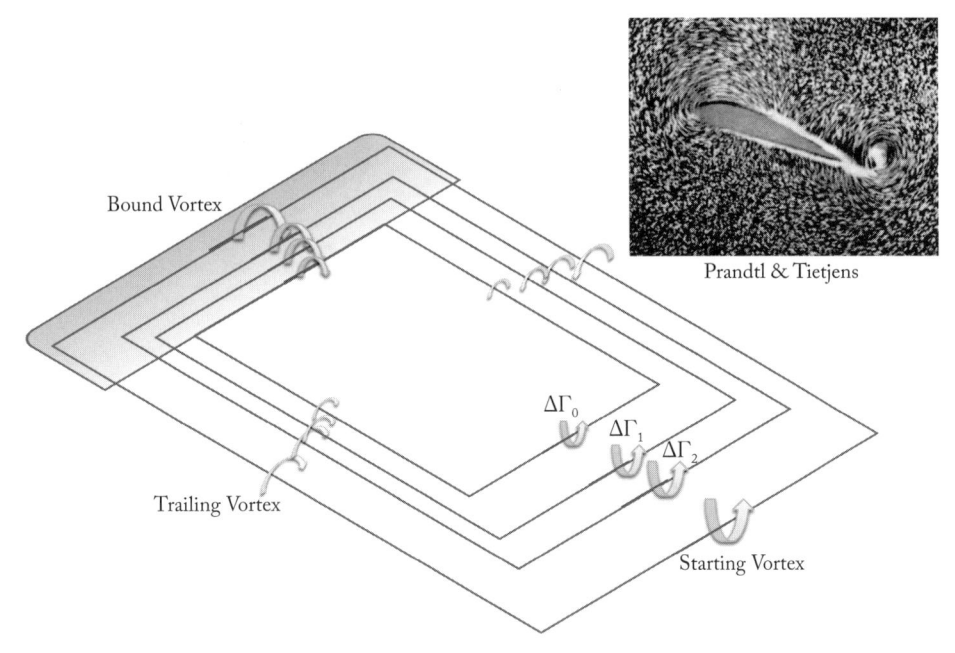

**図 5.13　3 次元翼の渦モデル（定常状態）**

ラの翼端から生じるチップボルテックスでもある。3次元翼まわりの渦については4.1.1節でも論じているが、図5.13に一定速度で進行する3次元翼のまわりの渦システムをさらに詳しく示す。渦は翼が動き出したその瞬間に発生し、それを出発渦（starting vortex）、走り出して十分に定常になった状態での翼に固定された渦を束縛渦（bound vortex）、束縛渦の端部から流出する渦を自由渦（free vortex）または随伴渦（trailing vortex）と呼ぶ。プロペラの渦理論では、プロペラ翼をこのような渦システムの集合体としてとらえる。翼長さ方向に1本の渦系（馬蹄型渦）でモデル化した計算法を揚力線理論（4.1.1節参照）、翼弦長方向に複数の渦システムを置いたモデルを揚力面理論と呼ぶ。揚力線理論では翼の翼弦上に一本の渦を置くため実際の現象を精度よく表すことができず、揚力面補正と呼ばれる修正を施して実用に供される。

(2) プロペラを表す渦システム

揚力面理論にはモード関数法と渦格子法の2つの解法があり、歴史的に見るとまずモード関数法が開発された。モード関数法は、翼面上の渦分布に関して翼のスパン方向（半径方向）と翼のコード方向（回転方向）にある定められた関数形を採用するものである。次に翼面上を馬蹄渦で覆う渦格子法が開発された。渦格子法は、モード関数法の欠点であった翼面や後流渦面の非線形性の取扱いや翼の端部における特異点処理の問題が無く、現在の高速な計算機環境では短時間で計算できるため最も実用性の高いプロペラ理論計算法と言える。図5.14にプロペラに対する種々の渦モデルを示す。左から渦格子法、パネル法およびNSソルバー（CFD）に対するモデルである。

渦格子法の精度を上げる簡単な手段は格子数を増やすことであるが、計算時間は大幅に増加する。その欠点を改良する方法としてQCM（Quasi-Continuous Method）が開発された。QCM

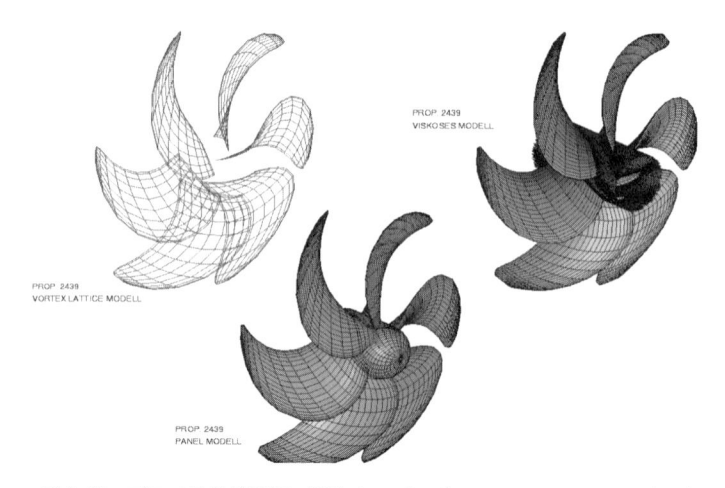

**図 5.14 プロペラ計算格子**（渦格子・パネル法・NS ソルバー：HSVA 提供）

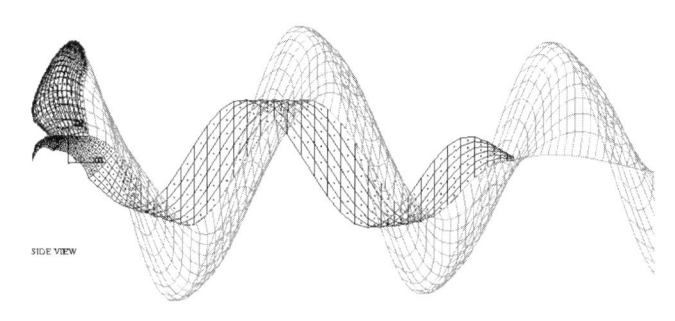

**図 5.15 渦面で表現されるプロペラ表面と後流**

は渦格子法の特徴であった翼面上の離散的な渦を翼弦方向にだけは連続性を考慮して構築された理論である。さらに QCM は単に計算時間の短縮が計れるだけでなく、数学上のコーシー（Cauchy）の特異性も考慮して渦格子法の精度をさらに向上させた方法である。渦格子法によるプロペラ性能の計算法は、プロペラに関するシンポジウムのテキスト（参考文献リスト参照）に詳しく解説されているので、ここでは省略し、基本となる単位渦システムからの誘導速度の計算法についてのみ紹介する。

(3) 誘導速度の計算方法

　渦格子法による離散的な方法が現在のプロペラ理論の主流になっているが、理論の中で最も重要なポイントは、離散化された渦システムによる精度の高い誘導速度の計算法の導入であると考えられる。ここでは、単位長さあたりの渦糸から誘起される誘導速度の計算法を示しておく。

　図 5.16 に示す渦の強さ $\Gamma_{12}$ が一定の渦糸から誘起される速度はビオ・サバールの法則（【Note 4.2】）により次式で与えることができる。

$$\mathbf{V}_{G12} = \frac{\Gamma_{12}}{4\pi} \int_{\tau=0}^{\tau=1} \frac{\mathbf{R} d\mathbf{r}_{12}}{|\mathbf{R}|^3} \tag{5.18}$$

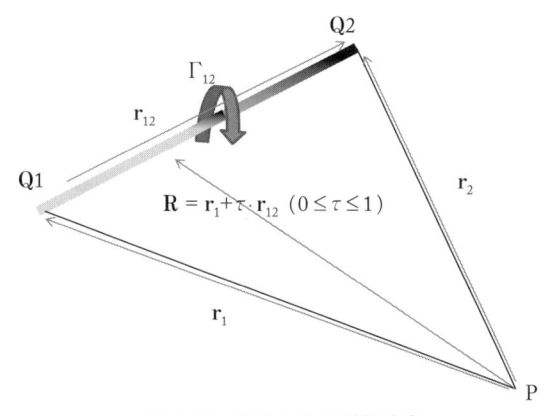

**図 5.16　渦糸からの誘起速度**

ここで

$$\mathbf{R} = \mathbf{r}_1 + \tau \mathbf{r}_{12} \quad (0 \leq \tau \leq 1) \tag{5.19}$$

とし、積分演算を行うと

$$\mathbf{V}_{G12} = \frac{\Gamma_{12}}{4\pi} \frac{\mathbf{r}_1 \mathbf{r}_{12}}{|\mathbf{r}_1 \mathbf{r}_{12}|^2} \left\{ \frac{\mathbf{r}_2}{|\mathbf{r}_2|} - \frac{\mathbf{r}_1}{|\mathbf{r}_1|} \right\} \mathbf{r}_{12} \tag{5.20}$$

が最終的に得られる。この式を用いてプロペラ面や渦面を渦糸で表現すればプロペラまわりの誘導速度の計算が可能となる。

## 5.3　プロペラ起振力

プロペラ起振力とは文字どおりプロペラによって誘起される非定常な流体力である。一般に、プロペラ軸を伝わってくるシャフトフォースと、圧力変動として船体に伝わるサーフェイスフォースに大別される。サーフェイスフォースは、プロペラキャビテーションの発生によって増幅され、船体の船尾振動の中で最大の要因となっている。キャビテーションについては、次の第6章で詳しく解説する。

### 5.3.1　シャフトフォース

シャフトフォース（shaft force）はベアリングフォースとも呼ばれていたように、プロペラ軸受けの設計時に考慮されることが多い。一方、船尾振動への影響は、次の5.3.2節で紹介するサーフェイスフォースと比べるとやや小さい。シャフトフォースは、プロペラの1翼が1回転する間に流場が不均一なことから生じる推力変動やトルク変動が原因で発生し、プロペラ翼が等間隔でプロペラ軸に装着されていることから1回転を1周期とするフーリエ級数を用いて起振力を表現する方法がとられる。

プロペラの1翼は、船尾の伴流と呼ぶ不均一な流場の中を回転しているが、1回転を1周期と

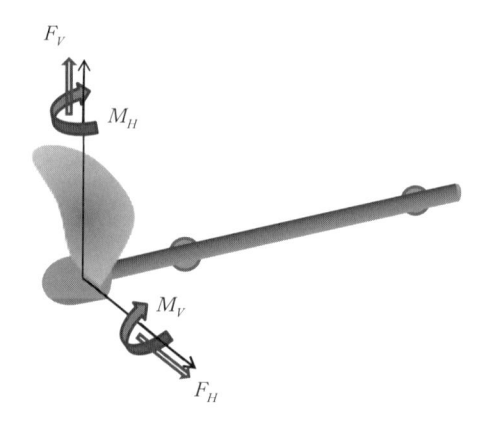

**図 5.17 シャフトフォースの定義**

した場合、その流場は空間的には固定されているため、規則的な変動となる。また、船速やプロペラの回転数が一定の場合には、1回転を1周期とする規則的な変動となり、それは伴流分布と翼形状によって一義的に決まる。ここで利用する重要なプロペラの原理は次の2つである。

・翼が発生する力は揚力と抗力であり、力の変動が小さい場合、それらは迎角に比例する。
・船速と回転数が一定であれば、迎角は伴流分布によってほぼ決定される。

このような考え方に基づいて、1翼に発生する揚力と抗力をフーリエ級数の形で表現し、最終的に翼数が$Z$のプロペラ翼全体の6分力（$x, y, z$軸まわりの力とモーメント）を求めると興味深い結果が得られる。

$$\frac{T_m}{T_0} = a_0 + \sum_{n=1}^{\infty} a_n \cos n\theta \tag{5.21}$$

$$\frac{Q_m}{Q_0} = b_0 + \sum_{n=1}^{\infty} b_n \cos n\theta \tag{5.22}$$

ここで、$T$は推力を、$Q$はトルクを表し、添え字 0, $m$ はそれぞれ平均と $m$ 番目の翼が発生する諸量であることを意味する。ここで、問題とするシャフトフォースを図5.17のように定義すると、それぞれ次式で表すことができる。

$$\frac{T}{T_0} = \frac{1}{Z} \sum_{m=1}^{Z} \frac{T_m}{T_0} \cos\left\{\frac{2\pi(m-1)}{Z} + \theta\right\} \tag{5.23}$$

$$\frac{Q}{Q_0} = \frac{1}{Z} \sum_{m=1}^{Z} \frac{Q_m}{Q_0} \cos\left\{\frac{2\pi(m-1)}{Z} + \theta\right\} \tag{5.24}$$

$$\frac{F_V}{F_0} = \frac{1}{Z}\sum_{m=1}^{Z}\frac{Q_m r_0}{Q_0 r}\sin\left\{\frac{2\pi(m-1)}{Z}+\theta\right\} \tag{5.25}$$

$$\frac{F_H}{F_0} = \frac{1}{Z}\sum_{m=1}^{Z}\frac{Q_m r_0}{Q_0 r}\cos\left\{\frac{2\pi(m-1)}{Z}+\theta\right\} \tag{5.26}$$

$$\frac{M_V}{M_0} = \frac{1}{Z}\sum_{m=1}^{Z}\frac{T_m r}{T_0 r_0}\cos\left\{\frac{2\pi(m-1)}{Z}+\theta\right\} \tag{5.27}$$

$$\frac{M_H}{M_0} = \frac{1}{Z}\sum_{m=1}^{Z}\frac{T_m r}{T_0 r_0}\sin\left\{\frac{2\pi(m-1)}{Z}+\theta\right\} \tag{5.28}$$

(5.21)、(5.22) 式を (5.23) 式から (5.28) 式に代入すると、次のような形の諸式が得られる。

$$\frac{T}{T_0} = a_0 + \sum_{k=1}^{\infty}a_{kZ}\cos kZ\theta \tag{5.29}$$

$$\frac{Q}{Q_0} = b_0 + \sum_{k=1}^{\infty}b_{kZ}\cos kZ\theta \tag{5.30}$$

$$\frac{F_V}{F_0} = \frac{1}{2}\sum_{k=1}^{\infty}(b_{kZ-1}-b_{kZ+1})\sin kZ\theta \tag{5.31}$$

$$\frac{F_H}{F_0} = \frac{1}{2}b_1 + \frac{1}{2}\sum_{k=1}^{\infty}(b_{kZ-1}+b_{kZ+1})\cos kZ\theta \tag{5.32}$$

$$\frac{M_V}{M_0} = \frac{1}{2}a_1 + \frac{1}{2}\sum_{k=1}^{\infty}(a_{kZ-1}+a_{kZ+1})\cos kZ\theta \tag{5.33}$$

$$\frac{M_H}{M_0} = \frac{1}{2}\sum_{k=1}^{\infty}(a_{kZ-1}-a_{kZ+1})\sin kZ\theta \tag{5.34}$$

このように、推力 $T$ とトルク $Q$ のシャフトフォースの変動成分は、伴流分布をフーリエ級数で近似した翼次数（4翼であれば4次、5翼であれば5次）成分のみから影響を受け、その他の成分は互いの翼で打ち消しあうことになる。一方、他の成分は逆に翼次数±1の成分の影響のみを受ける。

プロペラシャフトフォースは、以上のように伴流分布のフーリエ級数近似から推定できるが、プロペラから生じる誘導速度によって迎角が変化することと、翼に働く流体力に非定常性がある

ことが考慮されていない。これらは、渦理論に含まれる非定常揚力面理論を用いれば解決することができる。

**【コラム 5.1】フェージング**

　船舶のディーゼル機関は複数気筒のシリンダーを使ってプロペラ軸を回転させている。そのためにプロペラ軸が1回転する間にシリンダーの整数倍で、捩り振動や縦振動が生じている。一方、プロペラも伴流の不均一さのために翼次数のトルク変動や推力変動が発生している。従って、この2つの変動の位相差を利用して両者の変動を小さくすることが考案された。これをプロペラによる主機アンバランス力のフェージングと呼び実用化されている。図5.18にプロペラのフェージングの一例を示す。ここでは、主機の変動トルクとプロペラの変動トルクがほぼ同じ振幅であるが、プロペラ取り付け位置を工夫することでその位相差を利用し、結果的に変動トルクが大幅に軽減（図中 Phasing と表記）されることが示されている。

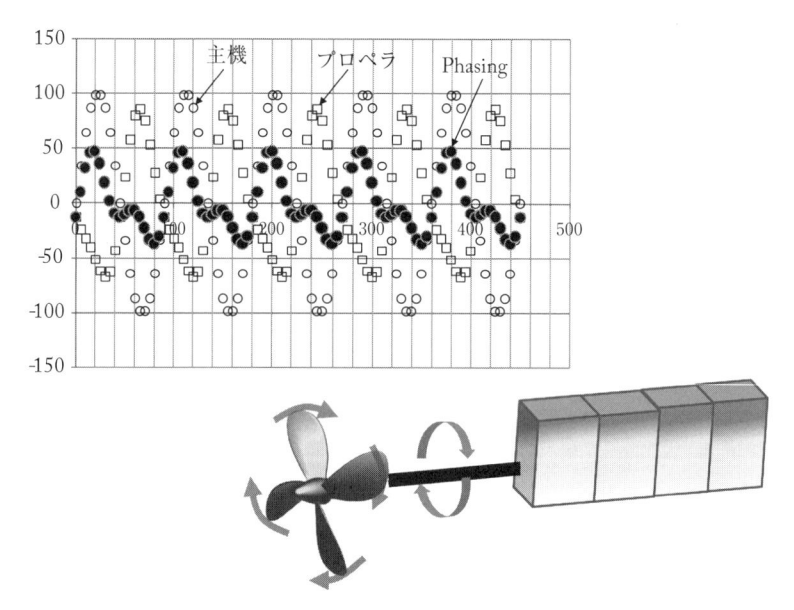

**図 5.18　主機とプロペラのフェージング**

## 5.3.2　サーフェイスフォース

　プロペラのサーフェイスフォース（surface force）は、プロペラが船体表面に誘起する変動圧を意味し、プロペラ変動圧とも呼ばれる。サーフェイスフォースは、流場が不均一でなくても発生し、プロペラの翼が船体外板の近傍を通過する際に船体の外板に圧力変動を与えるが、不均一な流場になるとプロペラの荷重度が変化し、さらに非定常なキャビテーションも発生しやすくなるため流場の不均一性は重要な因子となっている。キャビテーションについては次の6章で詳しく解説する。一般に、体積変動や揚力を持つ物体が通過する際に生じる圧力変動は、次式で表現することができる。

$$\frac{\Delta p}{\rho} = \Delta p_T + \Delta p_C + \Delta p_L \tag{5.35}$$

ここで、右辺第1項は一定の体積を持つ物体が近傍を通過する場合の圧力変動、第2項はその体積が時間的に変化する場合の圧力変動、第3項は物体が揚力を発生している場合の圧力変動である。プロペラの場合には、第1項と第2項が支配的となることが知られている。

サーフェイスフォースは、プロペラ翼表面にキャビテーションが発生すると急激に増加するが、この理由は（5.35）式の第2項の影響が大きいことを意味している。サーフェイスフォースがどのような性質を持つかを調べるために具体的に（5.35）式の第2項について調べてみる。

キャビテーションによって翼の体積が変化する場合、これによって変動する圧力場を表すには、非定常流に対するベルヌーイの定理を適用することができる。

$$\frac{\partial \phi}{\partial t} + \frac{q^2}{2} + \frac{p}{\rho} = C(t) \tag{5.36}$$

ここで、$\phi$ はプロペラから十分に遠い点 $Q$ における速度ポテンシャル、$p$ はその点での静圧、$q$ は合速度で主流を $U$、誘導速度を $u, v, w$ とすると $q = \sqrt{(U+u)^2 + v^2 + w^2}$ である。キャビテーションを構成する気泡群をキャビティと呼ぶが、この体積変化による圧力変動を次のような強さ $m$ の吹き出しで表す。

$$m = \frac{dV_C(t)}{dt} \tag{5.37}$$

ここで、$V_C(t)$ はキャビティの体積である。（5.37）式が時間変化と翼の基線（ノーズテイルライン）方向の空間変化との線形和で与えられるとすると

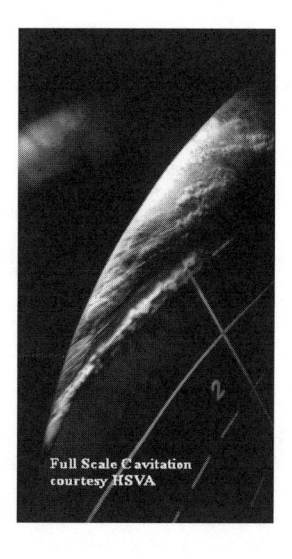

**図 5.19　実船のキャビテーション**（HSVA 提供）

$$m = \frac{\partial V_C(t)}{\partial t} + \frac{\partial V_C(t)}{\partial s} W^* \qquad (5.38)$$

ただし、$W^* = \partial s/\partial t$ は翼の進行速度である。次に、単一吹き出しの速度ポテンシャル

$$\phi = -\frac{m}{4\pi R} \qquad (5.39)$$

を導入してこれを(5.36)式に代入し、さらに(5.38)式の高次の項を省いて書き換えると

$$\frac{\Delta p}{\rho} = \left(\frac{\partial}{\partial t} - U\frac{\partial}{\partial x}\right)\phi \cong \frac{\omega^2}{4\pi R} \frac{\partial^2 V_C(t)}{\partial \theta^2} \qquad (5.40)$$

が得られる。ここで、$R$ は翼面上のキャビティから点 $Q$ までの距離、$\theta$ はプロペラ翼の回転方向座標、$\omega$ は角速度であり $\partial \theta/\partial t = \omega$ の関係がある。

吹き出しで表されたキャビティ体積変動による圧力変動に関して、次の2つの点が(5.40)式から明らかとなる。
・変動圧は距離 $R$ に反比例する。
・変動圧 $\Delta p$ はキャビティ体積の時間に対する2次微分で表される。

1番目の結論は、体積変化の無い場合の減衰が距離の3乗に反比例するのに対して、キャビティが発生すると距離 $R$ に反比例しプロペラから遠く離れたところまで圧力変動が及ぶことを意味している。

サーフェイスフォースは、船舶の船尾振動の最大の原因となっているが、これを精度よく予測することは簡単ではない。その理由の一つは、プロペラキャビテーションが非定常性の非常に強い現象であり精度の高い数値計算が難しいこと、もう一つの理由は、実船のプロペラ面での伴流分布が正確に把握できないことである。サーフェイスフォースの検討は、このように幾つかの予測する上での問題を抱えながらも経験的な手法も混えて処理されている。次に、サーフェイスフォースの経験的な推定法や対策について紹介する。

(1) プロペラ変動圧の推定法

サーフェイスフォースは、プロペラ変動圧を船体表面で積分した流体力であるが、この変動圧そのものを求めるいくつかの推定法が検討されている。発生メカニズムから考えると、変動圧に関係する重要因子は以下の項目である。
・プロペラと船体の距離
・非定常なキャビテーションの発生
・船体形状

変動圧は、キャビテーションの発生量そのものより、その非定常な体積変動の影響を強く受ける。従って、目視において広い範囲でキャビテーションが安定的に発生しているプロペラより

も、体積変化が大きい場合に変動圧が大きくなる傾向がある。このようにキャビテーションの非定常性が重要な要因であるため、これに最も影響を与えるプロペラ面の伴流の不均一さをパラメータとして推定する方法が一般的に採用されている。図 5.20 に示すように、翼数 $Z$ のプロペラから離れた点 $Q$ における翼次数成分の変動圧 $\Delta p_Z$ は、キャビテーションの発生の無い場合の成分とキャビテーションの体積変化による成分の合計で表され、キャビテーションの影響は、ある限界となるキャビテーション数を過ぎたところから発現する。これを数式化すると

$$\Delta p_Z = \sqrt{\Delta p_0^2 + \Delta p_C^2 + 2\Delta p_0 \Delta p_C \cos(\pi - \varphi Z)} \tag{5.41}$$

$$\Delta p_C = 0 \quad \text{if} \quad \sigma > \sigma_{cr} \tag{5.42}$$

ここで、$\sigma_{cr}$ はキャビテーションによる変動圧が発生し始めるキャビテーション数である。なお、キャビテーション数に関する説明は、第 6 章を参照していただきたい。また、$\Delta p_0$ はキャビテーションの発生が無い時の変動圧、$\Delta p_C$ はキャビテーションが発生した時のキャビテーションによる変動圧を意味する。圧力を $\rho n^2 D^2$ で無次元化して表現すると

$$K_{PZ} = \sqrt{K_{P0}^2 + K_{PC}^2 + 2K_{P0}K_{PC}\cos(\pi - \varphi Z)} \tag{5.43}$$

$$K_{PC} = 0 \quad \text{if} \quad \sigma > \sigma_{cr} \tag{5.44}$$

となる。次に、(5.43) 式の中の諸係数の求め方の一例として、実船データに基づいて検討された比較的簡単に計算可能な推定式について紹介する。

まず、キャビテーションの発生が無い時の変動圧 $K_{P0}$ は既存の実験データからの回帰式を用いて次式で表現する。

$$K_{P0} = K_0 R_e^{-3} \tag{5.45}$$

$$K_0 = (0.0058Z^2 - 0.0972Z + 0.402)\frac{1}{2}K_Q \tag{5.46}$$

$$R_e = \sqrt{\frac{\xi^2 + \eta^2 + \zeta^2}{D}} - \frac{1}{2}(0.0117Z^2 - 0.0684Z + 0.72) \tag{5.47}$$

上の式で (5.45) 式は、キャビテーションの発生が無い場合の変動圧がプロペラ直径で無次元化された距離 $R_e$ の 3 乗で減衰することを意味している。(5.46) 式は変動圧の振幅を与える式で、翼数とプロペラのトルク係数 $K_Q$ の関数で与えられ、翼数が増加すると 1 翼が分担する体積や負荷が減少していくことを意味している。(5.47) 式は、プロペラの体積や負荷の代表点から変動圧を計算する点までの距離を意味しており、プロペラの代表点は 3 翼の場合に半径の 32％、6 翼

の場合には 67% の位置にあり、翼数の増加によってわずかにプロペラチップに近づいてくることを示している。

次に、キャビテーションによる変動圧は、距離による減衰係数を $H$ として次式で与えられる。

$$K_{PC} = K_{C0} R_{ec}^{-H}, \quad R_{ec} = \frac{d}{d_0} \tag{5.48}$$

ここで、$K_{C0}$ は図 5.20 で示されるようにプロペラ中心に原点を持つデカルト座標系において、プロペラの直径の 25% 直上にある基準点（0, 0, 0.25$D$）の変動圧で、基準位置における騒音の表現と同じ意味合いの基準変動圧にあたる。$d_0$ はその基準点とキャビテーションの代表点までの距離、$d$ は変動圧を計算する点 $Q(\xi, \eta, \zeta)$ とキャビテーションの代表点までの距離で、それぞれ次式で表される。

$$d_0 = \sqrt{(0.75D - r_0 D \cos \varphi_c)^2 + (r_0 D \sin \varphi_c)^2} \tag{5.49}$$

$$d = \sqrt{\xi^2 + (\eta - r_0 D \sin \varphi_c)^2 + (\zeta - r_0 D \cos \varphi_c)^2} \tag{5.50}$$

キャビテーションの代表点は、プロペラの半径位置で $r_0 D$、プロペラ翼の回転角で $\varphi_c$ ラジアンとしている。$r_0$ や $\varphi_c$ は、キャビテーションの広がり方や体積の時間変化によって異なる値であるが、1 軸船の場合には、これらの近似値として、それぞれ 0.475 および 25 度を用い、

$$d_0 = 0.377D \tag{5.51}$$

$$d = \sqrt{\xi^2 + (\eta - 0.201D)^2 + (\zeta - 0.430D)^2} \tag{5.52}$$

とする。$\varphi_c$ はキャビテーション体積が最大になる翼の角度であり、右回りのプロペラの 1 軸船の場合にはプロペラ面における伴流の回転方向成分が右舷側でプロペラ翼の回転方法と反対にな

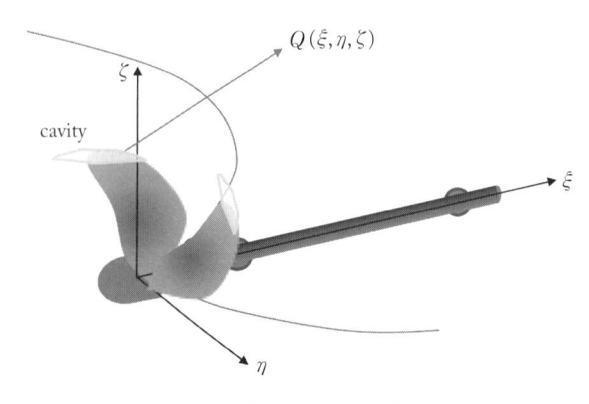

**図 5.20　プロペラ変動圧の計算に使用する座標系**

ることから、より厳しいキャビテーションが右舷側で発生する。そのため25度（0.4363 rad.）を使用している。

次に、基準となるキャビテーション変動圧である $K_{C0}$ の求め方について示す。$K_{C0}$ はあるキャビテーション数を下回ると増加し始めるので、次式のような推定式が考えられる。

$$K_{C0} = \alpha(\sigma_{cr} - \sigma_n)^\beta \tag{5.53}$$

ここでの係数は、$\alpha, \beta$ は種々の実船データから求められ

$$K_{C0} = 0.0135(\sigma_{cr} - \sigma_n)^{1.525} \qquad \sigma_n \leq \sigma_{cr} \tag{5.54}$$

$$K_{C0} = 0 \qquad \sigma_n > \sigma_{cr} \tag{5.55}$$

が採用されている。ただし、$\sigma_n$ は次の第6章（6.4）式の定義によるキャビテーション数である。

次に、(5.48) 式の距離減衰係数 $H$ や $\sigma_{cr}$ の求め方を示す。これらもやはり実船データから次のように求められている。

$$H = 3 - 0.0866 \Delta W (\sigma_{cr} - \sigma_n)^{5.287} \qquad 1 \leq H \leq 3 \tag{5.56}$$

ここで、$\Delta W$ は90%半径位置での船体中心線上の12時位置における伴流率の最大値 $W_{0.9R\,max}$ と有効伴流率 $w_e$ の差である。伴流率は第8章で解説する伴流計測で得られるプロペラ面の流速と船速の差を船速で無次元化した数値であり、有効伴流率は第7章で解説する自航試験で得られる係数である。距離減衰係数 $H$ は最小値1、最大値3の範囲の値を取り、キャビテーション数や伴流の不均一さの関数として与えられる。また、$\sigma_{cr}$ は実験データから

$$\sigma_{cr} = 2.0 + 5.2 \Delta W \tag{5.57}$$

で与えられる。

(2) 構造設計上のサーフェイスフォースの判定基準

サーフェイスフォースの構造設計上の判定基準はそれほど厳密なものではないが、いくつかの機関から基準が提案されている。しかしながら、実際の設計現場においては、実績船のサーフェイスフォース推定値と船体振動計測値から、その相関を利用して新しく設計する船のサーフェイスフォースを推定する場合が多い。この方法によれば、船体振動を直接評価できるからである。このような推定ができない場合には、既に提案されているサーフェイスフォースの判定基準が適用できるが、提案されたデータの範囲内で使用すべきものであるため汎用性はあまりない。おおよその値として、4 kPa以下であれば標準的な変動圧であると言える。翼次数の1次の変動圧に比べて2次以降の割合についても制限を設ける場合がある。その理由は、自動車運搬船のような

薄板の多い構造では高次振動が大きいと随所で共振が発生しやすいからである。

(3) サーフェイスフォースの軽減法

サーフェイスフォースの軽減法と先に述べた影響因子は、原因と結果のような関係であるため、軽減法を考えるには影響因子を緩和すればよい。最も重要な因子は船型であると考えられ、具体的には、チップクリアランス（tip clearance）と呼ぶプロペラと船底との距離と、船尾におけるプロペラ面の伴流分布である。すなわち、プロペラ上部の船底をプロペラチップから遠ざけ、かつ流れを均一にすればよい。一方、このような設計がかなり困難を伴うことも事実で、コンテナ船のような高速でかつ経済性と復原性を要求される船の場合には、できるだけ直径の大きいプロペラを採用して経済性を高めると同時に復原性の要求も考慮しなければならない。そのため船底はフラットでかつ水中に沈めたいといった設計が要求され、これらのバランスの中でサーフェイスフォースが検討される。また肥大船の場合には、過剰なチップクリアランスはプロペラ上部に流れの淀み域を作りやすく、進路安定性を損なったりプロペラの作動により流れの不均一さが増したりして、サーフェイスフォースが増えてしまうという場合もあるので、注意が必要である。

適度なチップクリアランスが確保されたら、船尾流場の均一性を高める方法の一つとして、船尾バルブの採用が挙げられる。この方法は、間接的にプロペラ上部（70% 半径位置〜チップ付近）の前方の船体水線傾斜を小さくして水流を速めるため効果的であり、抵抗の増加はあるものの、伴流利得の増加、進路安定への寄与等の副次的な効果もあるので、しばしば採用される方法である。プロペラを改良してサーフェイスフォースを減らす方法としては、スキュープロペラの採用がある。プロペラ翼が伴流のピークに突入する時間を半径ごとにずらす効果があり、これも間接的な流場の均一化と言える。最近では、ほとんどのプロペラで、最小限に必要なスキューが採用されている。過大なスキューを採用すると、翼強度上不利となるだけではなく、伴流分布や設計によっては変動圧の高次成分が増加する場合がある。

## 5.4 鳴音

過度なプロペラ起振力は、船体振動や騒音の主要な原因であり、船の品質上重大な欠陥となるが、プロペラ起振力とは異なる原因でプロペラから発生する騒音に鳴音（singing）がある。鳴音はプロペラ付近で顕著な周期音を発生する現象で、船尾付近でワーン・ワーンというように唸るような音を生じることが多い。プロペラの鳴音発生の原因には、次の3点があると考えられている。すなわち、(1) 翼の後縁から流出するカルマン渦列、(2) 翼のフラッターによる自励振動、(3) スタンチューブベアリングの摩擦である。しかし、一般には (1) の翼の後縁から流出するカルマン渦列の発生周波数と翼の固有振動数がちょうど一致する場合に、最も発生頻度が高いようである。

この現象は最初 Gongwer (1952) によって発見され、Kriwzoff や Penik 等によって後縁厚みと鳴音の関係が実験的に調査された。また、日本においても、鳴音の発生メカニズムの防止方法についての鬼頭の研究がある。このように、鳴音に関する研究は古く、またこれ以降、特に目新しい研究もされていないようである。

タイプ A

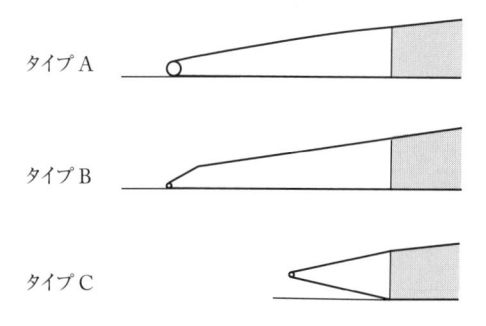

タイプ B

タイプ C

**図 5.21　鳴音加工の方法**

　一方、鳴音の防止方法として翼の後縁形状に鳴音の発生しにくい形状を採用することにより、鳴音の問題を解決している場合が多い。鳴音の発生原因から考えると、翼の固有振動数がカルマン渦の発生周波数と一致しないようにプロペラを設計して鳴音を避けることも考えられる。ところが、翼の振動モードはかなり複雑でかつ高次であるため、現実にそのような設計をすることが不可能に近く、これがほとんどのプロペラの後縁に鳴音加工（anti-singing edge）と呼ばれる対策が施されている理由となっている。この鳴音加工には、カルマン渦が対称物体の後部に発生する交ばん渦である性質を利用して、鳴音加工の無い翼後縁形状 A を故意に非対称にすることでその発生を防止しようとする形状タイプ B と、カルマン渦の発生周波数を後縁の厚みを変えることによってシフトさせる形状タイプ C がある。図 5.21 に、その鳴音加工の例を示す。鳴音加工を施すことで、カルマン渦の発生がどのように抑制されるかを 2 次元の風洞模型で調査した例では、形状 B はカルマン渦強さが小さくなり通常の作動条件では有効であるが、迎角が負になったりすると効果が薄れること、逆に形状 C はカルマン渦の周波数を大きく変えることはできるが、変更後の周波数を的確に予想することが難しいこと等が報告されている。プロペラ翼の迎角は通常は正であり負になることはほとんど無いので、一般には形状 B を採用することが多い。

## 5.5　相似則と尺度影響

　プロペラの特性を求めるためのプロペラ単独試験が、(5.10) 式の前進係数 $J$ を基本パラメータとして実施されることは、5.2.1 節で MAU プロペラの系統的試験を紹介した際に述べた。前進係数の物理的な意味は、プロペラの前進速度 $V_a$ とプロペラ翼の回転速度に比例する $nD$ との比であることから、プロペラ翼に対して流体が流れてくる方向を表していることになる。それでは、大きさの異なる相似なプロペラにおいて、前進係数を同じにすることがどのような意味を持つかについて、具体的に大きさの異なる 2 つの相似プロペラを例にとり確認してみる。

　まず、直径 $D$ の実機プロペラと幾何学的に相似な縮尺比が $m$ の模型プロペラとの相似則を考える。実機プロペラが前進速度 $V_a$、回転数 $n$ で進んでいるとすると、半径位置 $R$ における幾何学的迎角 $\alpha_g$ は図 5.11 から次式で与えられる。

$$\alpha_g = \alpha_0 - \tan^{-1}\left(\frac{V_a}{2\pi nR}\right) \tag{5.58}$$

ここで $\alpha_0$ は半径位置 $R$ におけるピッチ角であり、これは翼のねじれ角に相当する。いま、この実機の状態を実機と相似な模型プロペラで再現しようとする場合、プロペラとしての作動状態はこの幾何学的迎角を同じにする必要がある。これは、模型プロペラのピッチ角が実機と同じ $\alpha_0$ であることから、$V_a/(2\pi nR)$ の値を同じにすることで条件が満たされる。すなわち、$\pi$ が定数であることから、これは (5.10) 式で定義されているプロペラの前進係数 $J=V_a/nD$ を実機と模型で同じにすることに他ならない。

次に、得られた推力 $T$ やトルク $Q$ の無次元化について考える。図 5.11 に示す翼に流入する合速度を用いて、発生する力とトルクを次式のように無次元化する。

$$C_T^* = \frac{T}{\frac{1}{2}\rho\{V_a^2+(\pi nD)^2\}\pi D^2/4} \tag{5.59}$$

$$C_Q^* = \frac{Q}{\frac{1}{2}\rho\{V_a^2+(\pi nD)^2\}\pi D^3/4} \tag{5.60}$$

ここで、相似則として前進係数 $J=V_a/nD$ を実機と模型で一致させることが必要条件であるから、$J$ を用いて $C_T, C_Q$ を表現すると

$$C_T^* = \frac{8K_T}{\pi(J^2+\pi^2)} \tag{5.61}$$

$$C_Q^* = \frac{8K_Q}{\pi(J^2+\pi^2)} \tag{5.62}$$

となる。ただし、$K_T, K_Q$ は既に (5.11),(5.12) 式で定義されている推力係数およびトルク係数である。

前進係数を一致させ、かつ回転数と直径を用いて推力とトルクを無次元化すれば、模型プロペラと実機プロペラの相似則が成り立つことがわかる。次にそれらの尺度影響について考慮する。翼の揚力や抗力はいわゆる粘性影響を受けるため、完全に相似則を満足するには実機と模型とでレイノルズ数を一致させる必要がある。しかし、レイノルズ数を一致させるためには、模型プロペラの前進速度と回転数を縮尺比に応じて $m$ 倍する必要があり、模型試験でそれを達成するのは困難である。従って、プロペラ性能に及ぼすレイノルズ数の影響については、2つの考え方で整理されている。一方は、得られた水槽試験結果を理論に基づいた経験式によって修正する方法、もう一方は、ある程度高いレイノルズ数で実験を行い、得られた値をそのまま利用する方法である。国内では、主に後者の方法が採用されているが、海外では、次に述べる ITTC（国際試験水槽会議）の方法等を用いて実機プロペラの性能を求める場合が多い。このような違いは、当然ながら実船の性能推定法全体に関わってくる。

後の第8章表 8.4 に世界の主な水槽で使用されている水槽試験法を整理し比較してあるので、

## (1) プロペラ性能の尺度影響

プロペラに尺度影響が生じる理由は、先に述べたようにレイノルズ数が異なることによる粘性影響である。また、翼表面の実際の流れは3次元的であるが、翼前縁部に生じる3次元剥離渦の影響を除いて、現象は図5.11の2次元翼の流場で説明できる。次式のようにプロペラの推力 $T$ やトルク $Q$ は迎角が一定の場合、翼断面の揚力 $dL$ と抗力 $dD$ に支配され、特殊な翼型を除いて、レイノルズ数の増加とともに揚力係数は増加し、抗力係数は減少する傾向がある。

$$T = Z\int_0^R dTdr = \int_0^R (dL\cos\beta - dD\sin\beta)dr \tag{5.63}$$

$$Q = Z\int_0^R dFrdr = \int_0^R (dL\sin\beta - dD\cos\beta)rdr \tag{5.64}$$

この理由は主に翼背面側の境界層の変化によるが、この境界層特性を支配するプロペラのレイノルズ数を表現する方法として、次式が良く使用される。

$$R_{nD} = \frac{nD^2}{\nu} \tag{5.65}$$

$$R_{nK} = \frac{\sqrt{V_a^2 + (0.7\pi nD)^2} \cdot c_{0.7}}{\nu} \tag{5.66}$$

ここで $\nu$ は動粘性係数、$c_{0.7}$ はプロペラの半径に対する70%半径位置における翼弦長である。(5.65)式はプロペラ直径 $D$ を代表長さとするレイノルズ数であり、(5.66)式はケンプ (Kempf) によって提案されたので、ケンプのレイノルズ数と呼ばれている。

ケンプのレイノルズ数(5.66)式の数値が $3\times10^5 \sim 5\times10^5$ を下回ると、プロペラボスに近い翼根部では層流剥離が見られるようになる。層流剥離が現れると、抗力の増加や揚力の低下が顕著となりプロペラ特性が大きく変化する。揚力の変化が大きい場合には、トルク係数の中に占める揚力成分の増加が抗力成分の減少を上回り、トルク係数も推力係数と同じように増加する傾向がみられる。層流域における翼特性変化は非常に大きいので、プロペラ単独試験の際のレイノルズ数は前述の数値より高く設定しなくてはならない。さらに、レイノルズ数が高くなり乱流境界層が発達してきても、レイノルズ数の増加とともに境界層厚さが薄くなり抗力は低下する。一方、揚力はわずかに増加する傾向はあるがそれほど顕著ではなくなり、抗力の低下の影響でトルク係数は減少する。このような2次元翼型の特性を考慮すると、レイノルズ数が増加するにつれ推力 $T$ は必ず増加するが、トルク $Q$ は揚力と抗力の変化次第で大きくなることもあれば小さくなることもあることがわかる。実際にプロペラ性能に及ぼすレイノルズ数影響が実験的に調査されているので、そのプロペラ要目と実験結果を表5.3および図5.22に示す。図5.22では、

表 5.3 プロペラ要目

| | |
|---|---|
| 直径 | 0.25 m |
| ピッチ比 (0.7R) | 0.7 |
| 展開面積比 | 0.35 |
| 翼数 | 4 |
| 翼厚比 $(t/c)_{0.7R}$ | 0.06 |

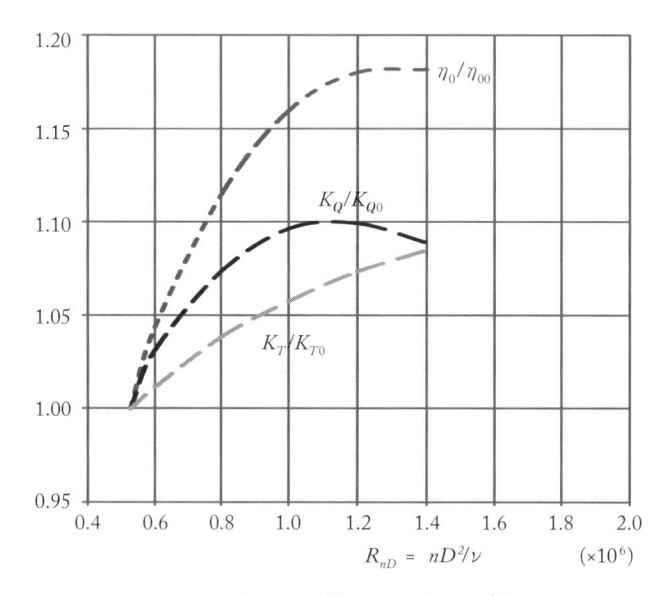

図 5.22 プロペラ特性へのレイノルズ数影響

効率、推力係数およびトルク係数について、直径で定義された (5.65) 式のレイノルズ数が $5\times 10^5$ の場合を 1 として、レイノルズ数の増加の影響を示してある。

(2) ITTC の方法による尺度影響の修正

ITTC では、プロペラの尺度影響の修正方法と実船のプロペラ特性を次式で考えている。ここで尺度影響として修正されるのは翼型の抗力係数 $C_D$ だけであり揚力の補正は行われない。従って、この方法も極端に低いレイノルズ数で実施した模型プロペラには適用できない。

$$K_{TS} = K_{TM} - \Delta K_T \tag{5.67}$$

$$K_{QS} = K_{QM} - \Delta K_Q \tag{5.68}$$

$$\Delta K_T = -0.3 \Delta C_D \frac{P}{D} \frac{cZ}{D} \tag{5.69}$$

## 5.5 相似則と尺度影響

$$\Delta K_Q = 0.25 \Delta C_D \frac{cZ}{D} \tag{5.70}$$

ここで

$$\Delta C_D = C_{DM} - C_{DS} \tag{5.71}$$

$$C_{DM} = 2\left(1+2\frac{t}{c}\right)\left[\frac{0.044}{(R_{nc0})^{1/6}} - \frac{5}{(R_{nc0})^{2/3}}\right] \tag{5.72}$$

$$C_{DS} = 2\left(1+2\frac{t}{c}\right)\left[1.89 - 1.62 \log \frac{c}{\varepsilon}\right]^{-2.5} \tag{5.73}$$

ただし、添字 $M$ は模型、$S$ は実機を示す。各記号をあらためて説明すると、$P$ はプロペラのピッチ[m]、$D$ はプロペラの直径[m]、$Z$ はプロペラの翼数、$c$ は75%半径位置での翼弦長[m]、$t$ は75%半径位置での最大翼厚[m]、$\varepsilon$ は翼面の粗度である。なお、ここではレイノルズ数を次式で定義している。

$$R_{nc0} = \frac{\{V_a^2 + (0.75\pi nD)^2\}^{0.5} c}{\nu} \tag{5.74}$$

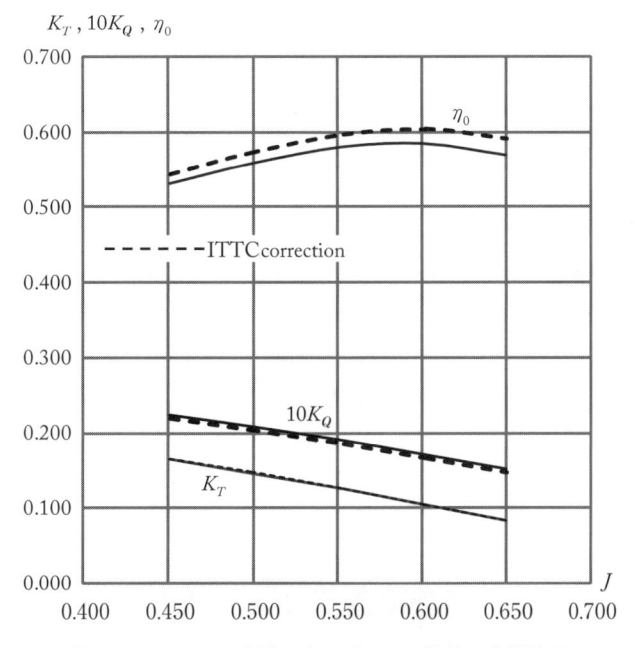

**図 5.23** ITTC の方法によるプロペラ特性の実機修正

ITTC の修正式を利用して表 5.3 に示した模型プロペラを実機スケールに換算したときの効率の変化を図 5.23 に示す。模型プロペラの直径は 0.25 m であるが、この例では実機プロペラの直径は 8 m である。縮尺比が大きいと模型と実機では効率が 2～3% 向上することがわかる。

## 5.6 最適設計

一般にプロペラの最適設計は、次の 3 つの視点から実施される。
- 効率（経済性）
- 強度（安全性）
- 振動・騒音（居住性）

最適設計とは、これらの諸性能のトレードオフであり、単に効率だけを重視した設計は実用に適さない。そのような制約のもとに実際のプロペラの最適設計は図 5.24 のような流れで実施されている。

図 5.24 はプロペラの流力的な視点からの設計であり、この他にプロペラシャフトに取り付けるためのプロペラボスの設計、軸系の捩り振動を考慮した慣性重量の調整、強度に関する船級協会で決められた翼厚との比較等、細かい設計が後に続く。プロペラのデータベース無しに理論計算だけで即座に設計できるというものでもないが、キャビテーションの確認や効率の改善等について、部分的に理論計算を活用する場面も増えつつある。特に、新しいプロペラ設計法を確立するには理論計算は必須な道具と言える。

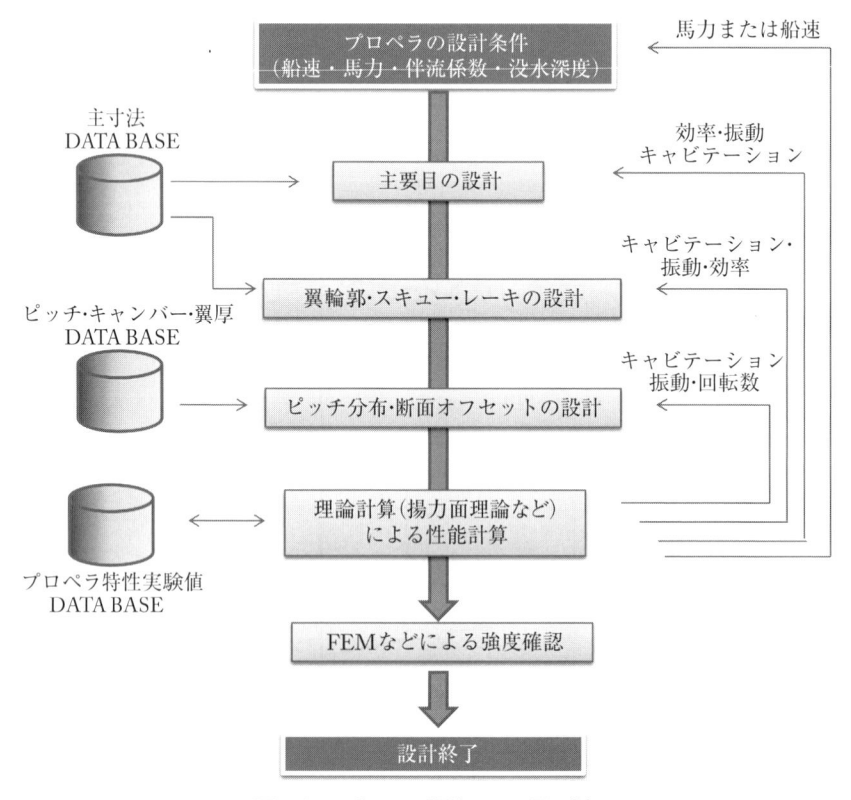

**図 5.24 プロペラ設計フロー図の例**

## 5.6 最適設計

　プロペラの最適設計を考える場合、プロペラ単体の最適化と船体や舵との干渉を考慮した最適化があるが、歴史的に見ると、均一流中での最適循環分布に関する理論的な考察に始まり、不均一流を考慮した最適循環分布を持つプロペラが提案された。その後、キャビテーションや振動等を考慮したトレードオフ的な設計思想が取り入れられ現在に至っている。また、渦格子法等の理論の発達によってより精度のよい特性推定が可能となり、実験的に得られた高効率なプロペラをプロトタイプとして、実際の船尾流場の中で最適なプロペラを設計する技術が確立された。今後の最適化の方向としては、船体や舵との干渉を考慮した設計が主流になると考えられる。

　また、プロペラの最適直径の決定に際して、プロペラ単体での検討はシリーズ試験等を利用して行うことができるが、船体や舵との干渉を考慮しながら最適直径を検討する必要がある。具体的なプロペラと船体や舵との干渉には以下が考えられる。

・伴流係数の変化
・バラスト喫水の条件
・舵抵抗の変化
・舵ポテンシャル伴流の変化

伴流係数の変化は、プロペラ直径を変更するとプロペラへの平均流入速度が変わったり、船体の境界層が変化することを意味している。また、プロペラ直径の変更は、規則上の理由からバラスト状態での船尾喫水の変更につながる。すなわち、満載時においてはプロペラ直径を大きくする方が推進効率は増加し燃費削減が可能となるが、バラスト状態においては、規則上プロペラの先端が水面上に出てはいけないことになっているので、船尾の喫水を深くする必要が生じ、排水量が増加するため燃費が悪化する方向となる。さらに、舵は、プロペラによって加速され、かつねじられた流れの中で揚力体として働いている。従って、プロペラ直径を小さくするとプロペラピッチが増加傾向にあるが、ねじれ角が増え揚力が増加するため舵の抵抗が減少する。これらを考慮すると、プロペラ単体の検討で得られる最適直径よりもやや小さい直径が最適になると言われている。

# 第6章 キャビテーション

　水は常温かつ大気圧下では液体であるが、温度や圧力が変化すると固体や気体に相変化する。温度が上がることにより液体が蒸発して気体に変化することを沸騰（boiling）と呼ぶのに対し、圧力が下がることによって蒸発する現象をキャビテーション（cavitation）と呼んでいる。キャビテーションにより生じた水蒸気の泡をキャビティ（cavity）と呼ぶ。この用語は日本語で空洞を意味し、キャビテーションの代わりに空洞化現象という言葉が使われることもある。ポンプやプロペラの流れでは場所により流れが加速され圧力が低くなるので、キャビテーションが発生しやすい。キャビテーションは第5章で紹介したサーフェイスフォースや後で述べる様々な問題の原因となるため、船舶の設計においては十分な考慮が必要となる。

## 6.1 キャビテーションの基礎

### 6.1.1 キャビテーション

　沸騰とキャビテーションを水の状態図の上に示すと図6.1のようになる。沸騰とキャビテーションは基本的には同じ相変化の現象であるが、発生要因が異なることから特性に異なる点が多い。図6.1を見るとわかるように、水の常温付近では飽和蒸気圧の温度に対する依存性は小さい。このことから、水のキャビテーション現象の解析においては、温度変化の影響は無視して差し支えないことが多い。一方、高温下では飽和蒸気圧曲線の勾配が大きく、温度変化の影響が相対的に強くなる。従って沸騰現象においては、相変化に伴う潜熱による温度の低下と熱の供給との釣り合いが重要になる。

　プロペラの翼等で圧力が飽和蒸気圧より低くなる部分ができると、上流から流れてきた小さな気泡が、界面における液体の蒸発によって大きく成長する。この種となる小さな気泡を気泡核と呼び、成長した気泡をキャビテーション気泡と呼ぶ。キャビテーション気泡は流れに乗って移動し周囲の圧力が再び上昇すると今度は水蒸気が凝縮することにより崩壊する。この崩壊の速度は非常に大きく、最終段階においては数GPaという高い圧力を発生し、大きな騒音や翼表面の損

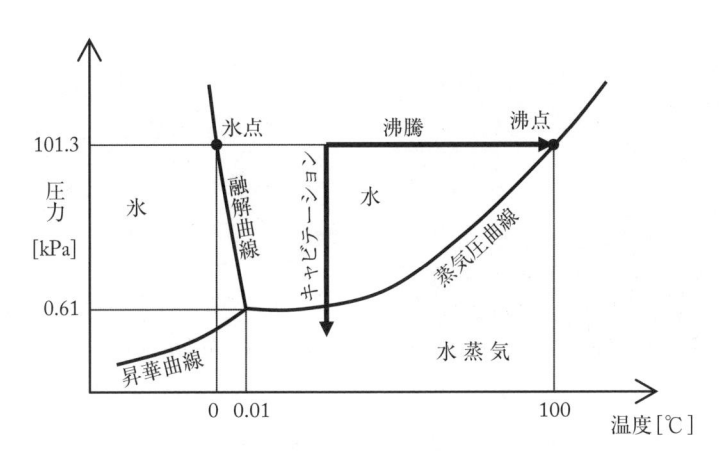

**図 6.1　水の状態図**

傷等の原因になることがある。条件によっては、キャビテーション気泡は流れの剥離領域に取り込まれ、周囲の気泡と合体しながら成長を続け、局所的に流体の密度を下げることにより流れそのものを変化させる。キャビテーション現象は、このような低圧部の形成、気泡核の成長と崩壊および流れの変化といった一連の過程が複雑に関わりあったものであり、現象を完全に解明し、正確な予測を可能にすることは、学問的にも重要な研究課題である。

### 6.1.2 キャビテーションのパターンと分類

キャビテーションは流れの条件によって、様々な様相を示す。翼に発生するキャビテーションの4つの代表的なパターンについて以下に説明するが、これらの写真を図6.2に示す。

(1) バブル・キャビテーション（bubble cavitation）

気泡が翼面に沿った流線上を移動しながら、成長し崩壊するものがバブル・キャビテーションである。図6.2(a)では大きく成長した気泡が、半球状になっている様子がわかる。翼の迎角が小さい場合、キャビテーションが発生しても剥離が起きないことから、後述のようなシート・キャビテーションにならず、バブル・キャビテーションが観察される。

(2) シート・キャビテーション（sheet cavitation）

図6.2(b)に示すような翼面に固定されたシート状に発達したキャビテーションをシート・

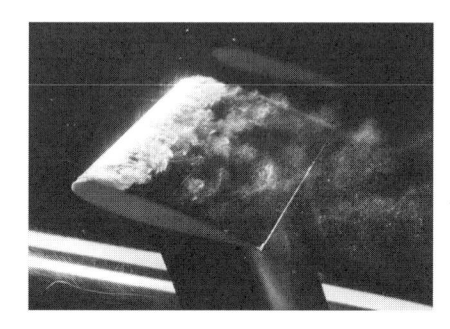

| (a) バブル・キャビテーション | (b) シート・キャビテーション |
|---|---|
| (c) シート・クラウド・キャビテーション | (d) ボルテックス・キャビテーション |

**図6.2 様々なキャビテーションのパターン**
（撮影：東京大学舶用キャビテーション水槽）

キャビテーションと呼ぶ。流れの剥離域の中でキャビテーション気泡が成長してシート状のキャビティが形成されたものであり、バブル・キャビテーションよりも大きな迎角で発生する。シート状のキャビティは気膜状である場合と、気泡群である場合がある。

(3) クラウド・キャビテーション (cloud cavitation)

多数の気泡群が集まって、雲のように見えるキャビテーションをクラウド・キャビテーションと呼ぶ。クラウド・キャビテーションは、シート・キャビテーションや後述のボルテックス・キャビテーションが崩壊することによって形成される。図 6.2(c) の写真では、翼前縁付近のシート・キャビテーションと、その下流側のクラウド・キャビテーションが観察される。

(4) ボルテックス・キャビテーション (vortex cavitation)

翼端渦等の渦の中心に発生するキャビテーションであり、他のキャビテーションよりも安定しているのが特徴である。

実際のプロペラ等で発生するキャビテーションの場合には、これらの異なるキャビテーションのパターンが組み合わさって観察されることが一般的である。

## 6.1.3 キャビテーションの影響

通常、船舶においては推進器と舵、高速船の場合はウォータージェット取水口や水中翼等で極力キャビテーションが発生しないよう考慮する必要がある。キャビテーションの発生による影響は主として以下の3つがある。

(1) 推進器性能の低下

プロペラは、圧力が正圧面側と負圧面側の圧力差により推力を生み出している。流速が増したり、プロペラの荷重度が増したりして、負圧面側の圧力が低下して飽和蒸気圧に達するとキャビテーションの発生により、圧力がそれ以下になることがなくなる。また、流れが翼面から剥離し、あたかも翼が変形したのと同じことになるので、一般に性能が悪化する。

(2) 船体振動と騒音の発生

キャビテーション現象は、非定常現象を伴うことが多く、周囲の流れの時間的な変化により圧力場に変動をもたらす。この圧力場の変動は広い周波数帯に分布し、物体表面に起振力として作用するとともに騒音の発生源となる。特にプロペラの場合、船尾の不均一な伴流中で作動するので周期的に翼面の圧力が変化することから非定常なキャビテーションが発生し、船尾付近の表面圧力に変動を生じさせる。また、プロペラに働く力の周期的な変動も軸受けを通じて船体に伝わり、振動の原因になることがある。

(3) 推進器やラダー表面の壊食（エロージョン、erosion）

先に述べたように、キャビテーション気泡の崩壊時には、局所的に非常に高い圧力が発生し、金属製の表面を損傷することがある。このような現象を、キャビテーション壊食またはキャビ

テーション・エロージョンと呼んでいる。キャビテーション気泡の崩壊が翼面上で起こるような場合、翼表面のその部分は繰り返し高い圧力を受けることになるため、金属疲労により徐々に壊食される。壊食の初期段階では、粗さが増して表面がざらざらになる程度であるが、進行するとプロペラ翼に穴が開いたり、翼の折損に繋がることもある。

### 6.1.4 キャビテーション数

　レイノルズ数が等しく物体形状が相似であるとき、粘性流体の流れは相似になる。また、重力の影響があるときにはフルード数が等しいときに流れは相似になる。キャビテーションは流れが加速され圧力が低下することによって、気泡界面で相変化が起こる現象であるため、流れの速度と圧力および液体の蒸気圧がキャビテーションの発生に関わる最も重要な因子となる。このことから、キャビテーションの発生のしやすさを示す最も基本的な無次元数であるキャビテーション数（cavitation number）$\sigma$ が以下のように定義される。

$$\sigma = \frac{p_0 - p_v}{\frac{1}{2}\rho U^2} \qquad (6.1)$$

ここで、$p_0$ は基準圧力 [Pa]、$p_v$ は液体の飽和蒸気圧 [Pa]、$\rho$ は流体密度 [kg/m$^3$]、$U$ は代表速度 [m/s] である。参考のため水の飽和蒸気圧を表 6.1 に示す。キャビテーション数は基準圧力と蒸気圧の差、すなわちキャビテーションを発生させるのに必要な圧力の低下量を流れの動圧で割ったものであるので、キャビテーション数が大きいと言うことは、キャビテーションが発生しにくい状態にあることを示し、基本的にはキャビテーション数が同じであれば、発生するキャビテーションは相似となる。ただし、キャビテーション現象には翼やプロペラ等のスケールと、気泡径のスケールという2つの異なる時間的、空間的スケールが存在する。キャビテーション数

表 6.1　水の飽和蒸気圧

| 温度 [℃] | 飽和蒸気圧 [kPa] |
|---|---|
| 0 | 0.61 |
| 10 | 1.23 |
| 20 | 2.34 |
| 30 | 4.24 |
| 40 | 7.38 |
| 50 | 12.3 |
| 60 | 19.9 |
| 70 | 31.2 |
| 80 | 47.4 |
| 90 | 70.1 |
| 100 | 101.3 |

（理科年表 2009 年版より抜粋）

は翼やプロペラ等の大域的なスケールにおける相似を表すものであるので、その他の要素の影響を受けてキャビテーションの様相が異なることに注意する必要がある。

一様流中に固定された翼の場合では、代表流速として主流の流速、基準圧力として翼の深さにおける静水圧を取る。例として、水深1mの位置に翼があり水温が20℃、流速が10 m/sである場合のキャビテーション数を計算してみる。基準圧力は以下の式で与えられる。

$$p_0 = p_A + \rho g I \tag{6.2}$$

ただし、$I$ は翼の位置の水深 [m]、$g$ は重力加速度 [m/s$^2$]、$p_A$ は大気圧 [Pa] である。重力加速度 9.807 m/s$^2$、20℃ における水の密度 998.2 kg/m$^3$、大気圧 1013 hPa を代入すると、基準圧力は $1.11 \times 10^5$ Pa と計算され、(6.1) 式からキャビテーション数 $\sigma$ は 2.18 となる。

プロペラの場合は代表速度や基準圧力の扱いに注意を要する。船舶のプロペラの直径は 10 m に達するものがあり、プロペラの上端部と下端部での静水圧の差は非常に大きくなる。水深の値として軸心における値を取ることもあるが、キャビテーションの発生が問題となるのは一般的にプロペラ翼が上を向いたときであることから、プロペラ翼が真上を向いたときの半径の 0.7 倍（あるいは 0.8、0.9 倍）の位置の水深を基準とすることが多い。この場合の基準圧力 [Pa] は以下の (6.3) 式で与えられる。

$$p_0 = p_A + \rho g (I - 0.7R) \tag{6.3}$$

となる。ただし、$I$ はプロペラ軸位置の水深 [m]、$R$ はプロペラの半径 [m] である。また、代表速度 $U$ も目的に応じて取り方が変わり、それぞれキャビテーション数の表記が異なる。$n$ をプロペラ回転数 [1/s]、$D$ をプロペラ直径 [m]、$V_a$ をプロペラの前進速度 [m/s] として

$$U = nD \tag{6.4}$$

とするときのキャビテーション数を $\sigma_n$、

$$U = V_a \tag{6.5}$$

とするときのキャビテーション数を $\sigma_v$、また

$$U = U_{0.7R} = \sqrt{V_a^2 + (0.7\pi nD)^2} \tag{6.6}$$

とするときのキャビテーション数を $\sigma_B$ と表記するのが一般的である。(6.6) 式で与えられる速度はプロペラ翼の半径の 0.7 倍の位置におけるプロペラ翼への見かけの流入速度であり、後で説明するバリルのキャビテーション判定チャートを用いる場合や、2 次元翼との比較を行う場合に使用される。

キャビテーションは小さな空気の気泡を種として成長するため、気泡核と呼ばれる液体の中に含まれる小さな空気泡の量と大きさも重要な要素である。水の中に溶けた状態で存在する空気の量と小さい気泡の量は関係が深いので、溶存空気量も重要となる。また、キャビテーションの発生の有無と様態は、物体表面の境界層が乱流であるか層流であるかの違いに強く影響を受ける。そのため、主流の乱れ度や物体表面の粗さ等もキャビテーションの発生に影響を与える。

### 6.1.5 翼型に発生するキャビテーション

キャビテーション現象とその影響についての理解を助けるため、プロペラ等の流体機械の基本要素である2次元翼に対し、条件によるキャビテーションの違いと翼性能に与える影響についてやや詳細に解説する。図6.3に迎角8度のNACA0015翼型模型の揚力および抗力係数のキャビテーション数との関係の計測結果を示す。迎角は8度、流速は8 m/sに固定されており、全体を減圧することによりキャビテーション数を変化させている。また、図6.4には同じ条件におけるキャビテーションの様子を示すストロボ写真を示した。キャビテーションの状態が非定常になる条件では、キャビティの大きさが最大に近くなったときの写真を示している。

キャビテーション数が大きく、キャビテーションが発生していない状態から徐々に圧力を下げていくと、気泡核や主流乱れの大きさの条件にもよるが、この翼型では$\sigma=3$を下回ったあたりでキャビテーションが発生し始める。このときのキャビテーション数を初生キャビテーション数と呼んでいる。さらに圧力を下げてキャビテーション数を下げていくと、キャビティは後縁の方向に向かって伸びていく。しかし、図6.3からわかるように、キャビティが小さい間は揚力、抗力ともに非キャビテーション状態の値からほとんど変化しない。この範囲ではキャビテーションが翼性能に与える影響は無視することができ、騒音や振動等が問題となる可能性がある。キャビティが図6.4の (b) に示すくらいまで大きくなると、抗力係数が増加し始めるが、揚力係数は図6.4(c) に示す程度にまでキャビティが成長しても、非キャビテーション状態の値からほとん

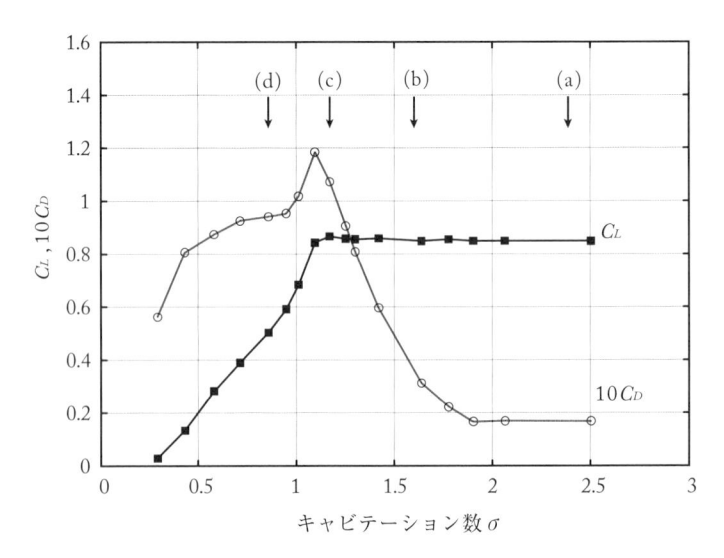

**図6.3 翼型の揚力および抗力係数の変化とキャビテーション数の関係の例**
(NACA0015、迎角8度、流速8 m/s)（a, b, c, dは図6.4の写真に対応）

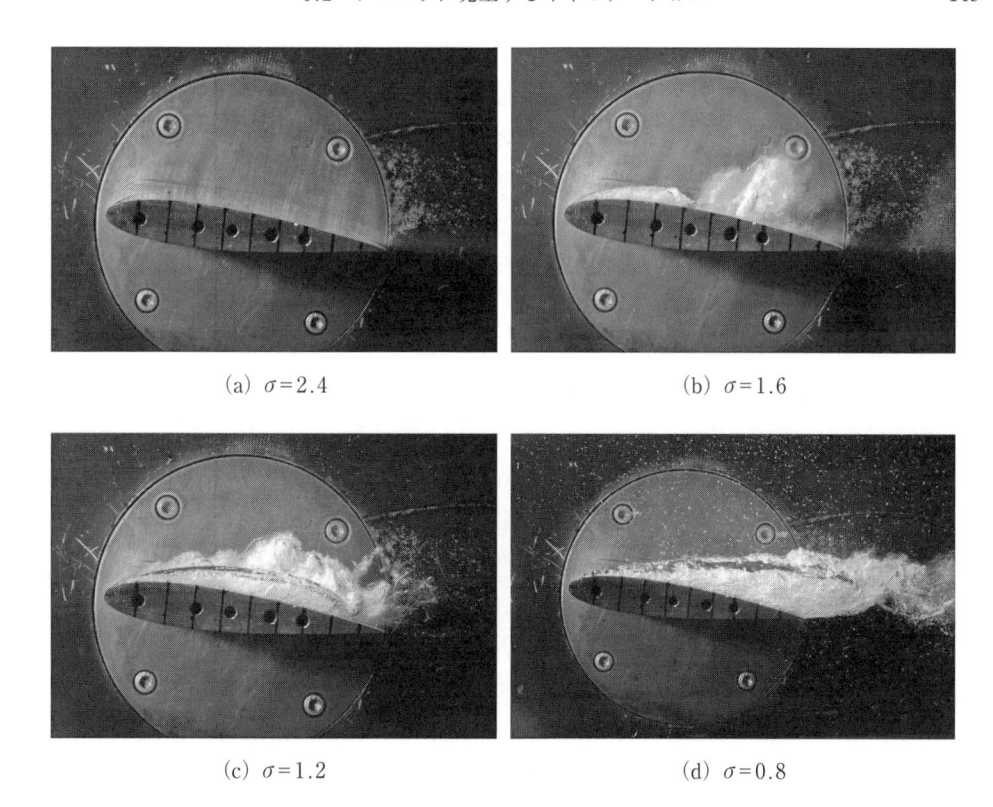

(a) $\sigma=2.4$　　　　　　　　(b) $\sigma=1.6$

(c) $\sigma=1.2$　　　　　　　　(d) $\sigma=0.8$

**図 6.4　翼型に発生するキャビテーションのキャビテーション数に対する変化**
(NACA0015、迎角 8 度、流速 8 m/s、撮影：東京大学舶用キャビテーション水槽)

ど変化しない。ここからさらにキャビテーション数を下げると、図 6.4(d) に示すように翼上面が完全にキャビティに覆われた状態になる。この状態をスーパーキャビテーション状態と呼ぶ。ここでは、揚抗力ともキャビテーション数の低下とともに減少する。

## 6.2　プロペラに発生するキャビテーション

プロペラの羽根も翼であるので、先に示した翼に発生する基本的なキャビテーションのパターンが観察されるが、その様相と発生原因からプロペラに発生するキャビテーションは図 6.5 に示すように分類される。参考のため、模型プロペラのキャビテーションの写真を図 6.6 に示す。

(1) バブル・キャビテーション

翼中央付近は比較的迎角が小さい状態で作動しており、気泡が移動しながら成長・崩壊するバブル・キャビテーションが観察される。バブル・キャビテーションの崩壊が激しい場合、エロージョンの原因となることがある。

(2) シート・キャビテーション

翼の迎角が大きく、前縁付近に負圧のピークができる条件においてはシート・キャビテーションが観察される。安定したシート・キャビテーションはエロージョンの原因にはならないとされ

ている。シート・キャビテーションは通常負圧面側（船の進行方向側）に発生するが、プロペラは船尾の伴流中で作動しているため、軸方向流速が大きくなる場所では迎角が負となり、正圧面側にもシート・キャビテーションが発生することがある。この正圧面側に発生するシート・キャビテーションはフェイス・キャビテーションと呼ばれる。フェイス・キャビテーションは急激に崩壊してクラウド・キャビテーションを発生することが多いため、一般的に設計時にはフェイス・キャビテーションが発生しないように翼型やピッチ分布を決定する。

(3) クラウド・キャビテーション

伴流中で回転することによるプロペラ翼への流入流速の変化により、シート・キャビテーションは周期的に発生と崩壊を繰り返し、伴流分布の不均一性が高い等の条件によりシート・キャビテーションの崩壊が急激であると、クラウド・キャビテーションが発生することがある。クラウド・キャビテーションは気泡群が連鎖的に崩壊し大きな衝撃圧を発生するためエロージョンの原因になり易く、最も有害なキャビテーションであるとされている。

(4) チップ・ボルテックス・キャビテーション

プロペラ翼端から流出する自由渦の中心の低圧部に形成されるボルテックス・キャビテーションである。プロペラ翼面から離れているため、プロペラのエロージョンの原因にはならないが、プロペラの後方での崩壊により舵のエロージョンや船体振動の原因となることがある。

(5) ハブ・ボルテックス・キャビテーション

プロペラのボスキャップの後端から流出する自由渦の中心の低圧部に形成されるボルテックス・キャビテーションである。チップ・ボルテックス・キャビテーションと同様にプロペラにエロージョンを起こすことは無いが、舵のエロージョンの原因となることがある。

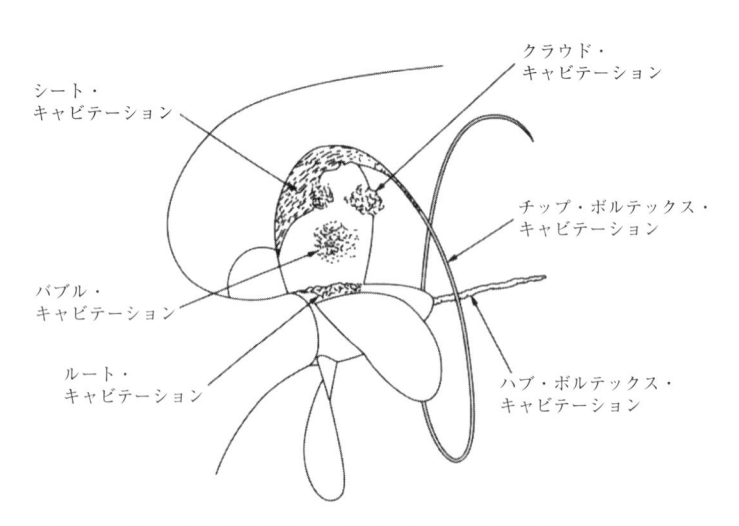

図 6.5　プロペラに発生するキャビテーションの分類（右近・石井 2005）

(a) シート・キャビテーション　　　　　(b) バブル・キャビテーション

**図 6.6　プロペラのキャビテーションの観察例**
（撮影：東京大学舶用キャビテーション水槽）

(6) ルート・キャビテーション

高速船等でプロペラ軸が船の進行方向に対して斜めになっている場合、プロペラ翼の迎角が1回転中に変化する。迎角のこの変化はプロペラ翼の根元付近で一番大きくなり、この部分にキャビテーションを発生することがある。このキャビテーションはルート・キャビテーションと呼ばれ、エロージョンを起こしやすいので設計時にはピッチ分布や翼根部の形状に注意が払われる。

## 6.3　キャビテーションの予測方法

### 6.3.1　理論計算による予測法

翼やプロペラにおけるキャビテーションの発生の有無や範囲、またはキャビテーションを発生している翼やプロペラの性能の予測を行うための理論的な手法をいくつか解説する。

(1) 気泡追跡法

上流から流れてきた気泡が、翼面上を通過する際の成長と崩壊を、キャビテーションが発生していない状態における翼面上の圧力分布と単一気泡の半径の変化を与える Rayleigh-Plesset 方程式から求め、図 6.7 に示すようにキャビティ形状を翼面上の気泡半径の包絡線として予測する手法である。バブル・キャビテーションに対しては合理的なモデルと考えられるが、キャビテーションは一般的には多数の気泡群からなり、単一気泡の半径変化の式を用いることには無理がある。またキャビテーションが発生したことによって翼面の圧力が変化することも考慮できない等、モデルとしての適用範囲は狭い。

Rayleigh-Plesset 方程式は気泡の体積運動を考える上で基本となる式なのでここで説明する。Rayleigh-Plesset 方程式は非圧縮性流体中の球形気泡の半径変化を記述する式であり以下の (6.7) 式で与えられる。

$$\rho\left(r\ddot{r}+\frac{3}{2}\dot{r}^2\right)=p_b-p_\infty-\frac{4\mu\dot{r}}{r}-\frac{2\gamma}{r} \tag{6.7}$$

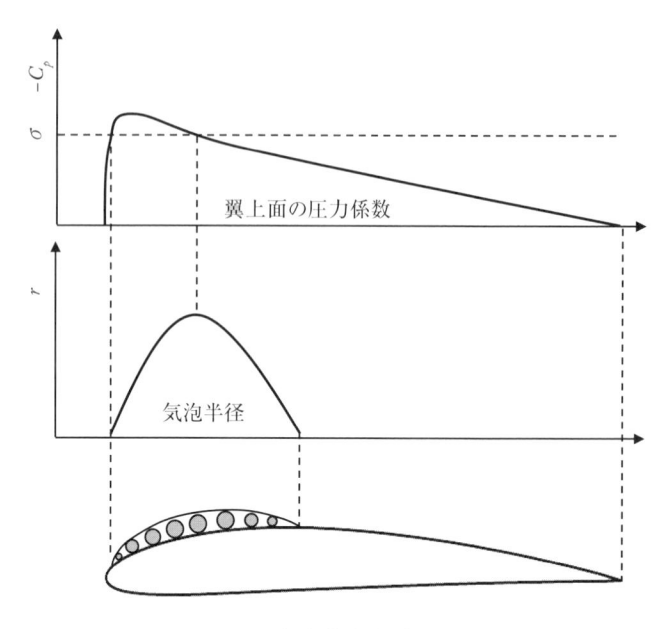

**図 6.7　気泡追跡法の概念図**

ここで、$r$ は気泡半径、$p_b$ は気泡半径の位置における液体圧力、$p_\infty$ は無限遠方の圧力、$\mu$ は液体の粘性係数、$\gamma$ は気液界面の表面張力である。気泡が空気のような非凝縮性気体と水蒸気からなるとすると、気泡内部の圧力 $p_b$ は以下のように非凝縮性気体と水蒸気のそれぞれの分圧 $p_g$ と $p'_v$ の和となる。

$$p_b = p_g + p'_v \tag{6.8}$$

一般に気泡の半径変化に対して蒸発と凝縮は十分に速く行われると考えることができるので、$p'_v$ は飽和蒸気圧 $p_v$ に等しいとしてよい。非凝縮性気体の圧力 $p_g$ は気体の状態方程式から求める。

(2) 揚力等価法

プロペラにキャビテーションが発生してもその範囲が大きくなければ、キャビテーションの発生によって推力がほとんど変化しないことが経験的に知られている。このことは、6.1.5 節に示した2次元翼の例においても確認できる。揚力等価法はこのことを利用して、キャビテーションを発生していないときの圧力分布から、キャビティ長さを推定する手法である。

キャビテーションが発生すると負圧面の圧力は蒸気圧以下にはならなくなるため、同じ揚力を発生するためには、図 6.8 に示す2つの斜線部の面積が等しくならなければならない。揚力等価法では、この関係からキャビティの長さを求められる。簡便な割には精度が比較的高いが、プロペラ翼まわりの流れが2次元的であることが仮定されるため、翼端渦の影響が強い翼先端付近のキャビティ形状については過小評価される傾向がある。

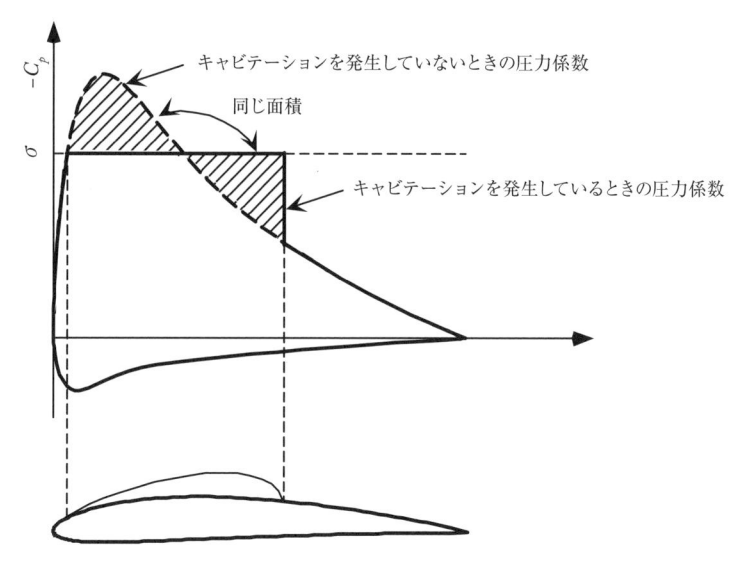

**図 6.8　揚力等価法の概念図**

(3) キャビティ流れ理論（空洞理論）

　キャビティを飽和蒸気圧の気体で満たされた空間であるとし、キャビティ界面を自由表面としてキャビティ形状とそのまわりの流れを求める方法であり、自由流線理論と呼ばれることもある。ポテンシャル理論に基づく翼性能の計算法では、渦と吹き出しの特異点を分布させることによって翼形状を表現するが、キャビティ流れ理論ではキャビティ界面も翼形状と同様に流線とな

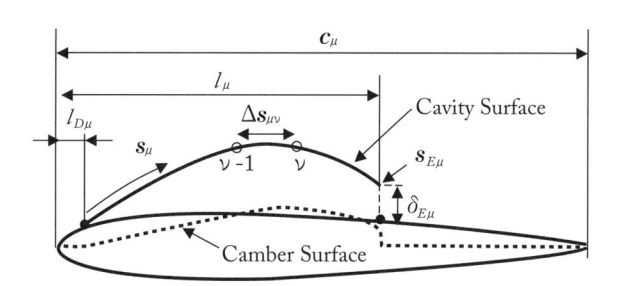

(a) 部分キャビテーションに対するモデル

(b) スーパー・キャビテーションに対するモデル

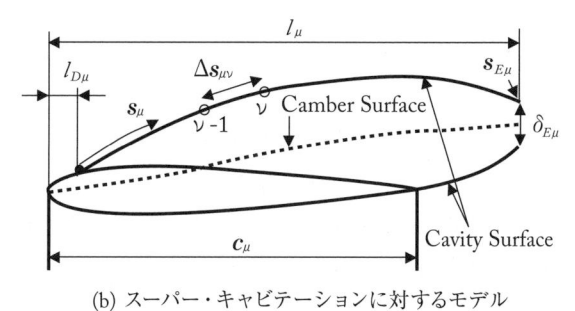

**図 6.9　キャビティ流れモデルの例**（金丸・安東 2008）

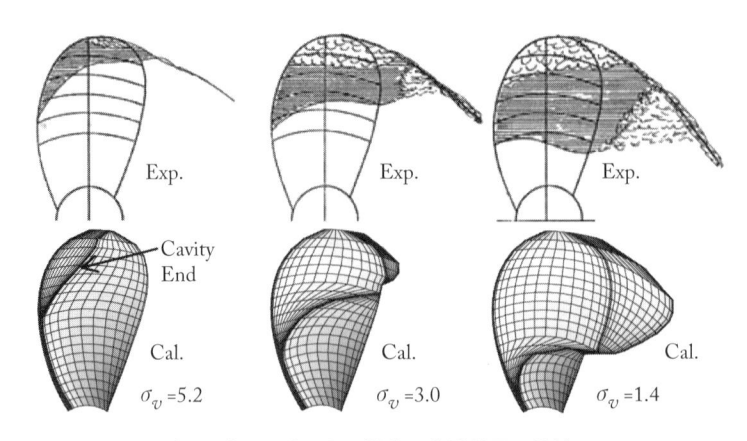

図 6.10 キャビティ流れ理論による推定と実験結果の比較（金丸・安東 2008）

るように特異点分布を決定する。ただし、キャビティ界面は形状が与えられていないので、形状も解の一部として求められることになる。

　具体的な手法はプロペラまわりの流れの解法との組み合わせや、キャビティの後縁のモデルに依存するため、多くのバリエーションが存在する。ここでは例として、金丸・安東（2008）による計算方法について紹介する。この方法では図 6.9 に示すように揚力面理論を用いてキャンバー面上に渦格子、翼表面とキャビティ表面に吹き出し分布を配置し、キャンバー面およびキャビティと翼表面で垂直方向の流速がゼロであるという条件から渦と吹き出しの強さを決定する。この際、キャビティの先端の位置およびキャビティ後縁の厚さ（図 6.9 における $l_{Du}$ と $\delta_{Eu}$）は実験結果等に基づき仮定される。図 6.10 に予測されたキャビティ形状と実験結果の比較を示すが、キャビテーション数の変化に対するキャビティ形状の変化が良く再現されている。

　このように、キャビティ流れ理論による予測方法は、発生するキャビティの形状とキャビテーションを発生している状態のプロペラの性能を同時に求めることができるため有用性は高い。一方で、用いている仮定から、扱うことができるキャビテーションがシート・キャビテーションに限定されることや、キャビティの前縁位置や後縁厚さ等を与えなければならないというような制約がある。

## 6.3.2　キャビテーション・チャートによる予測法

(1) バリルのキャビテーション・チャート

　初期設計の段階でプロペラにどの程度キャビテーションが発生するのかを見積もるために、系統的な模型試験の結果に基づくキャビテーション判定チャートを利用して予測することが行われる。最も一般的に用いられるのは一様流中のキャビテーション試験結果に基づくバリル（Burrill）のチャートである。チャートの一例を図 6.11 に示す。キャビテーション数 $\sigma_B$ はプロペラ軸心における静水圧と（6.6）式で定義される 70% 半径位置の流入流速に基づき定義され、推力係数 $\tau$ は以下のように定義される。

6.3 キャビテーションの予測方法

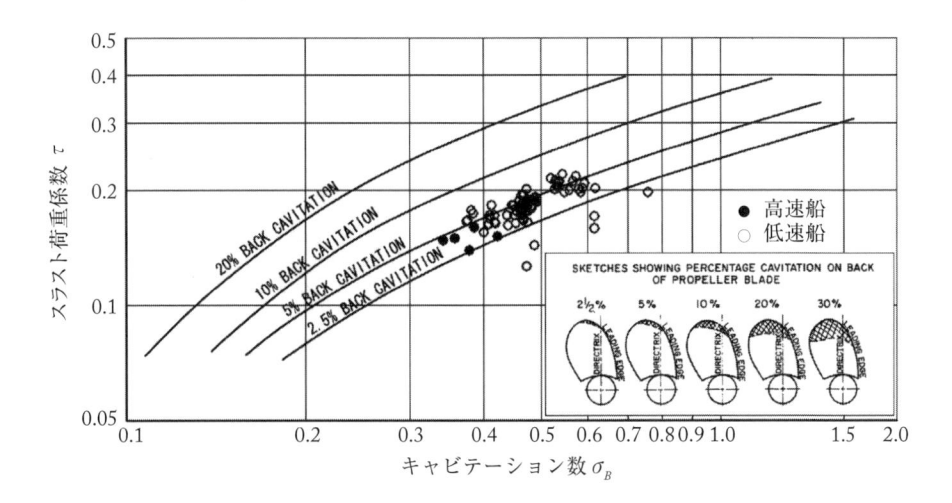

**図 6.11** バリルのキャビテーション・チャート（山崎 2005）

$$\tau = \frac{T}{\frac{1}{2}\rho U_{0.7R}^2 A_P} \quad (6.9)$$

ここで、$T$ は推力（スラスト）[N]、$A_P$ はプロペラの投影面積 [m$^2$] であり、プロペラの展開面積 $A_E$ [m$^2$] とピッチ $P$ [m] およびプロペラ直径 $D$ [m] から近似的に次式で求められる。

$$A_P = \left(1.067 - 0.229\frac{P}{D}\right)A_E \quad (6.10)$$

実際の設計では、図 6.11 中の 5% のラインをおよその限界点の目安とされることが多い。手順としてはまず設計条件からキャビテーション数 $\sigma_B$ を計算し、次にチャートから 5% ラインに対応する推力係数 $\tau$ の値を求めた上で (6.10) 式を用いて必要な展開面積を計算することになる。

(2) バケット図

キャビテーションが発生するかしないかを簡易的に判定するためには、バケット図 (bucket chart) と呼ばれる図が用いられる。バケット図は、動作点の範囲が広いプロペラで、キャビテーションの発生を防止する必要がある艦艇や音響機器を用いる調査船等のプロペラ設計において重宝される。図 6.12 に示すように縦軸に迎角を取り、翼面上の最小圧力係数 $C_{p\min}$ の符号を反転したものを横軸にしてプロットすると、左側を底としてバケツを横にしたようなカーブが描かれる。翼がある迎角で作動するときのキャビテーション数 $\sigma$ が $-C_{p\min}$ の境界線よりも右側、すなわちバケツの内側にあればキャビテーションは発生しないことになる。プロペラの前進係数を変えて、翼面の最低圧力係数の値を理論計算等で求めることによって、個々のプロペラのバケット図を作成することができる。

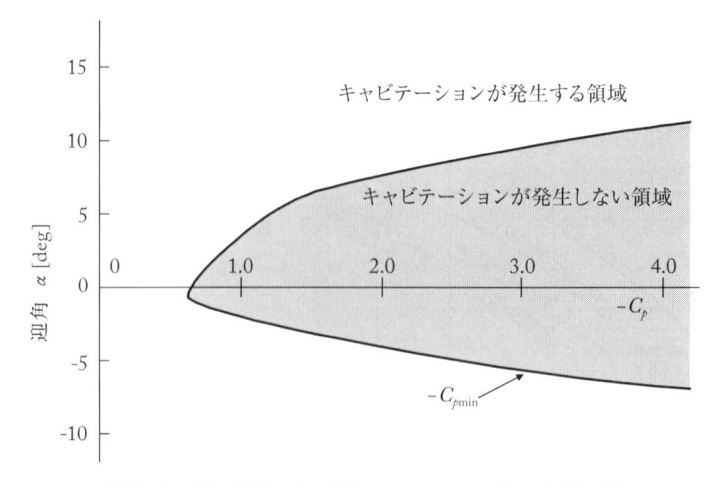

**図 6.12　2 次元翼のキャビテーション・バケット図の例**

### 6.3.3　CFD による予測法

　ポテンシャル理論（非粘性、非回転）による手法では、キャビティ界面を自由流線とするキャビティ流れ理論に基づく推定法が用いられてきた。この方法が適用できるのは一般的にシート・キャビテーションに限られるばかりでなく、計算において経験的に諸数値を与えなければならない等の問題がある。また、粘性の影響を近似的にしか扱うことができないポテンシャル理論自体の限界がある。そのため、近年では粘性流体の支配方程式であるナビエ・ストークス方程式を直接離散的に解く CFD に基づく方法がキャビテーション流れに対しても適用されるようになってきた。

　キャビテーション流れは、一般的に様々な大きさの気泡を含む液体の流れであるが、CFD 解析においては、これを局所的に液体と気体が均一に混じり合っているという仮定、いわゆる局所均一媒体の仮定のもとに取り扱う、混相流モデル（multiphase flow model）と呼ばれる方法が用いられる。キャビティ流れ理論においては、キャビテーション流れは液相の部分と気相の部分に分けられるが、混相流モデルにおいては気相の体積率を表すボイド率を用いて、ボイド率が 0 の液相の状態からボイド率が 1 の気相の状態までを統一的に表現できることが利点となる。

　混相流モデルは気液の速度の扱いにより分類することができる。気液の間の速度差が無いとして、一つの流速を用いるものは混合物モデル（mixture model）と呼び、気液間の速度差を代数式で与えるものをドリフト・フラックス・モデル（drift flux model）と呼んでいる。また、液相と気相の速度をそれぞれの相の運動量方程式から求めるものを 2 流体モデル（two-fluid model）と呼ぶ。2 流体モデルに対して、混合物モデルとドリフト・フラックス・モデルを 1 流体モデルと呼ぶこともある。

　キャビテーション流れの解析においては、一般的に気液間速度差の影響は小さいため、混合物モデルを用いることが多い。この場合の支配方程式は以下の混合物の質量と運動量の保存式になる。

## 6.3 キャビテーションの予測方法

$$\frac{\partial}{\partial t}(\rho_m) + \nabla \cdot (\rho_m \vec{v}_m) = 0 \tag{6.11}$$

$$\frac{\partial}{\partial t}(\rho_m \vec{v}_m) + \nabla \cdot (\rho_m \vec{v}_m \vec{v}_m) = -\nabla p + \nabla \cdot (\bar{\tau}) \tag{6.12}$$

ここで、$\vec{v}$ は速度ベクトル、$\bar{\tau}$ は乱流の影響を含む粘性応力テンソルであり、添字 $m$ は混合流体の物理量を表す。また、混合流体の密度 $\rho_m$ はボイド率 $\alpha$ を用いて以下の式で与えられる。

$$\rho_m = (1-\alpha)\rho_l + \alpha \rho_g \tag{6.13}$$

ただし、添字 $l$ と $g$ はそれぞれ液相と気相の物理量を表す。以上の方程式系の解を求めるためには、キャビテーションの発生と消滅によるボイド率の増減を正しく考慮してボイド率を与える必要がある。これには多くの方法が提案されているが、大別して混合流体の密度を圧力の関数として与えるバロトロピー・モデル（barotropy model）と、気泡の成長と崩壊を表す Rayleigh-Plesset 方程式を簡略化した式に基づいて気泡半径を求めることにより与える気泡力学モデル（bubble dynamics model）の 2 つに分けることができる。

バロトロピー・モデルでは図 6.13 に示すように、圧力が蒸気圧 $p_v$ よりも十分高い時、混合流体の密度 $\rho_m$ は液相の密度 $\rho_l$ に等しく、十分低い時には気相の密度 $\rho_g$ に等しくなるとし、蒸気圧を挟んだある一定の幅で連続的に変化すると仮定する。これらの仮定は、物理的には気泡の成長と崩壊の時間スケールは流れの時間スケールに比べて十分小さく、気泡半径は瞬時に平衡半径に到達するということに対応する。

気泡力学モデルでは、(6.7) 式に示した Reyleigh-Plesset 方程式を簡略化した式が用いられる。いくつかのモデルが提案されているが、ここでは最も広く用いられている full cavitation model（Singhal 2002）について説明する。このモデルでは水蒸気の質量分率 $f_v$ について以下の輸送方程式を解く。

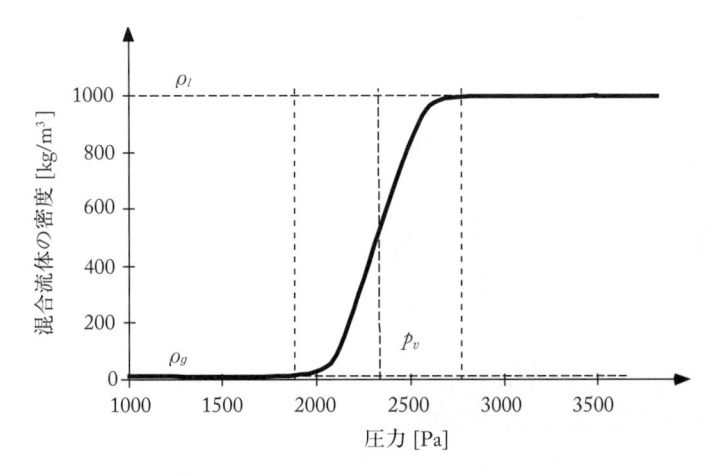

**図 6.13　バロトロピー・モデルにおける圧力と密度の関係**

$$\frac{\partial}{\partial t}(\rho_m f_v) + \nabla \cdot (\rho_m \vec{v}_m f_v) = \nabla \cdot (\Gamma \nabla f_v) + R_e - R_c \tag{6.14}$$

ここで $\Gamma$ は $f_v$ の拡散係数であり、$R_e$ と $R_c$ はそれぞれ蒸発によって生成される蒸気の質量と凝縮により消滅する蒸気の質量で、以下のようにモデル化される。

$$R_e = \begin{cases} C_e \dfrac{\sqrt{k}}{\gamma} \rho_l \rho_v \sqrt{\dfrac{2(P_v - p)}{3\rho_l}} (1 - f_v - f_g) & (p < P_v) \\ 0 & (p \geq P_v) \end{cases} \tag{6.15}$$

$$R_c = \begin{cases} 0 & (p < P_v) \\ C_c \dfrac{\sqrt{k}}{\gamma} \rho_l \rho_l \sqrt{\dfrac{2(p - P_v)}{3\rho_l}} f_v & (p \geq P_v) \end{cases} \tag{6.16}$$

ただし、$C_e$ と $C_c$ は経験定数、$k$ は乱流運動エネルギー、$\gamma$ は表面張力、$\rho_v$ は蒸気密度、$f_g$ は液体中に含まれる空気等の非凝縮性ガスの質量分率である。さらに、$P_v$ は飽和蒸気圧 $p_v$ に乱流による圧力変動を加えた圧力として以下のように定義される。

$$P_v = p_v + \frac{1}{2} 0.39 \rho_l k \tag{6.17}$$

これは、乱流による圧力変動によってキャビテーションが発生しやすくなる、という効果を表すためのものである。また、水蒸気の質量分率 $f_v$ と混合流体の密度 $\rho_m$ は以下の関係で結びつけられる。

$$\frac{1}{\rho_m} = \frac{f_v}{\rho_v} + \frac{f_g}{\rho_g} + \frac{f_l}{\rho_l} \tag{6.18}$$

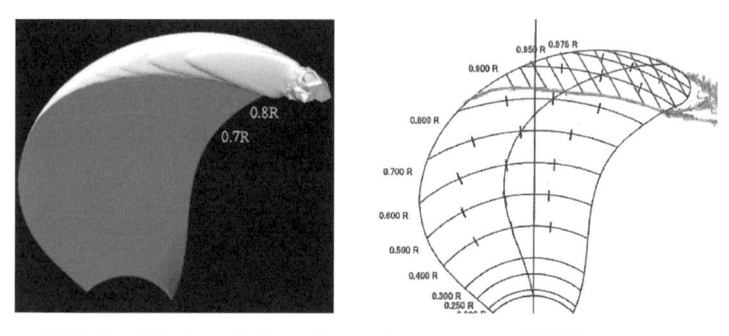

**図 6.14　CFD によるプロペラキャビテーションの予測例** （黄他 2009）
（左：計算、右：実験）

$\rho_g$ は非凝縮性ガスの密度であり、気体の状態方程式から求められる。

CFDに基づく方法は、計算負荷は大きいもののキャビテーションと粘性や乱流の影響を同時に直接的に扱うことができるため、汎用性が高い方法であり、計算精度の検証が進められている。プロペラのキャビテーションへの適用例としてはfull cavitation modelを用いた計算結果およびバロトロピー・モデルを用いた計算結果が発表されている。一例を図6.14に示す。プロペラ形状や条件が異なるので厳密な比較は出来ないが、図6.10に示したキャビティ流れ理論に基づく計算結果と比較すると、翼先端付近までキャビティ形状が正確に予測されている。一方で、用いる計算格子や乱流モデル等の計算条件の影響が必ずしも明らかになっておらず、局所均一媒体の仮定の限界も明確には示されていない等、検討の余地も多く残されている。

## 6.4 キャビテーション試験

### 6.4.1 キャビテーション水槽

実船で発生するキャビテーション現象を模擬し、キャビテーションに起因する諸問題を予測するために、また、理論的あるいは数値的なキャビテーション予測法の開発や検証のためには、縮尺模型を用いた実験が重要である。キャビテーション現象の実験には、流速と圧力を制御することができる回流水槽であるキャビテーション水槽（cavitation tunnel）が用いられる。

図6.15にキャビテーション水槽の一例を示す。キャビテーション水槽は一般に縦に循環するようになっていて、上側の水平部分に試験部が置かれ、下側に駆動のためのポンプが置かれる。このような配置にすることで、試験部よりもポンプ部の圧力は静水圧の分だけ高くなり、試験部でキャビテーションが発生するように内部を減圧したとしても、ポンプにおけるキャビテーションの発生を抑制することができる。また、試験部におけるキャビテーションにより生成した気泡がループを循環して再び試験部を流れると観察が妨げられるので、ループの中に圧力が高い部分を設けることにより、発生した気泡が再び試験部に流れ込む前に水中に溶解させることができ

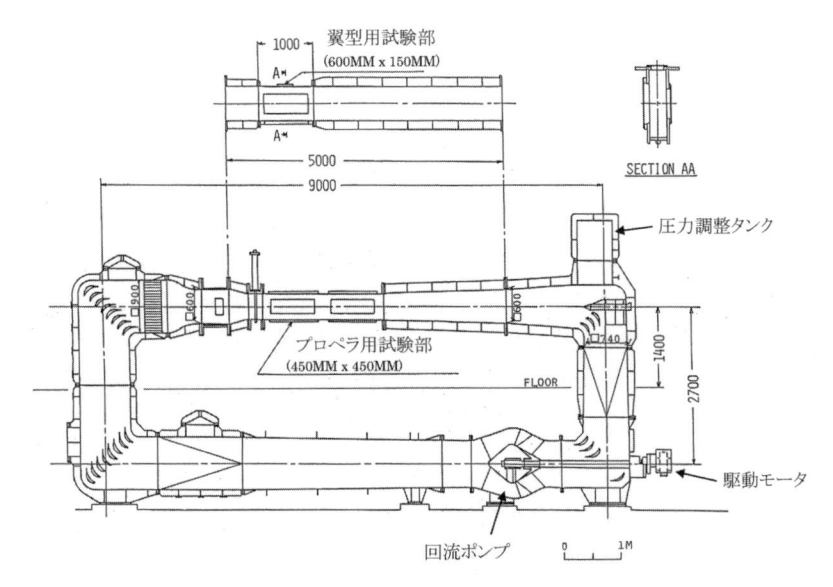

**図6.15　キャビテーション水槽**（東京大学）

る。この設備では、2種類の試験部を交換して用いることができる。ひとつはプロペラ用試験部であり、断面は一辺が450 mmの正方形となっている。プロペラを作動させて推力とトルクを計測できるプロペラ動力計（propeller dynamo meter）を用いて、直径150 mmから250 mmまでのプロペラ模型の試験を行うことができる。もうひとつは高さ600 mm、幅150 mmの長方形の断面を持つ翼型用試験部であり、主に2次元翼の試験に用いられる。圧力調整タンクには加圧用および減圧用のポンプが取り付けられていて、水槽内部の圧力を絶対圧で0.1気圧から3気圧まで広い範囲で変化させることが可能である。また、最大流速はプロペラ用試験部で約11 m/s、翼型用試験部で約19 m/sとなっている。

この設備はプロペラ用のキャビテーション水槽としては小型のものであるが、国内で最大のもの（2011年現在）は防衛省防衛技術研究所のフロー・ノイズ・シミュレーター（Flow Noise Simulator; FNS）であり、計測部は幅2 m、高さ2 m、長さ10 mの矩形で水槽の長さは49 mにもなる。水槽の大きさによらず、図6.15に示すような構成は基本的には共通する点が多い。

## 6.4.2　プロペラのキャビテーション試験法

商船用のプロペラに関するキャビテーション試験の主な目的は、船体振動の原因となる船尾における船体表面圧力変動を予測することと、キャビテーション・エロージョンの危険性を評価することである。このため、実験上の制約の中で、実船におけるキャビテーションの状態をできる限り正確に再現することに注意が払われる。

試験には一般的に実船のプロペラと幾何的に相似である直径150 mmから250 mm程度の模型プロペラが用いられる。プロペラ面上の伴流分布を実船のそれとできるだけ一致するように与えることは、キャビテーション試験において非常に重要である。キャビテーション水槽における試験で伴流分布を再現する方法としては、模型船を装着する方法と、ワイヤー・メッシュ（wire mesh screen）を用いる方法の2種類が一般的に用いられる。前者は幅が2 m程度以上で模型船がそのまま装着できるほどの大型の水槽でのみ適用可能な方法であり、プロペラと同じ縮尺の模型船を試験部内に設置することにより伴流を再現する。後者の方法は、小型の水槽でも用いることができることが利点であり、プロペラの上流側に船体の代わりに水流に対して抵抗を与えるワイヤー・メッシュを配置して伴流分布を模擬する。ワイヤー・メッシュ法では本来3次元的であるの伴流成分のうち、軸方向成分のみしか再現できない点が欠点となる。

伴流分布はレイノルズ数の影響を強く受けるため、一般的に模型実験で計測された分布に対して、実船との摩擦抵抗係数の違いを考慮して修正を加えたものを再現する必要がある。模型船を用いるキャビテーション試験法では試験部流路の断面積を船尾にあたる部分において小さくすることで流れを加速し、実船相当の伴流分布を得る等の工夫も行われている。

キャビテーション現象には流速と圧力の他にも主流の乱れやプロペラ翼表面の粗さ等多くの要因が関わっており、試験において注意を払わなければならない点が多い。

キャビテーションの発生には液体中に含まれる気泡核が重要な役割を果たしているので、水槽の水質の管理も重要となる。気泡核分布が分かればよいが、それを計測することは容易でないため、計測が容易な溶存酸素量が指標とされることが多い。キャビテーション試験は通常、減圧した状態で行われるが、大気圧下で空気が十分に溶けている水を減圧すると、飽和量を超えた分の

空気が析出して非常に多くの気泡核を含んだ状態となってしまう。このため、試験を行う前に減圧した状態で運転を行い析出した気泡を取り除く脱気作業が行われる。一般的には、溶存酸素量を指定の値とすることにより、間接的に気泡核量を制御しているが、十分に脱気作業を行って一度気泡を取り除いた後で、水の電気分解によって指定量の微小気泡を供給する方法が取られることもある。

プロペラ翼面上の境界層の乱流遷移もキャビテーションの発生に強い影響を与える。境界層の乱流遷移には主流の乱れとプロペラ表面の粗さが影響を与えるので、実船における状態をできるだけ正確に再現することと試験の再現性を良くすることを目的として、模型プロペラの翼前縁部に微小粒子を塗布する等の具体的な対策が取られる場合もある。

キャビテーション試験法に関するより詳細な解説は右近・石井（2005）等を参照するとよい。

### 6.4.3 キャビテーション試験の相似則

フルードの相似則に従った模型船の抵抗試験では、フルード数を実船と同じ値とするが、プロペラのキャビテーション試験では、プロペラの前進係数とキャビテーション数が実船と同じ値になるようにすることで相似則が満足される。プロペラのキャビテーション試験ではプロペラの回転数と流速および水槽内の圧力を独立に変更することが可能なので、理論上は任意の回転数において実験を行うことができるが、実際にはプロペラ動力計の容量や水槽の回流ポンプの能力に限界があるため、通常はプロペラの回転数を毎秒 20 から 40 回転の間の値に固定し、流速を調整することで前進係数を定め、圧力を調整することでキャビテーション数を合わせる。ただし、キャビテーション水槽内では主流の流速を正確に計測することは困難であるため、一般的には前進係数を合わせる代わりに、推力係数が設定値になるように流速を調整する。

実船のプロペラではプロペラ面内の位置によって水深が異なるので静水圧に大きな差が生じるが、模型プロペラのスケールでは水深の影響は小さい。従って、プロペラの軸心の位置でのキャビテーション数を実船と実験で一致させると、プロペラ翼の上半分における静水圧は実船の方が相対的に低くなり、実験においてキャビテーションの発生を過小評価してしまうことになる。このため、6.1.4 節に述べたように、実船におけるキャビテーション数は、プロペラ軸よりもプロペラ半径の 0.7 倍（あるいは 0.8, 0.9 倍）上方の位置の水深を基準とした値を取ることが多い。

### 6.4.4 計測法

キャビテーション試験においては、以下のような計測または観察手法が用いられる。

(1) 船尾変動圧力および水中騒音の計測

船体模型を用いる場合は、船体模型の表面に圧力計を設置して変動圧力を計測する。また、ワイヤー・メッシュを用いて伴流を模擬する場合は、プロペラの上方に船体の代わりに、圧力計を取り付けた計測平板を設置して変動圧力を計測する。このとき、計測平板はプロペラ先端との隙間が船体と同じになるように設置する。水中騒音はハイドロフォンを試験部の壁面に設置することにより計測される。

(2) キャビテーションの観察

発光時間が数マイクロ秒のストロボを用いたデジタル・スチール・カメラによる撮影と肉眼によるスケッチが一般的な方法である。このとき、ストロボの発光をプロペラ回転と同期させることで、任意のプロペラ翼位置におけるキャビテーションを観察することができる。また、最近では撮影速度が 1000 fps から数万 fps の高速度ビデオ・カメラが普及してきたことから、高速度ビデオ・カメラを用いた観察も行われるようになってきた。

(3) ペイント・テスト

模型試験では流速が実船よりも小さいため、エロージョンはほとんど発生せず、模型プロペラのエロージョンから実船のエロージョンをそのまま推定することは出来ない。そのため、模型プロペラの表面に剥がれやすい塗料を塗布し、キャビテーションによって剥がれるかどうかを調べるペイント・テストが行われる。しかし、キャビテーション・エロージョンに関する相似則は未解明な部分があり、実船におけるエロージョンを定量的に予測することは困難である。ペイント・テストもエロージョンが発生する可能性を指摘するものとして行われる。

# 第7章　推進効率

本章では船体と推進器を一体にした場合の推進効率について解説する。どのような形であれ、推進器が単独で存在し船体との干渉無く船を推進させることはできない。ここではごく普通の船とプロペラの推進について、推進器と船体の干渉がどのようなものであるかを概説し、推進効率の計算法について説明を加える。また、推進効率よりも広い定義である輸送効率についても触れることにする。

## 7.1　推進効率

一般に、船のプロペラは船尾に装備されているが、その理由を理解するには、推進器と船体の流体力学的な干渉について少し理解する必要がある。図 7.1 は船体とプロペラの干渉モデルを模式的に示している。ここでは、単純化のため無限流体中の船体を考え、舵の影響も無視した干渉モデルとした。図に記載の変数はそれぞれ、$V_0$：船の進む速度、$V_a$：プロペラと流体の相対速度、$R_0$：プロペラがない場合の船体抵抗、$\Delta R$：プロペラが存在することによる船体抵抗変化量、$T$：プロペラ推力、を意味している。

まず、単純化された船体とプロペラの系での推進効率（propulsive efficiency）を定義する。プロペラを駆動するために必要な馬力を $P_D$ [kW] とすると、これに対して船が流体に対して行った仕事との比率が推進効率であるから、推進効率は次式で定義される。

$$\eta_D = \frac{R_0 V_0}{P_D} \tag{7.1}$$

次にプロペラ効率（propeller efficiency）を定義する。プロペラ効率は $P_D$ に対してプロペラが流体に対して行った仕事との比率であるから、$V_0$ の代わりに $V_a$ を、船体抵抗 $R_0$ の代わりにプロペラ推力 $T$ を用いて、次式で定義される。

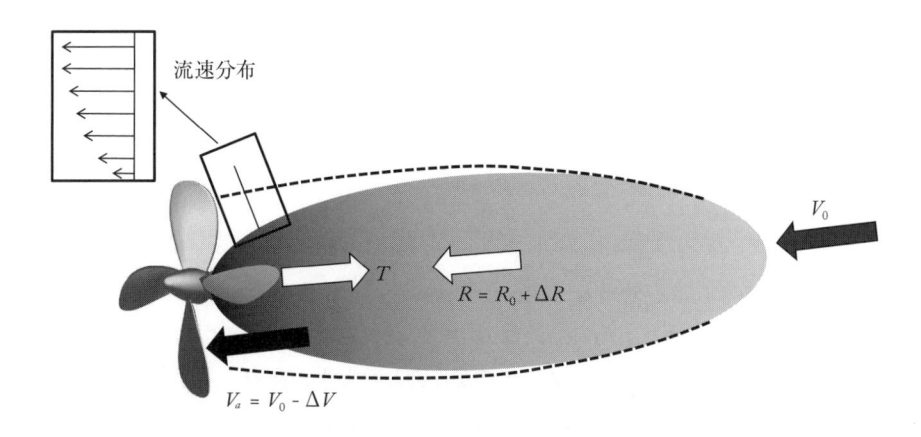

**図 7.1　船体・プロペラ干渉モデル**

$$\eta_0 = \frac{TV_a}{P_D} \tag{7.2}$$

プロペラ効率を実験的に求める方法については8.2節で解説する。(7.1) と (7.2) 式から次の関係が得られる。

$$\eta_D = \eta_0 \frac{R_0 V_0}{TV_a} \tag{7.3}$$

推進器で進んでいる時の船体抵抗は、推進器が無い場合（曳航状態）の船体抵抗とプロペラとの干渉で生じた抵抗増加 $\Delta R$ の和と考えられるから、船体が一定速度で進行するためには、これがプロペラの推力 $T$ と釣り合っていることになる。

$$T = R_0 + \Delta R \tag{7.4}$$

これを (7.3) 式に代入すると

$$\eta_D = \eta_0 \frac{R_0 V_0}{(R_0 + \Delta R) V_a} \tag{7.5}$$

ここで、推力減少率（thrust deduction）$t$ と有効伴流率（wake fraction）$w$ を導入すると

$$\begin{gathered}\eta_D = \eta_0 \frac{1-t}{1-w} \\ t = \frac{\Delta R}{T}, \quad w = \frac{V_0 - V_a}{V_0}\end{gathered} \tag{7.6}$$

と書きなおすことができる。この推進効率 $\eta_D$ を用いると船が推進に必要な馬力である伝達馬力 $P_D$ [kW] は次のように表現できる。

$$P_D = \frac{P_E}{\eta_D} \tag{7.7}$$

ここで、$P_E = R_0 V_0$ [kW] は有効馬力（effective power）と呼ばれる。

船尾でのプロペラの効率は、不均一な流れの中で作動するため均一流中の単独効率とは異なったものとなる。それぞれの流れの中でプロペラが作動したとき、推力を基準としてトルクを比較した場合の比率を船後プロペラ効率比 $\eta_R$ と呼ぶ。分かりやすく言えば、プロペラが同じ推力を発生している条件下で、不均一流中で馬力がどう変化するかという数値であり、(7.6) 式につい

## 7.1 推進効率

てさらにこの修正をする必要がある。以上の説明のように、伴流率、推力減少率およびプロペラ効率比はプロペラの干渉を表す係数であり、自航要素と呼ばれている。自航要素の求め方については次の 7.2 節で解説する。

推進効率の形からわかるように、プロペラと船体の干渉は推進効率を考えるのに非常に重要である。推進効率を増加させるには推力減少率 $t$ を減少させ、有効伴流率 $w$ を増加させればよい。推力減少率 $t$ は、プロペラが作動することによる船体抵抗の増加である。この増加する抵抗成分には 2 つあり、ひとつはプロペラの加速による船体表面の圧力低下、もうひとつは摩擦抵抗の増加である。これらの現象はプロペラの周囲（特に前方）の局所的な範囲で生じるためプロペラ近傍の船尾形状の影響を強く受ける。一方、伴流率 $w$ は船体前方からの境界層流れや伴流の特性で決まるため、船体後半部形状によって大きく変わる。タンカーのような肥大船においては、船体抵抗の中の形状影響係数と相関が強く、形状影響係数 $K$ が小さいと伴流率 $w$ も小さくなり、推進効率が低下する傾向がみられる。

自航要素を理解するために、図 7.2 に示すように船体とプロペラをそれぞれ回転楕円体と吸い込み円盤にモデル化して解析した例がある。伴流率を $w$、推力減少率を $t$ とし、ポテンシャル成分および摩擦成分をそれぞれ $p, f$ の添え字で表すと結果は

$$w_p = \frac{1}{\pi R^2 E} \int_0^{2\pi} \int_0^R \int_{-a}^{+a} \frac{x_0(x_P-x_0)r}{\{(x_P-x_0)^2+r^2\}^{3/2}} dx dr d\theta \tag{7.8}$$

$$t_p = 2\left\{\frac{-1+\sqrt{1+C_T}}{C_T}\right\} w_p \tag{7.9}$$

$$w_f = 1 - \frac{2}{n+2}\left(\frac{R}{\delta}\right)^n \frac{V_e}{U} \tag{7.10}$$

$$t_f = 2\left\{\frac{-1+\sqrt{1+C_T}}{C_T}\right\} w_f \tag{7.11}$$

が得られる。ここで、$R$ はプロペラ半径、$E$ は回転楕円体の偏心率の関数として

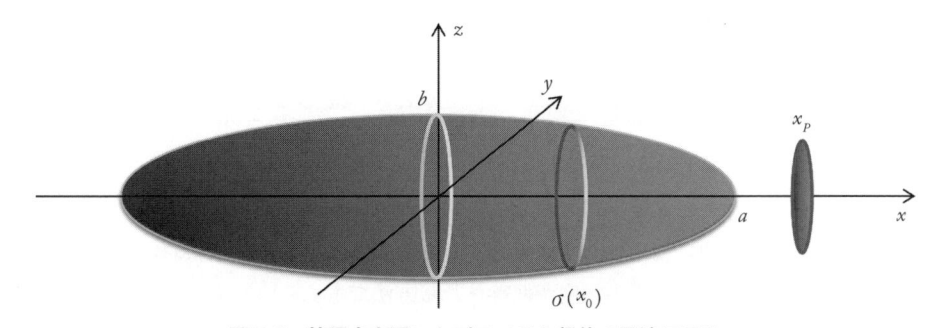

**図 7.2 特異点を用いたプロペラと船体の干渉モデル**

$$E = \frac{2e}{1-e^2} - \log\left(\frac{1+e}{1-e}\right), \quad e = \sqrt{1-\left(\frac{b}{a}\right)^2} \tag{7.12}$$

で与えられ、$C_T$ はプロペラ荷重度（推力係数）

$$C_T = \frac{T}{\frac{1}{2}\rho U^2 \pi R^2} \tag{7.13}$$

を表す。また、$\delta$ は回転楕円体の後端における境界層厚さ、$n$ は境界層内の速度分布のパラメータ、$V_e$ は境界層外端速度、$U$ は主流速度である。

以上のような干渉モデルから得られる結論は、ポテンシャル伴流はプロペラの面積に反比例し後半部の船体表面の勾配に影響を受けること、推力減少率は伴流率に比例していること等であり、自航要素の特性の概要を把握することができる。

## 7.2 自航要素の推定法

自航要素に関する経験的あるいは理論的推定法は次のように大別される。
(1) 船の種類やサイズに応じて与えた経験的な数値を用いる方法
(2) 船型パラメータを与えて推定する手法
(3) 船体・プロペラ・舵の流体モデルを用いた粘性補正付きポテンシャル理論による方法
(4) 一部ポテンシャル理論を利用する CFD による方法
船の設計の現状では、(2) から (4) の手法が設計段階に応じて利用されている。

(1) 船の種類やサイズに応じて与えた経験的な数値を用いる方法

この方法は、まだ十分な水槽実験データが存在しない時期にプロペラ設計の実施に際して使用されたが、現在ではほとんど利用されることはない。改良の進んだ現在の大型船舶の種々の船型に対して整理をすると以下の表のようなる。実際には、船尾や舵の形状およびプロペラ要目によって変化するので、各自航要素のおおまかな目安を与えている。

**表 7.1 船型と自航要素の関係**

| 船型 | 推力減少率 $t$ | 伴流率 $w$ | プロペラ効率比 $\eta_R$ |
|---|---|---|---|
| タンカー・バルク | 0.15〜0.20 | 0.3〜0.45 | 1.00〜1.05 |
| コンテナ船 | 0.16〜0.22 | 0.15〜0.25 | 0.97〜1.01 |
| 自動車運搬船 | 0.17〜0.22 | 0.25〜0.35 | 0.98〜1.02 |

(2) 船型パラメータを与えて推定する方法

設計の初期段階で一般的に使用されている方法であり、さまざまな船型において系統的な水槽試験を実施している場合には最も高精度が期待される方法でもある。一方、新たに開発する船型がそれらの系統的な水槽試験から大きく外れている場合には注意が必要である。自航要素を求め

る主要目パラメータの代表例を以下に示す。なお、自航要素は、これらの1次式を含む多項式で求められる。

$$\gamma_R = \frac{B}{L(1-C_{pa})} \tag{7.14}$$

$$p = \frac{C_m}{L/B\sqrt{B/d \cdot C_b}} \gamma_R \tag{7.15}$$

ここで、$C_{pa}$ は船体後半部の柱形係数、$C_b$ は方形係数であり、$\gamma_R$ は船尾のラン部横切面積曲線の勾配を、$p$ はさらに中央横切面積係数 $C_m$ の影響を考慮したパラメータである。上記のパラメータは船体のみに関する情報なので、プロペラや舵との干渉が考慮されていない。従って、それを補正する方法として $D/\sqrt{Bd}$、$w_R$ 等のパラメータを利用することもある。ここで $D$ はプロペラ直径、$w_R$ は舵によるプロペラ面上のポテンシャル伴流である。舵によるポテンシャル伴流の自航要素への影響は無視できないほど大きく、1軸船の場合、例えば伴流係数に対して通常0.03〜0.07程度の値を取る。

自航要素を回帰式で求める試みも実施されている。例えば

$$1-t = 0.9112 - \frac{0.0356}{(L/B)^2(1-C_p)^2} - 0.2993C_p + 0.2355C_p^2 - 0.04302C_p^3 \tag{7.16}$$

$$1-w = 1 + \frac{0.5771}{L/B} - \frac{0.1777}{(L/B)^2(1-C_p)^2} - 0.4044C_p + 7.65\frac{L^2 C_V^2}{D^2} \tag{7.17}$$

$$\eta_R = 0.9922 - 0.05908\frac{A_E}{A_P} + 0.07424C_{pa} \tag{7.18}$$

等がこれにあたる。ここで、$C_p$ は柱形係数、$C_V$ は排水容積長さ比（volumetric coefficient）$\nabla/L^3$、また、$A_E/A_P$ はプロペラの展開面積比である。いずれにせよ、推定式から求められる自航要素には無視できない誤差が含まれるので、船型を変更した場合に、その変化に対応した自航要素の変化量をこのような推定式を用いて推定する、というのが本来の使い方である。その場合、原型となる母船型の自航要素は水槽実験等から分かっていることが前提となる。

(3) 船体・プロペラ・舵の流体モデルを用いた粘性補正付きポテンシャル理論

船体、プロペラおよび舵の干渉問題をポテンシャル理論によって扱う方法であり、摩擦伴流や舵の粘性抵抗等を実験係数の形で取り入れることで実用化が図られている。このような理論では、船体を二重模型近似で求められる吹き出し分布で与え、プロペラをその円盤上に分割した渦モデルで表し、さらに舵を中心線上に吹き出しとモード関数で与える渦モデルで置き換え、これ

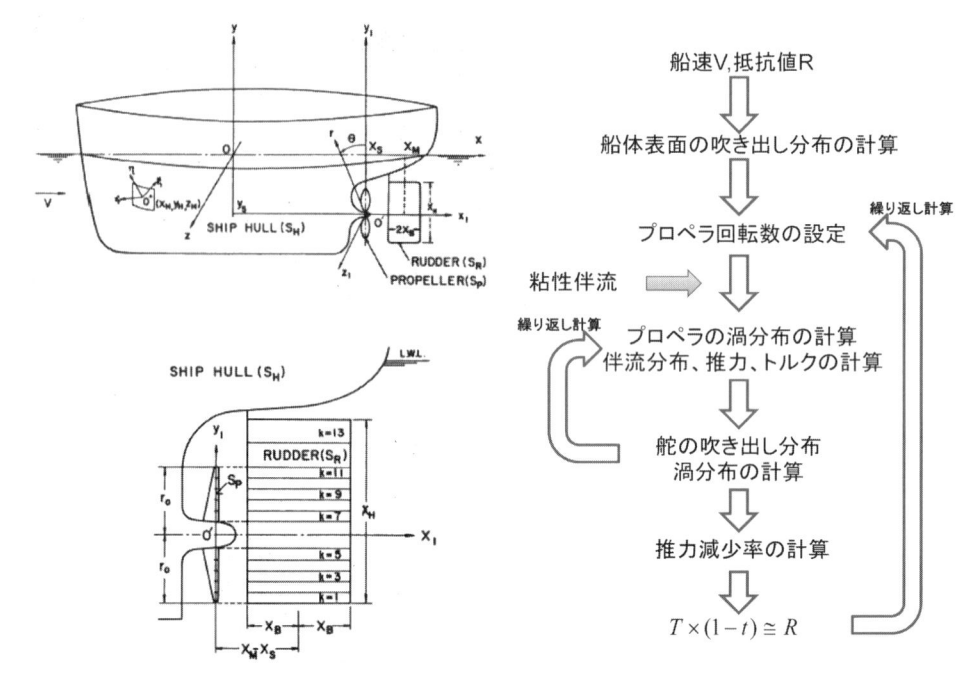

図 7.3　船体・プロペラ・舵の干渉計算フロー

らを抵抗と推力が均衡するようにして解く。図 7.3 に、この方法による計算の流れを示す。本計算法の問題点は、プロペラ面への粘性流れが計算では算出できないことにある。これを改善するために、次に述べる CFD によるプロペラ面の流場計算を利用して、船体とプロペラの干渉を計算するという方向に移行しつつある。

(4) 一部ポテンシャル理論を利用する CFD による方法

　船舶の性能改善には、抵抗低減と同様に自航要素の改善が欠かせない。これまでは、比較的、理論計算が容易な抵抗だけを対象とした CFD による船型の最適化が進められてきた。一方で自航要素の改善は抵抗低減と比べると計算の難易度が増加するため、実用的な観点での最適化手法の開発はまだ十分とは言えない。特に肥大船等においては、船尾で生じる粘性抵抗と自航要素の間には強い相関が見られ、抵抗を小さくすることが推進効率の悪化を招くことも多いため、抵抗低減のみを目的とした船型最適化は必ずしも船型改善にならない。近年の CFD 計算の発展により、このような強い 3 次元剥離のある肥大船に対しても、粘性モデルの改良によって精度の高い伴流分布の計算が可能となった。船体を CFD で計算して船尾伴流を算出し、それとポテンシャル理論の渦モデルで表現したプロペラの計算を併用して、干渉計算を行うことができるので、船型最適設計のツールとして普及しつつある。図 7.4 にそのようなシステムで計算した例を示す。

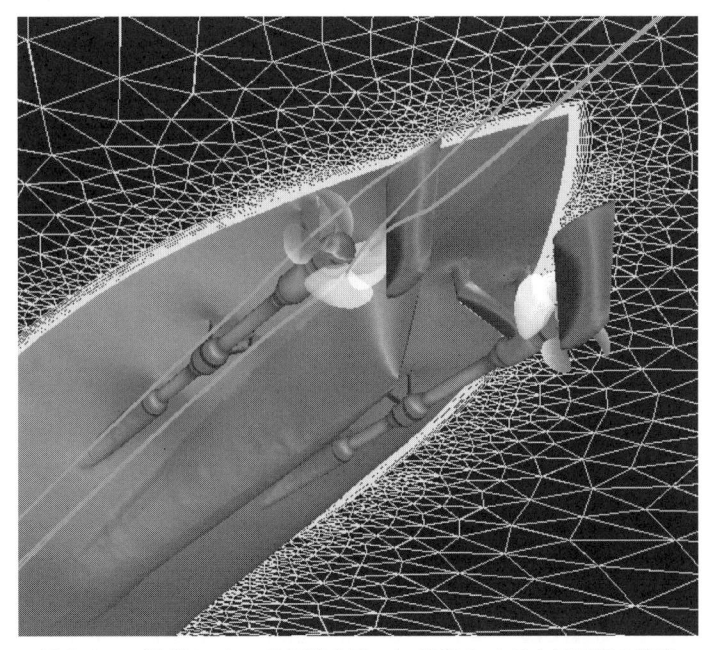

**図 7.4　一部ポテンシャル理論を用いた CFD による自航要素の計算**

## 7.3　馬力計算

馬力計算は、船の速力とそれに対応した主機の所要馬力を求めることであるが、一般には水槽試験結果をもとに実船の馬力計算が行われる。馬力計算のプロセスには、水槽試験法、水槽試験解析法および模型と実船の相関係数といった課題が内包されているが、これらについては第8章で解説することにして、ここでは馬力計算の流れについて簡単に説明する。

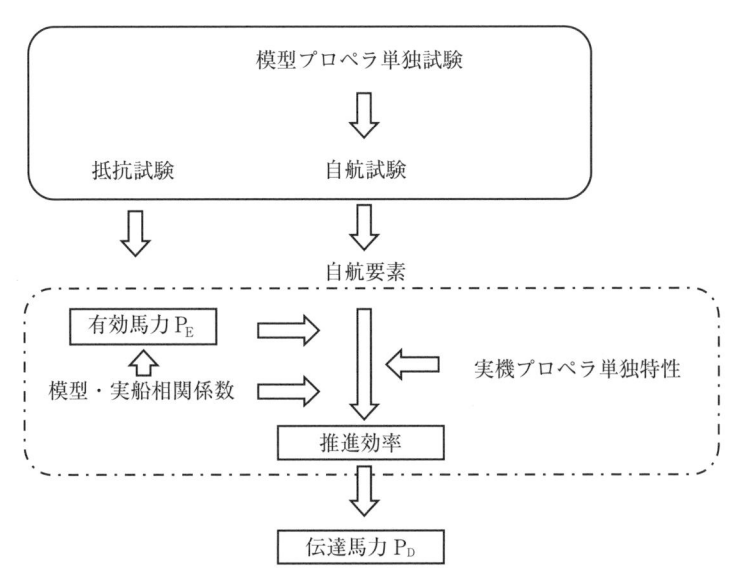

**図 7.5　馬力計算の流れ**

### 表7.2 馬力計算表

| $V_S$(kts) | $V_S$(m/s) | $F_N$ | $r_w$(e-3) | $C_w$(e-3) | $R_{NS}$ | $C_{FS}$ | $C_{TS}$ | $R_T$(kg) | $P_E$(kw) |
|---|---|---|---|---|---|---|---|---|---|
| 13.52 | 6.96 | 0.16 | 0.397 | 0.108 | 1.13E+09 | 1.506.E-03 | 2.082.E-03 | 32263 | 2201 |
| 14.37 | 7.39 | 0.17 | 0.383 | 0.104 | 1.2E+09 | 1.495.E-03 | 2.065.E-03 | 36117 | 2618 |
| 15.21 | 7.83 | 0.18 | 0.359 | 0.098 | 1.27E+09 | 1.484.E-03 | 2.045.E-03 | 40114 | 3079 |
| 16.06 | 8.26 | 0.19 | 0.361 | 0.098 | 1.34E+09 | 1.475.E-03 | 2.034.E-03 | 44447 | 3601 |
| 16.90 | 8.70 | 0.2 | 0.426 | 0.116 | 1.41E+09 | 1.465.E-03 | 2.041.E-03 | 49407 | 4213 |
| 17.75 | 9.13 | 0.21 | 0.548 | 0.149 | 1.48E+09 | 1.456.E-03 | 2.063.E-03 | 55077 | 4931 |
| 18.59 | 9.56 | 0.22 | 0.665 | 0.181 | 1.55E+09 | 1.448.E-03 | 2.085.E-03 | 61090 | 5730 |
| 19.44 | 10.00 | 0.23 | 0.775 | 0.211 | 1.62E+09 | 1.440.E-03 | 2.106.E-03 | 67427 | 6612 |
| 20.28 | 10.43 | 0.24 | 0.926 | 0.252 | 1.69E+09 | 1.433.E-03 | 2.138.E-03 | 74539 | 7627 |
| 21.13 | 10.87 | 0.25 | 1.139 | 0.310 | 1.76E+09 | 1.426.E-03 | 2.187.E-03 | 82753 | 8821 |
| 21.98 | 11.30 | 0.26 | 1.397 | 0.381 | 1.84E+09 | 1.419.E-03 | 2.250.E-03 | 92049 | 10204 |
| 22.82 | 11.74 | 0.27 | 1.657 | 0.452 | 1.91E+09 | 1.412.E-03 | 2.313.E-03 | 102048 | 11748 |
| 23.67 | 12.17 | 0.28 | 1.872 | 0.510 | 1.98E+09 | 1.406.E-03 | 2.364.E-03 | 112173 | 13391 |

| $V_S$(kts) | $1-t$ | $1-w_S$ | $T$[kgf] | $V_a$ | $K_t/J^2$ | $J$ | $\eta_O$ | $\eta_R$ | $\eta_D$ |
|---|---|---|---|---|---|---|---|---|---|
| 13.52 | 0.824 | 0.735 | 39135 | 5.112 | 0.361 | 0.775 | 0.675 | 1.056 | 0.800 |
| 14.37 | 0.823 | 0.739 | 43869 | 5.462 | 0.355 | 0.779 | 0.677 | 1.056 | 0.797 |
| 15.21 | 0.822 | 0.743 | 48783 | 5.814 | 0.348 | 0.783 | 0.680 | 1.056 | 0.794 |
| 16.06 | 0.821 | 0.747 | 54118 | 6.170 | 0.343 | 0.786 | 0.682 | 1.056 | 0.791 |
| 16.90 | 0.820 | 0.751 | 60238 | 6.530 | 0.341 | 0.788 | 0.682 | 1.055 | 0.787 |
| 17.75 | 0.819 | 0.755 | 67233 | 6.892 | 0.341 | 0.787 | 0.682 | 1.055 | 0.781 |
| 18.59 | 0.818 | 0.759 | 74673 | 7.258 | 0.342 | 0.787 | 0.682 | 1.055 | 0.776 |
| 19.44 | 0.817 | 0.763 | 82520 | 7.628 | 0.342 | 0.787 | 0.682 | 1.054 | 0.770 |
| 20.28 | 0.816 | 0.767 | 91336 | 8.001 | 0.344 | 0.786 | 0.681 | 1.054 | 0.764 |
| 21.13 | 0.815 | 0.771 | 101537 | 8.378 | 0.349 | 0.783 | 0.679 | 1.054 | 0.757 |
| 21.98 | 0.814 | 0.775 | 113082 | 8.758 | 0.355 | 0.778 | 0.677 | 1.054 | 0.749 |
| 22.82 | 0.813 | 0.779 | 125536 | 9.142 | 0.362 | 0.774 | 0.674 | 1.053 | 0.742 |
| 23.67 | 0.812 | 0.783 | 138161 | 9.529 | 0.367 | 0.772 | 0.673 | 1.053 | 0.735 |

| $V_S$(kts) | DHP | BHP(kw) | N(rpm) |
|---|---|---|---|
| 13.52 | 3742 | 2808 | 62.8 |
| 14.37 | 4467 | 3352 | 66.8 |
| 15.21 | 5270 | 3955 | 70.7 |
| 16.06 | 6188 | 4644 | 74.7 |
| 16.90 | 7282 | 5466 | 78.9 |
| 17.75 | 8584 | 6443 | 83.4 |
| 18.59 | 10046 | 7539 | 87.8 |
| 19.44 | 11671 | 8760 | 92.3 |
| 20.28 | 13570 | 10184 | 97.0 |
| 21.13 | 15841 | 11889 | 102.0 |
| 21.98 | 18515 | 13896 | 107.1 |
| 22.82 | 21539 | 16165 | 112.4 |
| 23.67 | 24775 | 18594 | 117.6 |

模型船による水槽試験の実施から実船の所要馬力 $P_D$ [kW] の算出までのおおまかな流れを図7.5に示す。まず、水槽において抵抗試験および自航試験を行い模型船に対する抵抗係数と自航要素を求める。次に模型と実船の相関係数を用いて実船の抵抗、有効馬力および自航要素を求め、さらに実機のプロペラ単独特性を何らかの方法で推定して、推進効率を求め実船の伝達馬力 $P_D$ [kW] を算出する。

馬力の表計算シートの一例を表7.2に示す。実際には、摩擦抵抗係数の求め方、自航要素の解析に用いるプロペラ単独特性の与え方、模型と実船の相関係数等は、それぞれの試験水槽の経験に基づいて異なっているというのが現状である。表7.2中の主な変数名について以下に説明する。まず、上段については、$V_S$ は実船の船速、$F_N$ はフルード数、$r_w$ は排水容積の2/3乗に基づく造波抵抗係数、$C_W$ は浸水面積に基づく造波抵抗係数、$R_{NS}$ は実船のレイノルズ数、$C_{FS}$ は摩擦抵抗係数、$C_{TS}$ は全抵抗係数、$R_T$ は全抵抗、$P_E$ は有効馬力であり、主に第1章～4章で既に説明されている。中段以降の自航要素を用いた推進効率 $\eta_D$ の計算については、対応する変数名を主に7.1節を参照することにより確認できるので、ここでは省略する。

## 7.4　輸送効率と EEDI

輸送機器において良く用いられる輸送効率は、次式で定義される。

$$\eta_T = \frac{\text{ton} \cdot \text{mile}}{\text{FOC[g]}} \tag{7.19}$$

(7.19) 式は輸送効率の表現方法の一つで、1グラム [g] の燃料で貨物1トンを何マイル (1 mile = 1852 m) 運べるか、または、1マイルの距離で何トンの貨物を運べるかを表している。また、二酸化炭素の削減が世界環境保全の立場から見て緊急な課題であることから、国際海事機構（IMO: International Maritime Organization）においても 2008 年頃より、船舶から排出される二酸化炭素の量を新造船の設計段階から把握できるエネルギー効率設計指標（EEDI: Energy Efficiency Design Index）を導入することが議論されている。EEDI の式そのものはもっと複雑であるが、意味するところは次の (7.20) 式で与えられる。

$$\text{EEDI} = \frac{\text{CO}_2[\text{g}]}{\text{ton} \cdot \text{mile}} \tag{7.20}$$

ここで、$\text{CO}_2$ [g] は1トンの貨物を1マイル運ぶために船から排出される二酸化炭素の量 [g] である。その排出係数は C 重油の場合 0.0195 kg-C/MJ であり、これに発熱量 [MJ/L] と炭素 C と $\text{CO}_2$ の換算係数 44/12 をかけて、2.982 kg-$\text{CO}_2$/L という二酸化炭素排出量が内航船を対象としたガイドラインに記載されている。その後、IMO において C 重油では無く、A 重油を質量基準とした 3.206 g-$\text{CO}_2$/g が正式に採用された。

実は、EEDI には主機だけでなく補機の $\text{CO}_2$ 排出量も含まれ、その量は主機の 10% 以下であるので、ここではそれを除いて解説する。

$$\text{FOC[g]} = P[\text{kW}] \cdot \text{SFC[g/kW/hrs]} / V_S[\text{kts}] \tag{7.21}$$

ここで、SFC [g/kW/hrs] は主機の燃費率であり $V_S$ は船速である。これらを整理して EEDI を船の出力や速力を用いて表現すると次式が得られる。

$$\text{EEDI} = 3.206 P[\text{kW}] \text{SFC[g/kW/hrs]} / \text{DWT[ton]} / V_S[\text{kts}] \tag{7.22}$$

ここで、DWT [ton] は貨物の積載量である。

#### 【コラム 7.1】船と自動車の輸送効率

　航空機は論外として、陸上の輸送機関と比べても船舶は格段に優れた輸送効率を持つ輸送機関である。例えば、大型タンカーの代表である VLCC（Very Large Crude oil Carrier）が、1トンの貨物を1マイル運ぶために排出する $CO_2$ はわずか2gである。輸送の目的が異なるので単純な比較はできないが、最新のハイブリッドカーと比較しても船舶の $CO_2$ 排出量が十分に小さいことが図7.6からわかる。また、さまざまな船の

| | |
|---|---|
| 長さ | 330m |
| 幅 | 60m |
| 載貨重量 | 28万トン |
| 速力 | 16.1ノット（時速30km） |
| 燃料消費 | 80トン（1日あたり） |
| $CO_2$ | 2g/(ton·km) |

| | |
|---|---|
| 長さ | 4.46m |
| 幅 | 1.745m |
| 載貨重量 | 1トン |
| 速力 | 時速50km |
| 燃料消費 | 19km/L |
| $CO_2$ | 100g/(ton·km) |

**図 7.6　VLCC とハイブリッドカーのトンキロ $CO_2$ 排出量の比較**

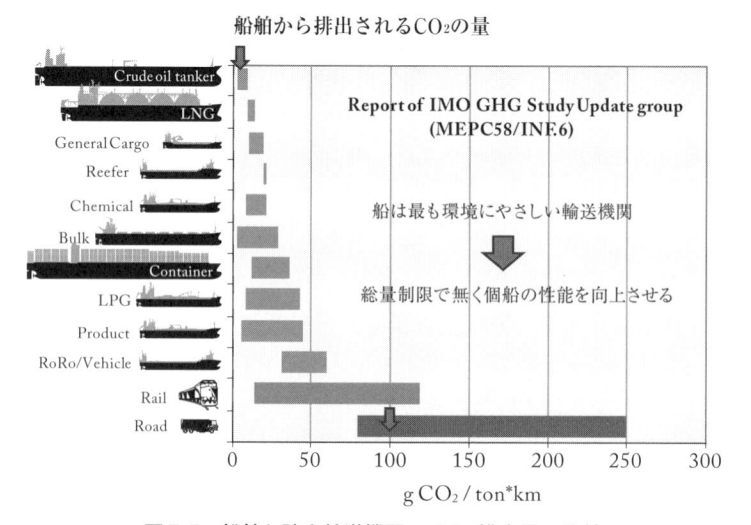

**図 7.7　船舶と陸上輸送機器の $CO_2$ 排出量の比較**

$CO_2$ 排出量を図 7.7 に比較して示す。

# 第8章　模型試験と解析

本書では前章までに、船体抵抗と推進に関する主に理論について扱ってきたが、本章ではこれらに関する模型試験およびその解析方法について解説する。

## 8.1　抵抗試験と解析

水槽において実船と相似な模型船を曳航し、その流体抵抗を計測する試験を抵抗試験（resistance test）と呼ぶ。1870年にフルードが自邸内に長さ91.4 mの水槽を建設し、そこで模型船の抵抗を計測したのが抵抗試験の始まりと言われている。抵抗試験の目的は実船の抵抗を求めることにあるので、模型船から実船への外挿法についてもこの章の後半で述べる。図8.1に標準的な抵抗試験の計測システムを、図8.2、図8.3にそれぞれ曳航水槽の外観と抵抗試験の様子を示す。

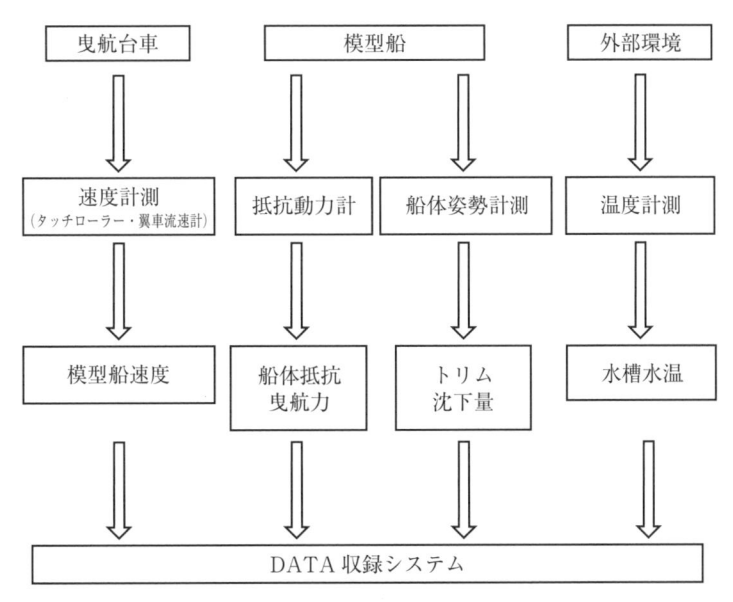

**図8.1　抵抗試験計測システム**

**図8.2　曳航水槽**　　　　**図8.3　抵抗試験**

図8.1に示されるように、抵抗試験では曳航台車で曳航される模型船の抵抗を、抵抗動力計を用いて計測する。その際に重要なことは、船体の姿勢が横運動を除き拘束されていないこと、適度な加速によって抵抗値が安定して計測できること、水槽の水温が時間的にも空間的にも定常なこと等である。計測された船体抵抗はデータ収録システムに取り込まれ、次に述べるような解析処理がなされる。

抵抗試験の解析は、得られた全抵抗を異なる成分に分離することを目的としている。第1章で説明したように船の抵抗には造波抵抗と粘性抵抗があり、実船と模型船の間の力学的な相似則を満足するためには、フルード則とレイノルズ則を同時に満足させる必要があるが、このような試験を実施することは実際には難しい。従って、水面を貫通するような一般的な船の抵抗試験は、模型と実船でフルード数を等しくして造波抵抗係数が実船と同じになるように実施され、実船の粘性抵抗は何らかの方法で推定するという方法がとられる。模型船から実船への外挿法には2次元外挿法と3次元外挿法があり、水槽や船の種類によって使い分けられているが、歴史的に見れば3次元外挿法の方が新しい。図8.4に全長220mのバルクキャリアー船型を対象として外挿法の違いによる有効馬力（EHP）の解析例を示す。低速部と高速部で異なった傾向を示し、同じ計測値を用いても解析法によって結果が違ってくることがわかる。模型船と実船の相関係数に粗度修正係数 $\Delta C_f$ がある。粗度修正係数の本来の意味合いは溶接ビードや塗装による表面の凹凸等が実船にはあり、模型船とは粗度が異なるからということであるが、試験や解析で生じる誤差も含まれている。図8.4に示したバルクキャリアーの馬力計算において使用されている $\Delta C_f$ の値は、3次元外挿法の場合は $0.1\times 10^{-3}$、2次元外挿法の場合は $-0.06\times 10^{-3}$ と大きく異なるので、データの整理には注意が必要である。なお、2次元外挿法と3次元外挿法の詳細については後述する。

使用する模型船寸法は水槽によって異なるが、精度上必要な最小寸法が存在する。一般的には、自航試験で用いる模型プロペラの直径がその限界を決定している場合が多い。船体抵抗は、曳航ロッドの先端に取り付けた抵抗動力計で計測される。その前後方向は船体中央位置または浮心位置、上下方向はプロペラ軸芯高さに調整される。走行中は正しく抵抗を計測するために船が

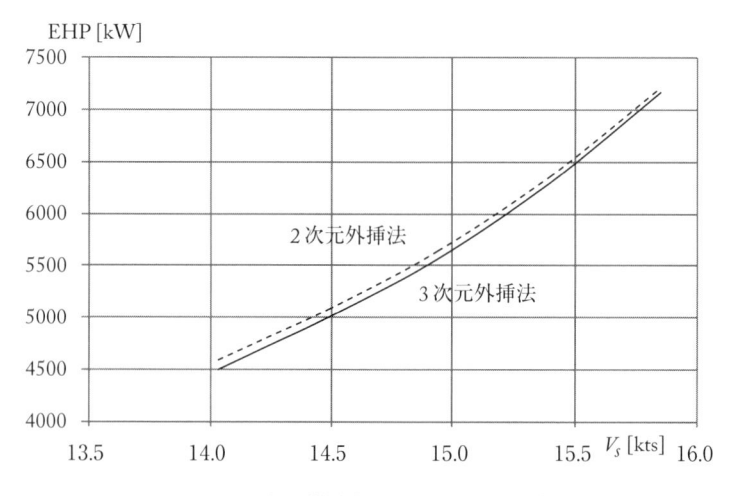

**図8.4 2次元外挿法と3次元外挿法の違い**

直進できるだけでなく、トリムや沈下等の姿勢変化にも対応できるよう船首尾にガイド装置がとりつけられる。船首尾のトリムガイドに検力計を取り付け、船体の横力を抵抗と同時に計測する場合もある。

計測された抵抗は、造波抵抗と粘性抵抗に分離され尺度影響を考慮した実船抵抗が求められる。抵抗成分の外挿には、実船の長さに等しい相当平板の摩擦抵抗係数が用いられるが、水槽によって使用する摩擦抵抗係数が異なる場合がある。その理由として、水槽が建設された時期やその当時に指導的な役割を演じていた研究者の功績の影響がある。一般的な傾向として言えるのは、海外においてはITTCで推奨されるヒューズ（Hughes）の式に形状影響係数を考慮したITTC1957と呼ばれる摩擦抵抗係数を採用している場合が多い。国内においては、シェーンヘル（Schoenherr）の摩擦抵抗係数が主流であるが、歴史的な背景からヒューズ（Hughes）の摩擦抵抗係数を採用する水槽もある。

代表的な摩擦抵抗係数を比較して図8.5に示す。図中のCf(P-S)はプラントル・シュリヒティング（Prandtl-Schlichting）の平板摩擦抵抗式であり、シェーンヘルの公式については簡便式を用いて計算している。図8.5に示した摩擦抵抗係数の具体的な計算式は第2章の表2.1にも示されているが、以下に再掲しておく。

Prandtl-Schlichting
$$C_f = \frac{0.455}{(\log_{10} R_n)^{2.58}} \quad (8.1)$$

Hughes
$$C_f = \frac{0.066}{(\log_{10} R_n - 2.03)^2} \quad (8.2)$$

Schoenherr
$$\frac{0.242}{\sqrt{C_f}} = \log_{10}(R_n C_f) \quad (8.3)$$

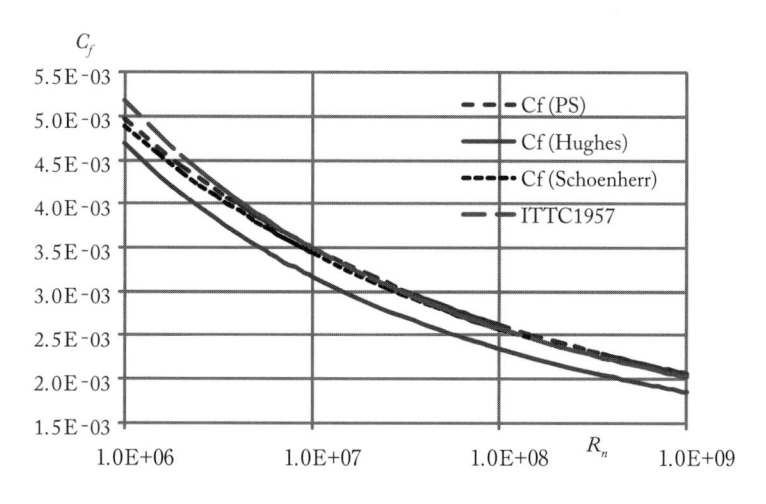

**図 8.5　摩擦抵抗式**

Schoenherr（簡便式）
$$C_f = \frac{0.463}{(\log_{10} R_n)^{2.6}} \tag{8.4}$$

ITTC1957
$$C_f = \frac{0.075}{(\log_{10} R_n - 2)^2} \tag{8.5}$$

ここで、$R_n$ はレイノルズ数である。

図 8.5 に見られるように、実船スケールに相当するレイノルズ数（$10^8 \sim 10^9$）ではヒューズの式を除いてその違いはあまり大きくないが、模型実験に相当する低いレイノルズ数のところではその差が見られ、ITTC1957 の曲線が他者と比べてやや高いという傾向がある。従って、異なる水槽による試験結果を評価する場合には、使用する摩擦抵抗係数の違いを考慮して比較する必要がある。

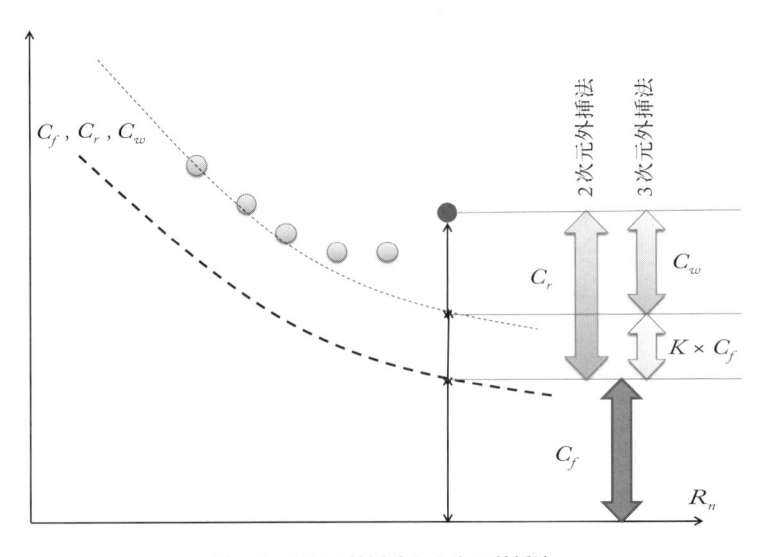

次に、2 次元外挿法と 3 次元外挿法について説明する。2 次元外挿法は、全抵抗から上で述べた摩擦抵抗を差し引いた残りを剰余抵抗とし、これがフルード数の関数として表されるとしたものである。一方、3 次元外挿法は、剰余抵抗をさらに形状抵抗と造波抵抗に分離している。形状抵抗は、形状影響係数 $K$ を用いて摩擦抵抗に比例した成分を取り出し、これが摩擦抵抗と同じように尺度影響を受けると考えている。これらを整理して以下に示す。

2 次元外挿法
$$C_t = C_f + C_r \tag{8.6}$$

3 次元外挿法
$$C_t = (1+K)C_f + C_w \tag{8.7}$$

物理現象から見た合理性は 3 次元外挿法に軍配があがるが、2 つの方法には一長一短がある。

**図 8.6　2 次元外挿法と 3 次元外挿法**

2次元外挿法を用いた場合は、計測値の抵抗分離が平板摩擦抵抗係数 $C_f$ とその残余である剰余抵抗係数の $C_r$ の2つとなり単純なので人為的な誤差は混入しないが、造波抵抗の小さい低速船等に採用すると低速時に実船の馬力をやや過大評価をする傾向がある。

一方、3次元外挿法は、剰余抵抗を形状抵抗と造波抵抗に分離する際にやや面倒な作業が発生する。具体的には、ほとんど造波が起こらないと考えられる低速域での計測値を用いて形状抵抗係数を決定するので、ここにどうしても人為的な誤差が混入する。特に船首バルブが水面から出てしまうバラスト状態等は、低速域といえども明らかな造波現象が見られるので、形状影響係数の決定が困難となる。このように抵抗試験の解析法にはいくつかのバリエーションがあるので水槽間で比較評価する場合には注意が必要である。図8.7に抵抗試験の解析の流れを、また表8.1に抵抗試験の解析例を示した。

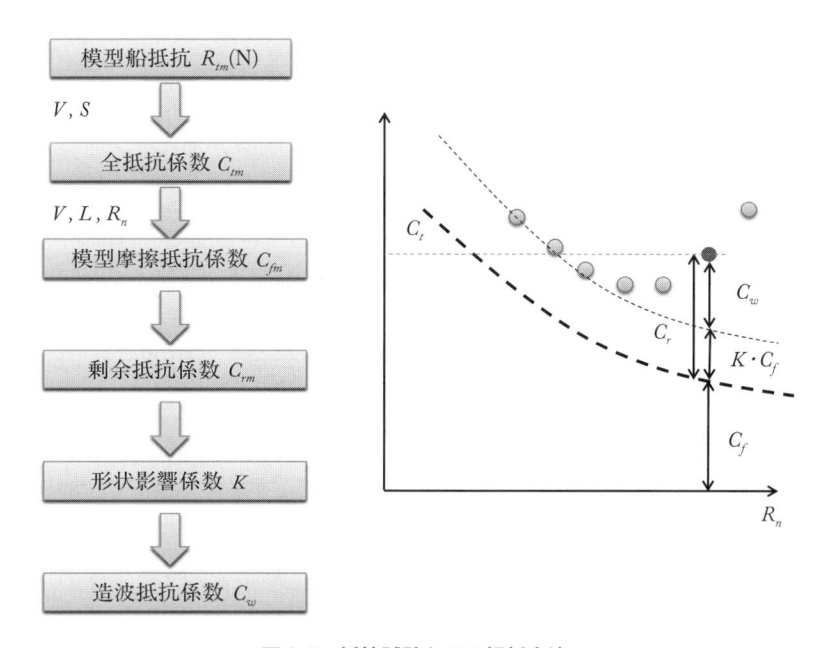

**図 8.7 抵抗試験とその解析方法**

**表 8.1 抵抗試験解析表**

| Vs(kts) | Vs(m/s) | Vm(m/s) | Fn | Rtm(kg) | Ctm(e−3) | Rnm | Cfm(e−3) | Crm(e−3) | Cw(e−3) |
|---|---|---|---|---|---|---|---|---|---|
| 14.0 | 7.219 | 1.227 | 0.155 | 2.747 | 3.897 | 6.21E+06 | 3.178 | 0.719 | 0.083 |
| 14.5 | 7.452 | 1.267 | 0.16 | 2.932 | 3.903 | 6.41E+06 | 3.162 | 0.742 | 0.109 |
| 14.9 | 7.685 | 1.306 | 0.165 | 3.133 | 3.921 | 6.61E+06 | 3.145 | 0.776 | 0.147 |
| 15.4 | 7.918 | 1.346 | 0.17 | 3.379 | 3.984 | 6.81E+06 | 3.130 | 0.854 | 0.228 |
| 15.8 | 8.151 | 1.386 | 0.175 | 3.653 | 4.064 | 7.01E+06 | 3.115 | 0.949 | 0.326 |
| 16.3 | 8.384 | 1.425 | 0.18 | 3.941 | 4.145 | 7.21E+06 | 3.101 | 1.045 | 0.424 |
| 16.8 | 8.617 | 1.465 | 0.185 | 4.282 | 4.263 | 7.41E+06 | 3.087 | 1.176 | 0.559 |
| 17.2 | 8.850 | 1.504 | 0.19 | 4.739 | 4.473 | 7.61E+06 | 3.073 | 1.400 | 0.785 |
| 17.7 | 9.082 | 1.544 | 0.195 | 5.396 | 4.836 | 7.81E+06 | 3.060 | 1.776 | 1.164 |

## 8.2 プロペラ単独試験と解析

プロペラ単独試験 (propeller open test) は、プロペラが単体で作動している時のプロペラ性能を求める試験であり、その目的は、実機スケールのプロペラの単独特性を求めること、および後述する自航試験を解析するためのプロペラ単独特性を求めることである。単独試験は通常次のように実施される。模型プロペラは曳航台車に固定されたプロペラオープンボートと呼ばれる流線形の紡錘体から突き出た水平のシャフトの前端に取り付けられており、プロペラはプロペラオープンボートの一部である水面を貫通するストラット内に収められた垂直なシャフトおよび前述の水平シャフトを介して外部モーターで駆動される。プロペラに働く流体力はボート内の動力計で計測され、スリップリングと呼ばれる回転体用の計測装置を用いて外部へ取り出す。プロペラを駆動する水平なシャフトは、後方のプロペラオープンボートによる撹乱がプロペラに達しないように十分長くとらなければならない。

一般に単独特性を表現する方法として次の2つがある。

・前進係数 $J$ で整理する方法

$$J = \frac{V_a}{nD} \tag{8.8}$$

・代表断面での幾何学的流入角 $\beta$ で整理する方法

$$\beta = \tan^{-1} \frac{V_a}{2\pi nR} \tag{8.9}$$

ここで、$R$ としてプロペラ半径 $R_0$ の70%位置を採用することが多い。従って、$R = 0.7R_0$ とおくと

$$\beta = \tan^{-1} \frac{V_a}{2\pi nR} = \tan^{-1}\left(\frac{J}{0.7\pi}\right) \tag{8.10}$$

いずれの場合も、プロペラの流体力は推力係数 $K_T$ (または $C_T^*$) とトルク係数 $K_Q$ (または $C_Q^*$) で表現されるが、幾何学的流入角 $\beta$ で整理する場合には、後述する4象限特性を表現することができる。

$$K_T = \frac{T}{\rho n^2 D^4} \tag{8.11}$$

$$K_Q = \frac{Q}{\rho n^2 D^5} \tag{8.12}$$

$$C_T^* = \frac{T}{\frac{1}{2}\rho\{V_a^2+(0.7\pi nD)^2\}\pi D^2/4} = \frac{8K_T}{\pi\{J^2+(0.7\pi)^2\}} \tag{8.13}$$

$$C_Q^* = \frac{Q}{\frac{1}{2}\rho\{V_a^2+(0.7\pi nD)^2\}\pi D^3/4} = \frac{8K_Q}{\pi\{J^2+(0.7\pi)^2\}} \tag{8.14}$$

プロペラ効率は (7.2) 式より (8.8)、(8.11)、(8.12) 式を用いて、次のように求めることができる。

$$\eta_0 = \frac{TV_a}{2\pi nQ} = \frac{JK_T}{2\pi K_Q} \tag{8.15}$$

次にプロペラ単独試験の手順を示す。通常のプロペラ単独性能の定義では、プロペラの性能とはプロペラの羽根の性能であり、ボス形状等の影響は含まれない。従って、プロペラとボスは一体として試験を実施するが、プロペラボス単体の試験も並行して実施し、その結果からプロペラ羽根の性能を取り出す方法が用いられる。もちろん均一な流れの中でかつ無限流体中のプロペラ羽根の性能を求めるのであって、流れの不均一さによる影響は後述する自航試験の中で解説する。プロペラ単独試験解析の流れを図 8.8 に示す。

次に 4 象限特性について述べる。4 象限特性と呼ばれる理由は図 8.9 に示すようにプロペラの回転方向とプロペラが進行する方向が共に 2 種類あり、それらの組み合わせの 4 状態を全て網羅した特性が表現されているからである。図中 $V$ はプロペラに対する流れの向きを示す。プロペラが正回転で前進している場合を第 1 象限と呼び、プロペラが逆回転で後進している場合を第 3 象限と呼ぶ。ここで、第 1 象限は、プロペラが正転し船体も前進している普通の前進状態で図 8.1 の試験状態に相当する。第 2 象限は、プロペラは正転しているが船体は後進している状態、第 4 象限は、プロペラは逆転しているが船体は前進している状態である。これらの状態は船の試

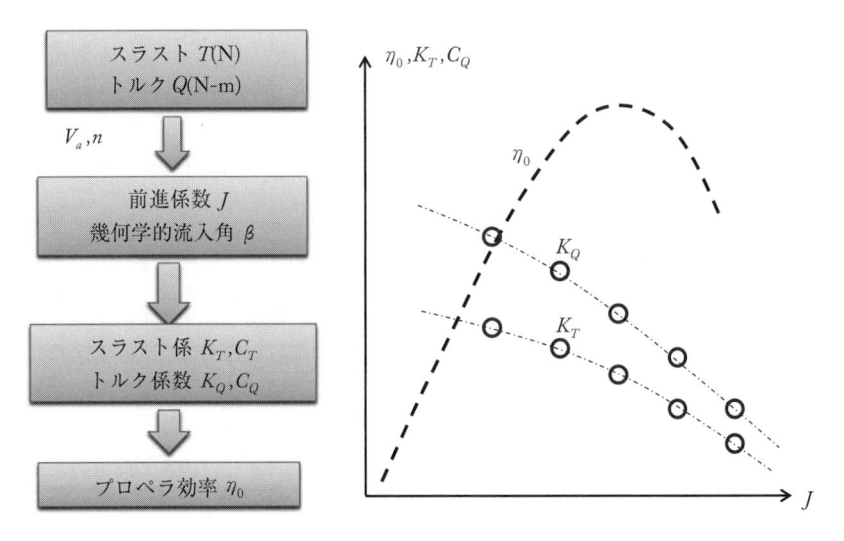

図 8.8 プロペラ単独試験

運転で実施される急速停止試験（crash stop test）を思い浮かべるとよい。急速停止試験では、船体が前進している状態からプロペラを逆転させて船体が停止するまでの船体停止距離と時間を計測するが、試験の最後の段階ではプロペラは逆転し船体は後進状態となる。この際にはまず第1象限から始まり、次に第4象限に移動、最後に第3象限に移動して試験は終了する。第2象限は、それら一連の試験が終了して後進している船を初期の前進状態に戻すためにプロペラを正転

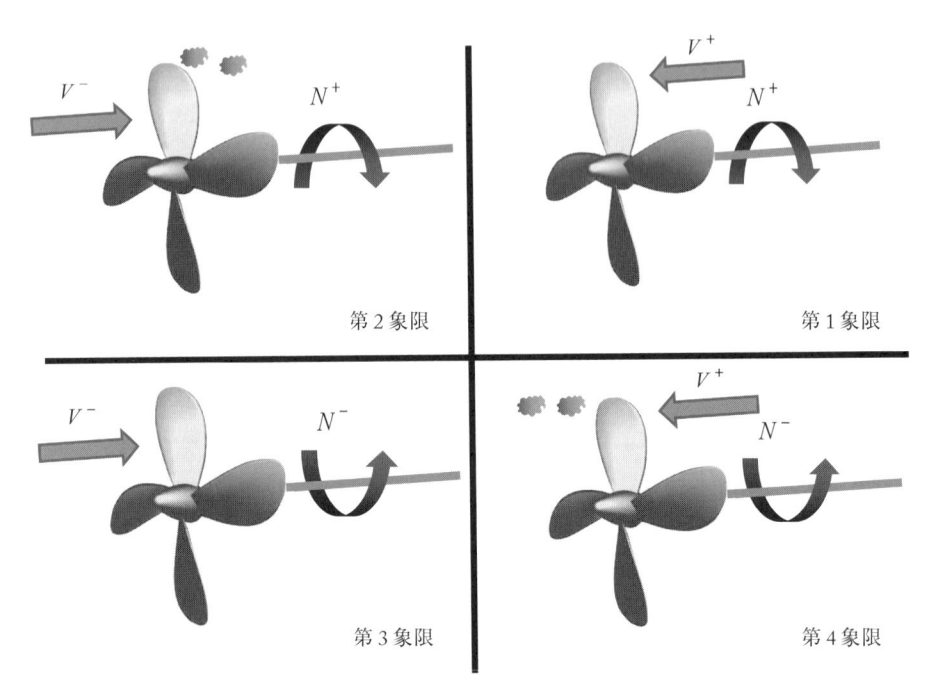

図 8.9　プロペラの 4 象限特性が表す状態

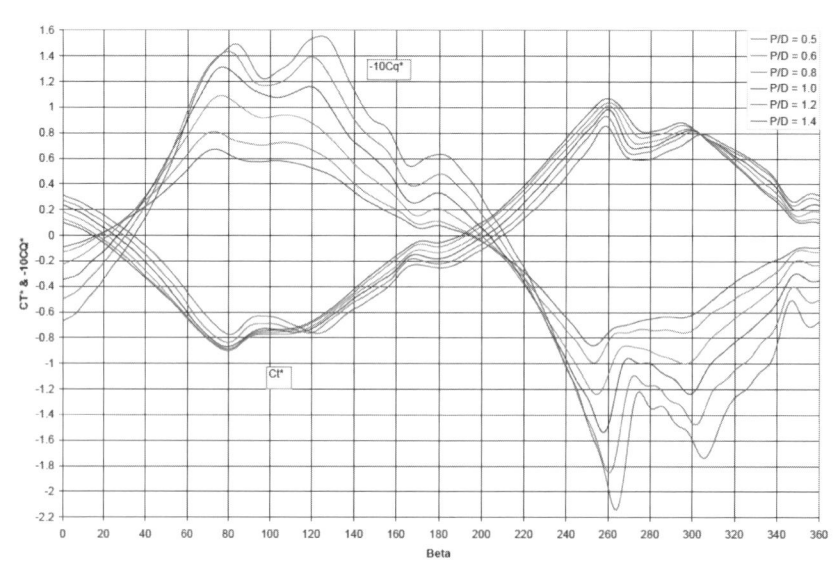

図 8.10　4 象限特性の例

させた場合に相当する。第2象限と第4象限では、プロペラの進行方向とプロペラが水流を蹴りだす方向が逆になるため、逆流を伴う非常に不安定な流れとなり推力やトルクの変動も大きい。

図8.10にオランダのMARIN（Maritime Reaearch Institute Netherlands）によって公表されているプロペラの4象限特性の例を示す。この図にある横軸Betaは（8.11）式の$\beta$と同じ定義であり、縦軸のCT*, CQ*は（8.13），（8.14）式で与えられる$C_T^*, C_Q^*$と同じである。

## 【コラム 8.1】 間違えやすいプロペラの効率表現

プロペラ効率を評価する場合に間違い易い点が、プロペラ効率という表現の意味するところである。それは、プロペラ効率そのものではプロペラの良否を判断できないということを指している。プロペラ効率は、プロペラ本来が持つプロペラ特性とその作動条件から決まるため、プロペラ設計の良否を比較する際には船尾におけるプロペラ効率はあまり意味をなさない。参考のために一例を以下に示す。ごく普通のプロペラが船に装備され作動しているとした場合に、波浪によって船の抵抗が増加すると、船の速力を維持するためにはプロペラの推力も抵抗増加に見合うだけ増加させなければならない。その場合のプロペラ効率の変化は、運動量理論を用いて、（8.16）式でほぼ近似できる。

$$\frac{\eta_0'}{\eta_0} = \frac{1+(1+C_T)^{0.5}}{1+(1+C_T')^{0.5}} \tag{8.16}$$

ここで$C_T$は$C_T = T/\frac{1}{2}\rho V^2 S$で定義されるプロペラの推力係数であり、上添え字のダッシュは何らかの原因で船体抵抗が変化したときの値である。これを実際のプロペラ単独特性を用いた厳密な試験結果と比較したのが図8.11である。図からわかるように20%程度の抵抗増加であればプロペラの詳細な特性が分からなくても、この単純な方法で十分にプロペラ効率の変化が予想できる。例えば、10%の抵抗増加はおおよそ2～3%のプロペラ効率の低下をもたらすことがわかる。逆に抵抗が減少した場合には、この反対の現象が起こる。同じプロペラであるにも関わらず、プロペラの作動する環境によってプロペラ効率が変化する。よって、プロペラの良し悪しを比較する場合には、作動点を一致させて比べないと正しく評価していないことになる。

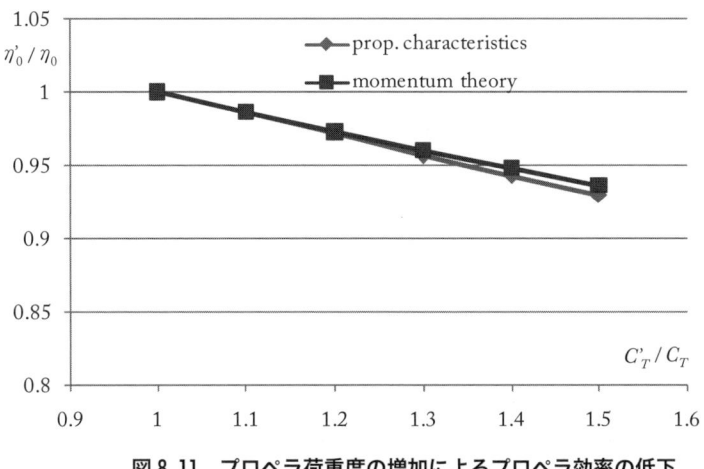

**図 8.11 プロペラ荷重度の増加によるプロペラ効率の低下**

## 8.3 自航試験と解析

模型プロペラを用いた自航試験（self propulsion test）の目的は推進性能を求めることであり、具体的には自航要素として模型船の推力減少率、有効伴流率およびプロペラ効率比を求めることにある。自航試験では、抵抗試験のセッティングに加え自航動力計と呼ぶプロペラの推力やトルクを計測する装置を搭載し、模型と実船の粘性抵抗係数の差（SFC: Skin Friction Correction）を考慮した曳航力で模型船を曳航しながら自航させる。自航試験で注意しなくてはならないのは、模型プロペラのレイノルズ数影響であり、模型プロペラが小さくなるとプロペラ性能への層流影響が少しずつ現れ始める。例えば、直径が 10 cm 以下のプロペラではその影響が顕著になるため、計測値をそのまま使用すると自航要素として正しい値が得られにくくなる。それを避けるためには模型船自体を大きくして模型プロペラを極力大きくする必要がある。自航試験に用いられる模型船の大きさは、こうした理由で決定されている。実船の所要馬力を精度良く求めることを最終目的としている大型曳航水槽では、使用される模型船は 5 m 以上になっていることが多い。それ以下の模型船で実船の馬力推定を行う場合には模型船の乱流促進だけでなく、模型プロペラの層流影響にも注意が必要となり、そのための様々な工夫がなされている。ここでは、大型の模型船を用いて実施される大型曳航水槽における自航試験について、その試験手順と解析法を説明する。

自航試験の計測システムを図 8.12 に示す。自航試験で計測する物理量は、抵抗試験における計測値に加え、プロペラの推力 $T$、トルク $Q$ および回転数 $n$ である。以下、これらの数値を用いて自航要素を算出する方法について述べる。

一般に、自航試験では設計された実機と相似な模型プロペラが使用されることは稀であり、ストックプロペラと呼ばれる代用の模型プロペラが用いられる。その理由は、自航試験で得たい情

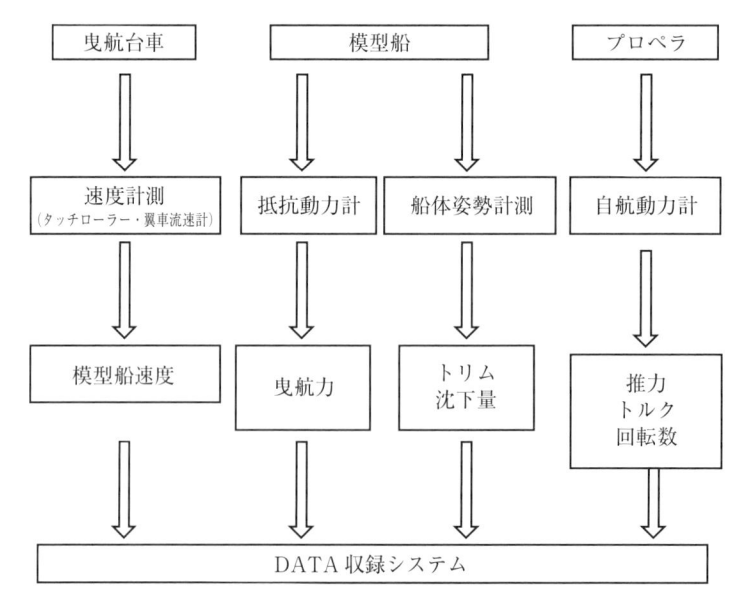

**図 8.12　自航試験計測システム**

報はプロペラと船体や舵との干渉量であり、プロペラの性能は別に求めることができるからである。一方、プロペラと船体や舵との干渉量は、プロペラの主要目である直径、ピッチ比、レーキおよびスキュー等が近いものであれば微小な形状の違いによる影響はほとんど無視できるという事実がある。そのため、設計された実機と相似の模型プロペラを使わずともそれに近い代用プロペラで自航試験を実施する。次に自航要素の算出方法について解説する。

(1) 推力減少率

推力減少率はプロペラの作動による船体抵抗増加をそのときの推力で除したものである。従って、模型船速度で実施された抵抗試験により得られた抵抗値を $R_{tm}$ とすると、推力減少率 $t$ はその他の計測値を用いて次式で求めることができる。

$$t = \frac{T+F-R_{tm}}{T} = 1 - \frac{R_{tm}-F}{T} \tag{8.17}$$

ここで、$F$ は自航試験中の船体曳航力であり模型船と実船の粘性抵抗係数の差を修正するためのSFCに一致するよう設定される。推力減少率は、プロペラの作動による船尾付近の流場変化にともなう抵抗増加なので、船首形状の変化にはほとんど影響されない。例えば、船首形状の変更にともなって船体抵抗が変化してもプロペラの推力変化に対応した抵抗増加が生じるだけで、推力減少率が大きく変化することはない。

(2) 有効伴流率

有効伴流率 $w$ は、模型プロペラの特性を介して得られる自航要素の中で唯一尺度影響を受ける数値とされている。模型プロペラの推力特性を利用して有効伴流率を算出する方法を推力一致法（$K_T$ identity）と呼んで $w_T$ と表記し、トルク特性を利用する方法をトルク一致法（$K_Q$

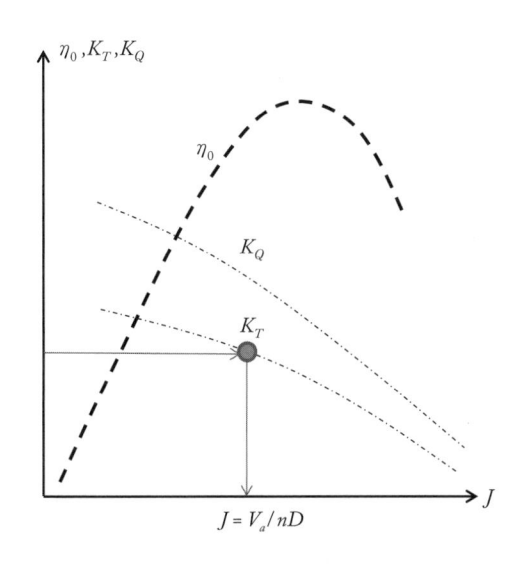

**図 8.13　$K_T$ 一致法による伴流係数の算出**

identity）と呼んで$w_Q$と表記して、両者を区別する場合がある。通常は推力一致法が使用されることが多いが、ダクトプロペラやポッド推進器のようにプロペラ羽根以外に推力や抵抗を生じる推進器の場合にはトルク一致法を用いた有効伴流率$w_Q$を求める場合もある。ここでは、一般的に使用される推力一致法による有効伴流率$w_T$の求め方を示す。

まず、模型船速度$V_m$において回転数$n$で回転しているプロペラの推力$T$から推力係数$K_T$を (8.11) 式で求める。次に、事前に準備したプロペラ単独特性から図8.13のようにして前進係数$J$を求める。有効伴流率$w_T$はこのように求められた$J$から、次の (8.18) 式を用いて算出できる。

$$w_T = 1 - \frac{JnD}{V_m} \tag{8.18}$$

(3) プロペラ効率比

プロペラ効率比$\eta_R$は$K_T$一致法で求めた前進係数において、やはりプロペラ特性曲線からもとまる$K_{Q0}$と自航試験で計測された$K_{QB}$の比であり、次の (8.19) 式で定義される。

$$\eta_R = \frac{K_{Q0}}{K_{QB}} \tag{8.19}$$

図8.14のように$K_{QB}$は$K_{Q0}$より1〜3%小さい場合が多い。物理的な理由は均一な流れと不均一な流れの違いによってプロペラの循環分布が変わるためとも言われている。あるいは、プロペラ単独試験と自航試験におけるプロペラ表面の粘性流れの違いが原因という指摘もあり、物理的には十分に解明されていない。

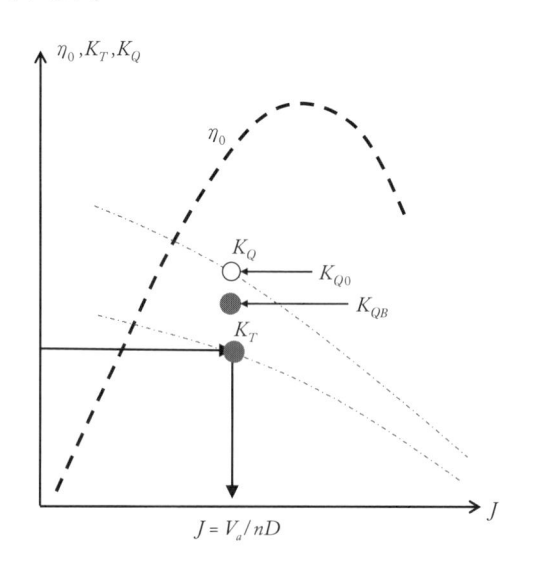

**図8.14　$K_T$一致法によるプロペラ効率比の算出**

表 8.2 自航試験解析例

| Test. No. | Ve[m/s] | Vc[m/s] | Fn | Vs[kt] | n[rps] | FD[N] | T[N] | Q[Nm] | dA[mm] | dF[mm] |
|---|---|---|---|---|---|---|---|---|---|---|
| 1 | 1.337 | 1.335 | 0.161 | 17.97 | 7.17 | 14.81 | 17.44 | 0.581 | 1.1 | 6.4 |
| 2 | 1.485 | 1.491 | 0.180 | 20.07 | 7.95 | 17.76 | 21.19 | 0.702 | 1.8 | 9.0 |
| 3 | 1.634 | 1.635 | 0.197 | 22.02 | 8.73 | 20.88 | 25.10 | 0.833 | 1.7 | 11.2 |

| Test. No. | RTM[N] | 1−t | KT | J | 1−Wt | 10KQ_O | 10KQ_B | EtaR |
|---|---|---|---|---|---|---|---|---|
| 1 | 29.95 | 0.868 | 0.210 | 0.646 | 0.694 | 0.358 | 0.348 | 1.03 |
| 2 | 36.28 | 0.873 | 0.208 | 0.651 | 0.694 | 0.355 | 0.343 | 1.03 |
| 3 | 42.63 | 0.866 | 0.204 | 0.657 | 0.702 | 0.350 | 0.338 | 1.04 |

以上のような自航要素の算出方法に基づく計算例を、海上技術安全研究所で使用されている自航試験の解析フォームの形で表 8.2 に示す。ここで表中の諸係数の意味は次のとおりである。表 8.2 の左から、Ve は対水流速計で計測された模型船速度 [m/sec]、Vc は模型船に対する側壁影響を考慮して修正した模型船速度 [m/sec]、Fn は水線長を代表長さとして定義されたフルード数、Vs は模型船速度を実船に換算した実船対応速力 [knot]、n は模型プロペラ回転数 [rps]、FD は模型船曳航力 [N]、T は模型プロペラの推力 [N]、Q は模型プロペラのトルク [N-m]、dA は船尾 AP 位置での船体沈下量 [mm]、dF は船首 FP 位置での船体沈下量 [mm]、RTM は自航試験の模型船速度に対応した模型船抵抗 [N] である。さらに、$1-t, K_T, J, 1-w_T, K_{Q0}, K_{QB}$ はこれまでの説明のとおりであり、EtaR はプロペラ効率比 $\eta_R$ の意味である。

## 8.4 模型船と実船の相関

第 7 章で、抵抗係数や自航要素を用いた馬力計算について簡単に説明したが、ここでは、水槽試験結果から実船の馬力を推定するときの模型と実船の相関係数について説明する。

(1) 実船抵抗に関する相関

実船の抵抗係数は、第 2 章や本章の抵抗試験の解説で述べたように次式で表現され、$\Delta C_f$ を粗度修正係数 (roughness allowance) と呼ぶ。

$$C_{ts} = C_w + (1+K)C_{fs} + \Delta C_f \tag{8.20}$$

実際の $\Delta C_f$ には、模型試験から得られた抵抗の推定値と実船の抵抗値の誤差が含まれていて、実船の抵抗値を正確に求めるのは難しい。従って、$\Delta C_f$ は試運転結果で得られた伝達馬力 $P_D$ を利用して次式で求められる。

$$\begin{aligned}\Delta C_f &= \overline{C_{ts}} - (1+K)C_{fs} - C_w \\ \overline{C_{ts}} &= \frac{P_D \eta_D}{\frac{1}{2}\rho S V_s^3} \\ \eta_D &= \frac{1-t}{1-w_T}\eta_0 \eta_R\end{aligned} \tag{8.21}$$

ここで、船速 $V_s$、伝達馬力 $P_D$ および伴流係数 $1-w_T$ は、試運転での計測値から、他の諸要素が尺度影響を受けないと仮定して求める。このような解析を試運転解析と称し、実績を積み重ねることで実船抵抗を正確に予測できることになる。一方、試運転解析結果は、水槽試験結果から得られる形状影響係数 $K$ や推力減少係数 $1-t$、さらにプロペラ特性が実船でも変わらないと仮定していることから、水槽試験の実施方法や解析法によってこれらの数値が異なる場合には、例え同じ試運転結果が得られたとしても違った相関係数が得られることになる。すなわち、相関係数は水槽試験の実施方法や解析方法に少なからず影響を受ける。

一方、そのような実船データを造船所等から提供を受けて水槽が独自に $\Delta C_f$ の推定式を提案している例がある。以下に、その例として国際試験水槽会議（ITTC）と日本造船技術センター（SRC）が公表している推定式を紹介するが、先に述べたように、これらの推定式は、それぞれの解析法や次に解説する実船伴流係数の相関とともに使用する場合に限り有効であり、両者を単純に比較することは難しい。

ITTC の方法
$$\Delta C_f = \left[105\left(\frac{\varepsilon}{L}\right)^{1/3} - 0.64\right] \cdot 10^{-3} \tag{8.22}$$

SRC の方法
$$\Delta C_f = \left[0.018\left(\frac{\varepsilon}{L}\right)R_n^{0.75} + \frac{10}{L} + 0.03\left(\frac{B}{d}\right) - 0.13\right] \cdot 10^{-3} \tag{8.23}$$

ここで、$\varepsilon$ は船体表面粗度 [m]、$L$ は実船の水線長 [m]、$B$, $d$ はそれぞれ幅 [m] と喫水 [m] を意味する。

(2) 実船伴流係数に関する相関

実船では船尾の境界層厚さが相対的に模型船より小さくなるため、実船ではプロペラ面の平均流速と船速の比率である伴流係数が模型船より増加する。この影響を考慮し実船の有効伴流率 $w_S$ を推定する方法として、次の2種類の方法が良く知られている。

矢崎の方法
$$e_i = \frac{1-w_S}{1-w_T} = f(L, B/d, 1-w_T) \tag{8.24}$$

ITTC の方法
$$w_S = (w_T - t - w_R)\frac{(1+K)C_{fs} + \Delta C_f}{(1+K)C_{fm}} + t + w_R \tag{8.25}$$
$$w_R = 0.04$$

模型と実船の抵抗に関する相関係数 $\Delta C_f$ と実船伴流係数の相関係数 $e_i$ は、本来はそれぞれが物理的に別な意味合いがあり互いに独立した係数のはずであるが、同型船において試運転データから解析されるこれら2つの相関係数の間には強い負の相関があるという事実はあまり知られていない。この理由は、おそらく実船のプロペラ特性に製造上や汚損状況によって微妙な違いが生

じ、これが伴流係数の相関係数である $e_i$ に誤差を生じさせ、その結果として相関係数の $\Delta C_f$ にも影響を与えているものと推察される。例えば、試運転で得られた同型船の2つの相関係数を縦軸と横軸に同時にプロットすると、バラバラに見えていた2つの相関係数が負の相関を持つデータ群となり、結果的に異なった相関係数のように見えても互いに相殺する関係になるので、馬力曲線にはあまり影響を与えない。

## 8.5 馬力推定の標準化と問題点

第7章で説明した EEDI には公平さが求められ、世界共通の計算法で算出することが望ましい。EEDI は認証の性格を持つと同時に、その計算法に公平性が要求される。すなわち、どの水槽で水槽試験を実施しても実用的な意味で同じ馬力推定結果になる必要があり、そのためには次の2つの条件が整うことが理想的である。1つは準備を含む試験手順の標準化であり、もう1つは解析法の標準化である。試験手順の標準化をいくつかの要素に分けると、模型船やプロペラ模型の製作、計測機器、データ収録および水槽や台車の環境整備ということになる。表8.3にITTCのガイドラインにあるこれらの記述を整理して、国内水槽の基準と比較してある。なお、表8.3では国内の水槽が使用する基準の例として、日本造船技術センター（SRC）と海上技術安全研究所（NMRI）の曳航水槽の基準を掲載した。どちらの水槽も ITTC の基準と矛盾すること無く十分な精度管理ができている。このことから、水槽試験の実施において試験手順を十分に一致させることができれば、試験で得られるデータには各水槽間で顕著な違いは生じないと考えられる。もちろん、実際に世界で標準化を計るためには確認のための標準模型試験等を実施する必要がある。

抵抗・自航試験は水槽試験の中で古くから最も頻繁に実施されている試験であるが、それだけに水槽間の解析方法に違いも多い。国内外の水槽での試験法、解析法の比較を表8.4に示す。概ね、欧州の水槽やアジアの新しい水槽は ITTC の試験解析法に準拠しているが、国内の水槽は、1960年以降の造船ブームの際に次々と大手造船所が独自の水槽を建設したこともあり、各社が独自の試験法や解析法を定めている。

注目すべき点は、以前から欧州で使用されてきた Direct Method と呼ばれた模型の自航試験結果を直接修正して実船の馬力と回転数を求める方法に替わり、最近では Theoretical Method と呼ばれる模型試験で得られる諸数値に物理的な意味を持たせて、それぞれの尺度影響を考慮して実船の馬力と回転数を求める方法が用いられるようになってきたことである。ITTC の方法は、欧州の水槽が1960年代に日本によって提唱された Theoretical Method を取り入れ、それをさらに発展させた推定法であるとも言える。従って、表8.4の各機関の水槽試験の解析法は異なっているように見えるが、そこにある考え方は Theoretical Method の中の範疇にあって矛盾があるものではない。また、最終精度としては、自己の建造船の性能を正しく評価する必要があるので、各機関はそれぞれに修正係数を持っており、最終的な馬力や回転数の予測という点で、差はほとんどないと考えてよい。

表 8.3 水槽試験準備と計測装置に関するガイドライン

| 項目 | 詳細項目 | ITTC | NMRI | SRC |
|---|---|---|---|---|
| 模型船 | 模型船の材料 | パラフィン・木・FRP・ウレタンフォーム | パラフィン・木・ウレタンフォーム | パラフィン・木・ウレタンフォーム |
| | 表面仕上げ | 300-400番使用 | スクレーパー | スクレーパー |
| | ステーションやWL表示方法 | 10セクションシステム、20セクションシステム、船尾から船首へカウント、BLはキールのトップサイドとする | 10セクションシステム、20セクションシステム、船尾から船首へカウント、BLはキールのトップサイドとする | 10セクションシステム、20セクションシステム、船尾から船首へカウント、BLはキールのトップサイドとする |
| | 模型船要目 | MOULDを基準 | MOULDを基準 | MOULDを基準 |
| | 製作精度 | 幅と高さは1mm以内 長さは長さの0.05%以内または1mmの大きい方 | 幅は1mm以内 長さと深さはLpp(垂線間長さ)の±0.05%以内 | ITTC準拠 |
| | 開口部処理 | サイドスラスター開口部は1mm以内の精度、2次元的閉塞率を一致させた模型で | | ITTC準拠 |
| 模型プロペラ | 製作精度 | 直径(±0.1mm) 厚さ(±0.1mm) 翼幅(±0.2mm) 平均ピッチ(±0.5%) | 直径(±0.1mm) 厚さ(+0.1-0.0mm) 翼幅(±0.1mm) 平均ピッチ(±0.5%) | ITTC準拠 |
| | 前縁と後縁の仕上げ精度 | 磨き工程を入れる | 磨き工程を入れる | 磨き工程を入れる |
| | ダクト、プロペラ前後のヴェーンなどの仕上げ精度 | プロペラと同様 | プロペラと同様 | プロペラと同様 |
| | 船尾端とのクリアランス | 2mm以下 | 3mm以下 | 3mm以下 |
| | 船尾骨材(アパーチャー)とのクリアランス | 船体形状(±1mm以下) プロペラ位置(1.5mm以下) | 船体形状(±1mm以下) プロペラ位置(1.5mm以下) 全体1.0%Dの誤差以内 | ITTC準拠 |
| 乱流促進 | スタッド | Hughes & Allan | 田古里 1mm(バルブ長1/2) & 2mm(SS9.5) | 田古里 痩型船:1mm(バルブ長1/2) & 3mm(SS9.5) 肥大船:1mm(バルブ長1/2) & 3mm(SS9.875, 9.5) |
| | トリップワイヤー | 0.5mm-1.0mmDia 5% aft from FP | | 小口径プロペラのみ 10% C.L. にΦ0.4mmを接着 |
| | サンドストリップ | 5mm-10mm幅 粒子サイズ約0.5mm 5% aft from FP | | |
| 計測方法・精度 | 抵抗動力計精度 | 最大容量の0.2%または0.05Nのどちらか大きい方 | 最大容量の0.1%または0.05Nのどちらか大きい方 | 最大容量の0.1%または0.05Nのどちらか大きい方 |
| | 速力 | 対地・対水のどちらかで計測最大速力の0.1%または3mm/secのどちらか大きい方 | 対水で計測:±1%以内を採用 対地は0.03%または1mm/secのどちらか大きい方 | |
| | 船体沈下 トリム | ガイド・ポテンショ・エンコーダー・LDVTなど 船首尾船体沈下量はプラスマイナス1mm以内の精度 | SRC準拠 | ガイド&レーザ距離計 船首尾船体沈下量はプラスマイナス1mm以内の精度 |
| | 水温 | 喫水の約半分の深度で計測 | SRC準拠 | 水深20cmで計測 |
| | プロペラ推力 トルク | 最大容量の0.2%以内 | 最大容量の0.1%以内 | 最大容量の0.1%以内 |

## 8.5 馬力推定の標準化と問題点

**表 8.4 世界の水槽で使用されている解析法の例**

| Name of Basin | Analysis Methods | | | | |
|---|---|---|---|---|---|
| | Friction Line | Form Factor | Scale Effect of Propeller Efficiency | Roughness Correction | Wake Scaling |
| MARIN(Netherland) | ITTC1957 | 2D, 3D | ITTC method | ITTC | ITTC |
| SSPA(Sweden) | ITTC1957 | 3D | ITTC method | ITTC | ITTC |
| HSVA(Germany) | ITTC1957 | 2D | Meyne | ITTC | Yazaki |
| FORCE(Denmark) | ITTC1957 | 3D | Model Scale | ITTC | FORCE |
| SHI(Korea) | ITTC1957 | 2D, 3D | ITTC method | ITTC | ITTC |
| MOERI(Korea) | ITTC1957 | 2D | ITTC method | ITTC | ITTC |
| CSSRC(China) | ITTC1957 | 2D, 3D | ITTC method | ITTC | ITTC |
| SSSRI(China) | ITTC1957 | 2D, 3D | ITTC method | ITTC | ITTC |
| MHI(Japan) | Hughes | 2D, 3D | Model Scale | MHI | MHI |
| IHI(Japan) | Schoenherr | 2D, 3D | Model Scale | IHI | IHI |
| SRC(Japan) | Schoenherr | 3D | Model Scale | SRC | Modified Yazaki |

### 【コラム 8.2】水槽ギネスブック

世界には数多くの大型水槽があるが、大別して模型を曳航または自航して船の性能を調査する曳航水槽、船の運動を調べる運動性能水槽およびプロペラのキャビテーションを調査するキャビテーション水槽がある。それぞれの水槽の中で大きさや最大速度を競う世界の水槽について紹介する。

### 歴史ある曳航水槽　DTMB

DTMB（David Taylor Model Basin）は、1939 年に米国のワシントン郊外のカルデロックに建設された、当時は世界最長の曳航水槽で、その長さは約 900 m、幅は 6.4 m で、水槽は深さが 4.9 m の deep water tank と深さ 3 m の shallow water tank に分割されている。1947 年に製作された高速曳航台車の最大

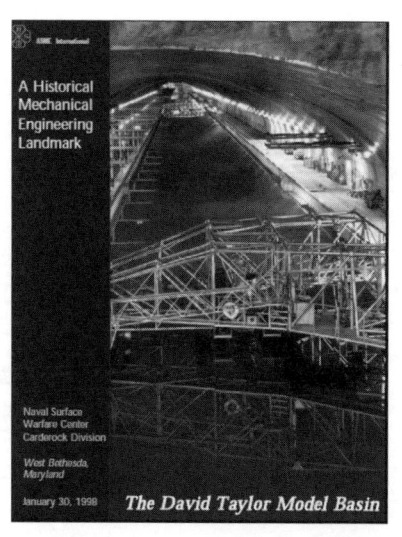

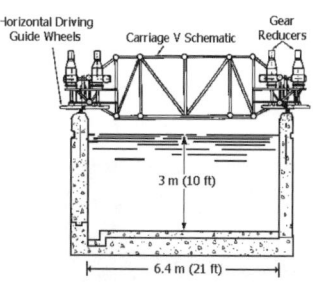

高速曳航台車
最大速度　25.7 m/sec

**図 8.15　米国最大の水槽 DTMB**

速度は25.7 m/sec（50ノット）とされている。DTMBは、1991年に建設されたLCC（Large Cavitation Channel）と呼ぶ長さが約73 m、高さが20 mもある大型のキャビテーション水槽も所有する。

**世界最大の水槽　クリロフ**

　クリロフ船型研究所はロシアの古都サンクトペテルスブルグの町中にある。カタログでは、その長さが1,324 mと1キロメートル以上もあり、幅が15 m、深さが7 mと世界最大で最長となっている。やはり2分割で使用され、高速曳航台車の最大速度は20 m/secである。キャビテーション水槽はやや小さく長さが約20 m、高さが約10 mとなっている。

**図8.16　ロシアが誇るクリロフ水槽**

**進化したキャビテーション水槽**

　水上艦艇や潜水艦にとって重要なプロペラノイズ低減のための研究に欠かせないキャビテーション水槽であるが、この目的のために建設されたユニークな水槽を2つ紹介する。ひとつはフランスのパリ郊外に建設されたGTHと呼ばれるLarge Hydrodynamic tunnel、もうひとつはVaccum Tankと呼ばれるオランダのMARINが建設した建屋全体を減圧できる水槽である。

　パリ水槽のGTHは図8.17のように、観測部に大型の潜水艦模型全体がすっぽりと入り、計測胴の底に配置したハイドロフォンでプロペラノイズを精度良く計測できる。計測胴は途中で2つに分かれ、ひとつは自由表面のある開水路テスト部（FSTS）でひとつは高速で試験が可能な閉水路テスト部（CTS）であり、こ

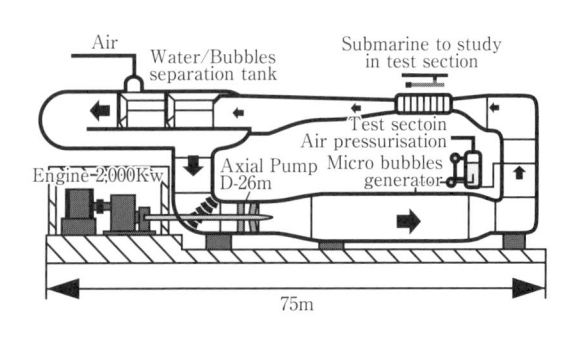

**図8.17　フランスパリ水槽のGTH**

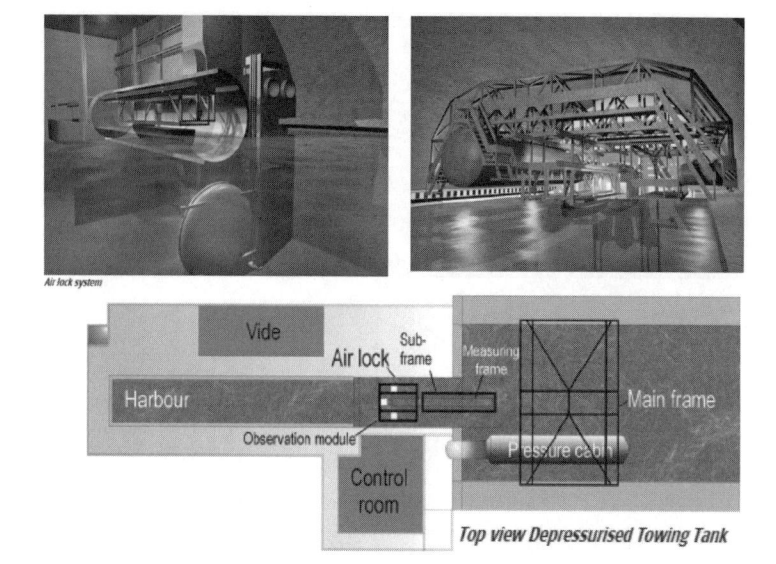

図 8.18 水槽建屋全体を減圧できる MARIN の減圧水槽

れらが平面的に並行に配置されている。

　一方、MARIN が所有する減圧曳航水槽（Depressurised Towing Tank）は、建屋全体が減圧でき、水槽のオペレータは加圧された計測室で実験を観察できる。自由表面をフルード則で正確に再現できるため、高速時の船体沈下やトリムを模擬した状態で、プロペラのキャビテーションも再現できるという水槽である。

**国内の新しい水槽**

　国内においても、21 世紀になって抵抗や推進の技術に寄与する 2 つのユニークな水槽が建設された。1 つは、6.4.1 節でも紹介した防衛省が建設した大型キャビテーション水槽で、特に船体やプロペラから放射される雑音を高精度で計測できることからフロー・ノイズ・シミュレータと呼ばれている。計測の SN 比（signal と noise の比率）を高めるために、水槽まわりの背景雑音を極めて低いレベルに抑制しているのが特長である。この水槽では、計測胴下部に配置したハイドロフォンアレイによる模型から発生した雑音の計測や、翼型から発生するキャビテーションと気泡核分布の関係等が調査されている。もう 1 つは、海上技術安全研究所が建設した実海域再現水槽である。この水槽では、実海域で発生する多方向で多くの周期や波高をもったスペクトルの波を水槽の四面全てに配置した造波機で再現することができる。

図 8.19　フロー・ノイズ・シミュレータ（防衛省）

図 8.20　実海域再現水槽（海上技術安全研究所）

## 8.6　流場計測

### 8.6.1　伴流計測

　プロペラ面の伴流計測には 5 孔ピトー管が用いられる。5 孔ピトー管はその先端部の形状によって球型、NPL 型および改良 NPL 型があるが、いずれも原理は同じで、一様流中の中に置かれた球体表面の圧力分布から 3 次元的な流れの性質がわかるという特性を利用している。計測に先立ち、ピトー管の向きを変えて圧力を計測して校正曲線を作成して正確な流速を測定する。

　伴流計測は、船尾におけるプロペラ位置での流場情報を取得するための試験で、その目的は以下のとおりである。

## 8.6 流場計測

- プロペラによる伴流利得の確認
- プロペラ設計データの収集

伴流利得とは、数値的には推進効率のところで示した有効伴流係数で示すことができる。有効伴流と伴流計測で得られる伴流係数（公称伴流と呼ぶ）には強い相関があり、プロペラ面に遅い流れを導いて推進効率を向上させるという目的が意図したとおりになっているかどうかを伴流計測結果から判断することができる。また、プロペラの設計データとは、プロペラキャビテーションの検討やプロペラ起振力の推定に用いられるプロペラ性能計算の入力データを意味する。

計測された伴流分布の一例を図 8.21（タンカー船型）および図 8.22（コンテナ船型）に示す。タンカー船型の伴流分布の特徴は、船尾のビルジ部で発生した 3 次元剥離渦が明瞭に読み取れることである。推進性能上からこのビルジ渦中心がプロペラ面の伴流分布の中に含まれていることが望ましい。一方、コンテナ船の伴流分布にはタンカー船型で現れたような顕著な渦は見られない。また、プロペラ円が境界層の外端よりも大きく、プロペラ面の平均流速がタンカー船型と比べて大きいことがわかる。

伴流分布の情報は、プロペラの設計データとして利用するため、プロペラ軸中心を原点とした極座標系で表示される場合がある。その場合には、さらに利用しやすいフーリエ級数近似が使用されることもある。例として図 8.21 に示されるある半径における伴流分布をフーリエ級数近似した場合の各調和成分を表 8.5 に示した。表 8.6 は表 8.5 の調和成分を使用した計算表であり、角度 $\theta$ における伴流係数 $1-w_T$ は (8.26) 式で計算できる。

$$1-w_T(\theta) = \frac{V_x(\theta)}{V_m} = \sum_{i=0}^{i=10} a_i \cos(i\theta) \tag{8.26}$$

ここで、$V_m$ は模型船の船速、$a_i$ は表 8.5 に示された $i$ 次の調和成分の振幅である。

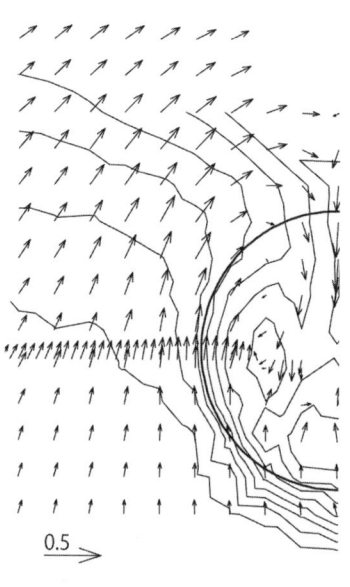

**図 8.21　伴流分布** (タンカー船型)　　**図 8.22　伴流分布** (コンテナ船型)

表 8.5 調和成分の例

| Frequency (i) | Amplitude ($a_i$) |
|---|---|
| 0 | 0.760 |
| 1 | −0.180 |
| 2 | −0.070 |
| 3 | −0.005 |
| 4 | 0.001 |
| 5 | −0.006 |
| 6 | −0.012 |
| 7 | −0.008 |
| 8 | −0.010 |
| 9 | −0.008 |
| 10 | −0.012 |

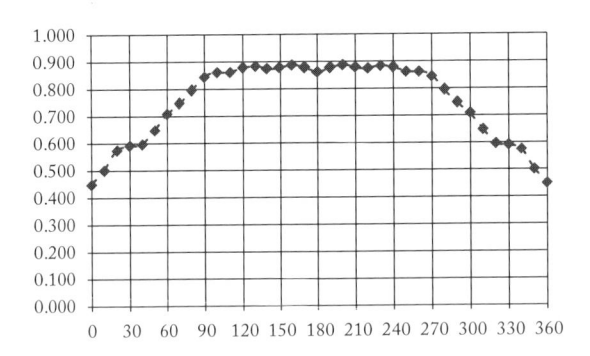

図 8.23 表 8.5 の調和成分を用いた伴流分布計算例

表 8.6 調和成分を用いた伴流分布計算例

| | | プロペラ翼位置 (deg.) | | | | | | | | | |
|---|---|---|---|---|---|---|---|---|---|---|---|
| Frequency | Amplitude | 0 | 10 | 20 | 30 | 40 | 50 | 60 | 70 | 80 | 90 |
| 0 | 0.760 | 0.760 | 0.760 | 0.760 | 0.760 | 0.760 | 0.760 | 0.760 | 0.760 | 0.760 | 0.760 |
| 1 | −0.180 | −0.180 | −0.177 | −0.169 | −0.156 | −0.138 | −0.116 | −0.090 | −0.062 | −0.031 | 0.000 |
| 2 | −0.070 | −0.070 | −0.066 | −0.054 | −0.035 | −0.012 | 0.012 | 0.035 | 0.054 | 0.066 | 0.070 |
| 3 | −0.005 | −0.005 | −0.004 | −0.003 | 0.000 | 0.003 | 0.004 | 0.005 | 0.004 | 0.003 | 0.000 |
| 4 | 0.001 | 0.001 | 0.001 | 0.000 | −0.001 | −0.001 | −0.001 | −0.001 | 0.000 | 0.001 | 0.001 |
| 5 | −0.006 | −0.006 | −0.004 | 0.001 | 0.005 | 0.006 | 0.002 | −0.003 | −0.006 | −0.005 | 0.000 |
| 6 | −0.012 | −0.012 | −0.006 | 0.006 | 0.012 | 0.006 | −0.006 | −0.012 | −0.006 | 0.006 | 0.012 |
| 7 | −0.008 | −0.008 | −0.003 | 0.006 | 0.007 | −0.001 | −0.008 | −0.004 | 0.005 | 0.008 | 0.000 |
| 8 | −0.010 | −0.010 | −0.002 | 0.009 | 0.005 | −0.008 | −0.008 | 0.005 | 0.009 | −0.002 | −0.010 |
| 9 | −0.008 | −0.008 | 0.000 | 0.008 | 0.000 | −0.008 | 0.000 | 0.008 | 0.000 | −0.008 | 0.000 |
| 10 | −0.012 | −0.012 | 0.002 | 0.011 | −0.006 | −0.009 | 0.009 | 0.006 | −0.011 | −0.002 | 0.012 |
| | Vx/Vm | 0.450 | 0.501 | 0.577 | 0.592 | 0.597 | 0.650 | 0.710 | 0.748 | 0.795 | 0.845 |

## 8.6.2 波形解析

波形解析法については第3章の3.3.1節で既に紹介してあるが、線形造波抵抗理論と水槽試験を援用させて供試船の造波抵抗を推定する手法である。抵抗成分の分離の観点から、波形解析法によって算定された造波抵抗を波形造波抵抗あるいは波形抵抗と呼んで区別している。実際には船の造る波のエネルギーの全てが後続波として伝搬されるものではないので、波形解析法は必ずしも正しい造波抵抗を推定し得るものではないが、船が起こした波を計測しそれを利用している点で合理的であり、その解析結果は船型設計に有益な情報を提供している。

模型船の起こす波の計測方法には3.3.1節で概説しているように、波形計測の走査面を模型船の進行方向と同じ方向とする縦切法(longitudinal cut method)と模型船の進行方向と直角の方向とする横切法(transverse cut method)があるが、計測方法の簡便さから縦切法が多く採用されている。模型船の後方の波にはある範囲で水槽側壁による反射波が混入するため、計測波形を有効な長さで打切りそれより後方の波の影響を修正する必要がある。有効な波形記録を最も長く採取するために水槽側壁に投影される波形を計測するのが得策である。計測された波形の解析方法には、フーリエ変換法、等価特異点法、マトリックス法等が提案されているが、フーリエ変換法が多く採用されているので、以下にその概要を述べる。

模型船の起こす後続自由波 $\zeta(x, y)$ の振幅関数を $P(\theta)$, $Q(\theta)$ とすると、造波抵抗および後続自由波と振幅関数の関係は次のように表される。

$$R_w = \frac{\rho K_0^2}{\pi} \int_0^{\pi/2} |P(\theta) + iQ(\theta)|^2 \sec^3\theta d\theta \tag{8.27}$$

$$\zeta(x, y) = \frac{\sqrt{2}}{\pi U} K_0 \int_{-\pi/2}^{\pi/2} \{P(\theta)\cos(K_0 p \sec^2\theta) + Q(\theta)\sin(K_0 p \sec^2\theta)\} \sec^3\theta d\theta \tag{8.28}$$

ただし、$p$ は素成波の進行方向を示し $p = x\cos\theta + y\sin\theta$ であり、$K_0 = U^2/g$ は波数である。振幅関数は後続自由波をフーリエ変換することによって以下のように求められ、これを(8.27)式に代入して造波抵抗を算定することができる。

$$P(\theta) + iQ(\theta) = U\cos\theta\sin\theta\exp(iK_0 y_p \tan\theta\sec\theta)\int_{-\infty}^{\infty} \zeta(x, y_p)e^{iK_0 x\sec\theta}dx \tag{8.29}$$

ここで、$\zeta(x, y_p)$ は模型船の中心線から幅 $y_p$ だけ離れた位置で計測された波形記録である。この解析方法の場合には水槽の長さと幅の制約から、模型船の助走距離や波形の有効な計測長さと打切り修正等が解析結果に影響を及ぼす。

図8.24に波形の計測結果の例を示し、この波形に対応する振幅関数の解析結果を図8.25に示す。なお、図8.25に示されている関数の分布は(8.27)式の被積分関数に対応しており、どの方向の素成波の影響が顕著であるかを確認することができる。さらに、計測波形から得られた波形造波抵抗係数 $C_{wp}$ と抵抗試験から得られた造波抵抗係数 $C_w$ とを比較して図8.26に示す。一

般に、波形造波抵抗は抵抗試験で得られる造波抵抗より小さくなるが、それは砕波等の非線形な現象による抵抗成分の情報が含まれないためとされている。

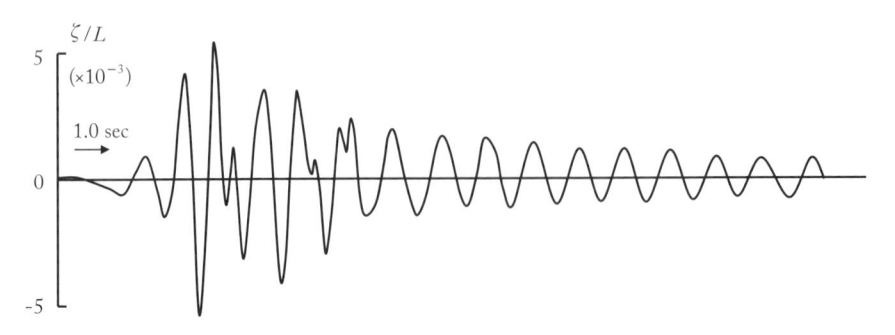

図 8.24　計測波形（縦切法）の例

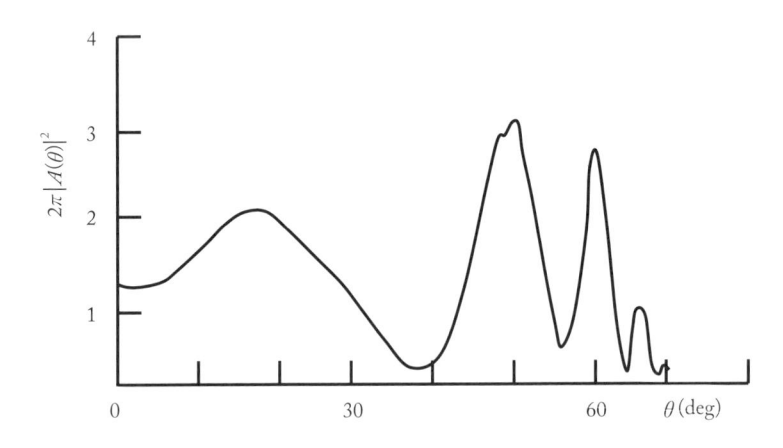

図 8.25　振幅関数の例

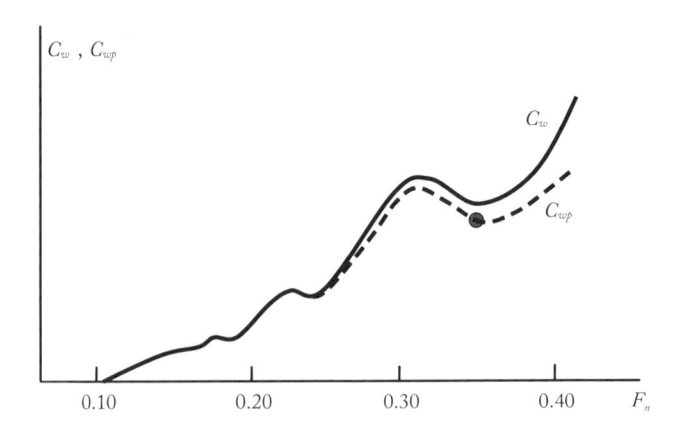

図 8.26　波形抵抗係数 $C_{wp}$ と造波抵抗係数 $C_w$

# 参考文献

## <抵抗に関する参考文献>

Hoerner, S.F., Fluid Dynamic Drag, published by the author, 1958, 1965.
造船協会，造波抵抗シンポジウム，1965.
丸尾孟，船体抵抗推進論，横浜国立大学1967年度講義ノート，1967（弘陵造船航空会，横浜国大船舶海洋航空宇宙工学80年記念誌，付属CDR収録，2009.）.
日本造船学会，粘性抵抗シンポジウム，1973.
日本造船学会，肥大船の推進性能に関するシンポジウム，1975.
日本造船学会，船型設計のための抵抗・推進理論シンポジウム，1979.
日本造船学会，船型開発と試験水槽，試験水槽委員会第1部会シンポジウム，1983.
関西造船協会，造船設計便覧，第4版，海文堂出版，1983.
日本造船研究協会，第189研究部会，船舶の防食防汚の性能と経済性向上に関する調査研究，1984.
日本造船学会，波浪中推進性能と波浪荷重，運動性能研究委員会第1回シンポジウム，1984.
日本造船学会，物体に働く流体抗力，推進性能研究委員会第1回シンポジウム，1985.
白勢 康，粗面とビードによる船の抵抗増加，西部造船会会報75号，1988.
日本造船学会，高速艇と性能，推進性能研究委員会，高速艇研究特別委員会シンポジウム，1989.
日本造船学会，船体まわりの流れと流体力，推進性能研究委員会第3回シンポジウム，1989.
牧野光雄，流体抵抗と流線形—流体力学的にみた乗り物の形状デザイン—，産業図書，1991.
日野幹雄，流体力学，朝倉書店，1992.
日本造船学会，船体まわりの流れと船型開発に関するシンポジウム，推進性能研究委員会第5回シンポジウム，1993.
池畑光尚，船舶海洋工学のための流体力学入門，船舶技術協会，1993.
日本造船研究協会，第213研究部会，多軸船の推進性能推定精度向上に関する研究，1993.
日本造船学会，実海域における船の推進性能，推進性能研究委員会第6回シンポジウム，1995.
数値流体力学編集委員会，非圧縮性流体解析，東京大学出版会，1995.
数値流体力学編集委員会，移動境界流れ解析，東京大学出版会，1995.
日本造船学会，コンピュータ時代の船型開発技術，推進性能研究委員会第7回シンポジウム，1997.
森 正彦，船型設計，船舶技術協会，1997.
Ferziger, J. H., Peric, M., Computational Methods for Fluid Dynamics, Springer, 1997.
日本流体力学会，流体力学ハンドブック 第2版，第10章 物体の抵抗，丸善，1998.
日本造船学会，船型設計と流力最適化問題，試験水槽委員会シンポジウム，1999.
関西造船協会，第2回高速船フォーラム—超高速カーフェリーの将来性を検証する—，2001.
日本造船学会，乱流研究の現状とその応用，試験水槽委員会シンポジウム，2002.
Faltinsen, O.M., Hydrodynamics of High-Speed Marine Vehicles, Cambridge University Press, 2005.
Rhee, S.H. and Skinner, C., Unstructured Grid Based Navier-Stokes Solver for Free-Surface Flow around Surface Ships, Proceedings of CFD WORKSHOP TOKYO 2005, Tokyo, Japan, 2005.
Hino, T. and Sato, Y., Ship Flow Computations by an Unstructured Navier-Stokes Solver, Proceedings of CFD WORKSHOP TOKYO 2005, Tokyo, Japan, 2005.
鈴木和夫，流体力学と流体抵抗の理論，成山堂書店，2006.
Carlton, J., Marine Propellers and Propulsion, 2nd edition, Butterworth-Heinemann, 2007.
日本船舶海洋工学会，水槽試験の現状と展望，推進性能研究会シンポジウム，2010.

## <推進に関する参考文献>

Abbott, IH, & von Doenhoff,A,E. Theory of Wing Sections, McGraw-Hill, 1949.
Hoerner, S.F., Fluid Dynamic Lift, published by the author, 1958, 1965.
守屋富次郎，空気力学序論，培風館，1959.
日本造船学会，舶用プロペラに関するシンポジウム，1967.
van Manen,J.D. Fundamentals of Ship Resistance and Propulsion, NSMB Pub.No 132 a, 1970.
日本造船学会，第2回舶用プロペラに関するシンポジウム，1971.
日本造船学会，肥大船の推進性能に関するシンポジウム，1975.
日本造船学会，船型設計のための抵抗・推進理論シンポジウム，1979.
日本造船学会，船舶の振動・騒音とその対策に関するシンポジウム，1980.
日本造船学会，船型開発と試験水槽，試験水槽委員会第1部会シンポジウム，1983.

関西造船協会，造船設計便覧 第4版，海文堂出版，1983.
加藤洋治，舶用プロペラの現状と将来（その1，その2）日本造船学会誌，1985.
日本造船学会，第3回舶用プロペラに関するシンポジウム，第2回進性能研究委員会シンポジウム，1987.
日本造船学会，高速艇と性能，推進性能研究委員会，高速艇研究特別委員会シンポジウム，1989.
日本造船学会，次世代船開発のための推進工学シンポジウム，第4回推進性能研究委員会シンポジウム，1991.
日本造船学会，実海域における船の推進性能，第5回推進性能研究委員会シンポジウム，1991.
池畑光尚，船舶海洋工学のための流体力学入門，船舶技術協会，1993.
日本造船学会，コンピュータ時代の船型開発技術，第6回推進性能研究委員会シンポジウム，1997.
森 正彦，船型設計，船舶技術協会，1997.
日本流体力学会，流体力学ハンドブック 第2版，第10章，丸善，1998.
日本船舶海洋工学会，第5回舶用プロペラに関するシンポジウム，推進性能交流会シンポジウム，2005.
Carlton, J., Marine Propellers and Propulsion, 2nd edition, Butterworth-Heinemann, 2007.
日本船舶海洋工学会，水槽試験の現状と展望，推進性能研究会シンポジウム，2010.

＜キャビテーションに関する参考文献＞
日本造船学会，舶用プロペラに関するシンポジウム，1967.
日本造船学会，第2回舶用プロペラに関するシンポジウム，1971.
日本造船学会，船型設計のための抵抗・推進理論シンポジウム，1979.
日本造船学会，第3回舶用プロペラに関するシンポジウム，1987.
日本造船学会，次世代船開発のための推進工学シンポジウム，推進性能研究委員会・第4回シンポジウム，1991.
加藤洋治編著，キャビテーション，槙書店，1999.
Singhal, A.K., Athavale, M.M., Li, H.Y., Jiang, Y.: "Mathematical Basis and Validation of the Full Cavitation Model", Journal of Fluids Engineering, Vol.124, pp. 617-624, 2002.
日本船舶海洋工学会，第5回舶用プロペラに関するシンポジウム，推進性能交流会シンポジウム，2005.
山崎正三郎，設計図表と理論計算を用いたプロペラ設計，日本船舶海洋工学会，第5回舶用プロペラに関するシンポジウム，2005.
右近良孝，石井規夫，プロペラ・キャビテーションとこれらが誘起する諸問題，日本船舶海洋工学会，第5回舶用プロペラに関するシンポジウム，2005.
金丸崇，安東潤，簡便なパネル法による定常プロペラキャビテーションの計算，日本船舶海洋工学会論文集，第7号，pp.151-161, 2008.
黄鎮川，川村隆文，竹腰善久，木村校優，竹谷正，藤井昭彦，翼端荷重度の異なる舶用プロペラに発生する非定常キャビテーションに関する数値シミュレーション，日本船舶海洋工学会講演会論文集，第8号，2009.

# 欧文索引

## 【A, B】

added resistance coefficient　*108*
advance coefficient　*119*
air resistance　*7, 106*
amplitude function　*62*
anti-fouling paint　*46*
anti-singing edge　*135*
appendage resistance　*9*
aspect ratio　*100*
back pressure　*102*
Bernoulli's theorem　*4*
Biot-Savart's law　*97*
blade　*115*
blockage effect　*111*
boiling　*143*
boss　*115*
bound vortex　*94, 123*
boundary layer　*8, 30*
bow bulb　*9*
bow wave system　*71*
bubble cavitation　*144*
bucket chart　*155*

## 【C, D】

camber　*115*
catamaran　*90*
cavitation　*143*
cavitation number　*146*
cavitation tunnel　*159*
cavity　*143*
cell　*55*
CFD　*22, 52, 60, 83, 89, 90, 92, 156, 168*
cloud cavitation　*145*
Computational Fluid Dynamics　*22, 52*
control surface　*22*
crash stop test　*182*
critical speed　*110, 111*
d'Alembert's paradox　*1*
David Taylor Model Basin　*191*
dead water zone　*8*
dimensional analysis　*10*
Direct Method　*189*
diverging wave　*64*
double model　*55, 66*
double model approximation　*77*
drag　*2*
drag coefficient　*3*
DTMB　*191*
dynamical condition　*77*

## 【E, F】

eddy making resistance　*8*
EEDI　*171, 189*
effective angle of attack　*95*
effective power　*164*
elementary wave　*61*
Energy Efficiency Design Index　*171*
equation of continuity　*15*
equation of motion　*4*
erosion　*145*
expanded area ratio　*119*
flat ship theory　*79*
Flow Noise Simulator　*160*
fluid density　*2*
fluid resistance　*1*
FNS　*160*
form factor　*28, 48*
form resistance　*27*
fouling　*42*
free surface　*1*
free surface condition　*77*
free vortex　*94, 123*
frictional resistance　*7*
frictional resistance coefficient　*28*
Froude number　*12*
Froude's law of similarity　*17*
fully roughness　*43*

## 【G, H】

gravity force　*17*
groove　*58*
heaving　*107*
Hess & Smith method　*81*
hollow　*70, 71*
horse shoe vortex　*93*
hull surface condition　*78*
hump　*70, 71*

## 【I, K】

IMO　*171*
induced drag　*10, 95*
induced velocity　*95*
inertia force　*3*
International Maritime Organization　*171*
International Towing Tank Conference　*40*
ITTC　*40, 137, 138, 188, 189*
ITTC1957　*40*
Kelvin wave　*17, 64*
kinematical viscosity　*7*
$K_Q$ identity　*185*
$K_T$ identity　*185*

## 【L, M】

laminar boundary layer　*31*
laminar flow　*31*
laminar sub-layer　*31*
leading edge　*115*
Level-set method　*87*
lift　*2*
lifting line theory　*96*
lifting surface theory　*100*
lines　*89*
longitudinal cut method　*74, 197*
low speed theory　*81*
MAC　*83*
main hull　*9*
MARIN　*183, 193*
Marker And Cell method　*83*
MAU　*118*
mesh　*55*
minimum wave resistance theory　*89*

momentum thickness ··········· 30
multiphase flow model ········ 156

**[N, O]**

NASA ································ 58
natural period ················· 107
Neumann-Kelvin problem ······ 81
NMRI ······························ 189
no slip ····························· 29
nonlinear programming ··· 60, 89
normal stress ····················· 20
NS ··································· 14
one-equation model ············· 54

**[P, Q]**

period of encounter ············ 107
pitch ······························ 115
pitch ratio ······················· 119
pitching ·························· 107
pressure resistance ················ 7
propeller disc ··················· 116
propeller dynamo meter ······ 160
propeller efficiency ············ 163
propeller open test ············ 180
propulsive efficiency ·········· 163
QCM ······························ 123
Quasi-Continuous Method ···· 123

**[R, S]**

rake ······························· 115
Rankine source method ········ 81
RANS ······························ 53
relative roughness ··············· 44
resistance ··························· 2
resistance coefficient ············· 2
resistance test ·················· 175
restricted water effect ········ 108
Reynolds Averaged Navier-
　　Stoke equation ············· 53
Reynolds number ··············· 12
Reynolds stress ·················· 53
Reynolds stress model ·········· 54
Reynolds' law of similarity ····· 14
riblet ······························ 58

roughness allowance ······ 28, 187
Schoenherr's mean line ········ 39
screw propeller ················· 115
self polishing paint ············· 46
self propulsion test ············ 184
separation resistance ············· 8
SFC ······························· 184
shaft force ······················ 125
shallow water effect ··········· 108
shallow water wave ··········· 109
shear stress ······················· 20
sheet cavitation ················ 144
SI ··································· 11
singing ··························· 134
skew ······························ 116
Skin Friction Correction ······ 184
slender ship theory ·············· 79
solitary wave ··················· 109
soliton ···························· 111
spray resistance ·············· 9, 92
SRC ······························· 188
stagnation point ··················· 4
stagnation pressure ··············· 4
stagnation wave ················ 111
starting vortex ·················· 123
stern bulb ·························· 9
stern wave system ··············· 71
stream line tracing method ··· 80
stress tensor ······················ 20
structured mesh ·················· 55
stud ································ 41
subcritical zone ················ 110
supercritical zone ·············· 110
surface force ···················· 128
surface roughness ··············· 42
Systeme International d'Unites
　　································· 11

**[T, U]**

Theoretical Method ············ 189
thin ship theory ·················· 79
thrust coefficient ··············· 119
thrust deduction ················ 164
tip clearance ···················· 134

torque coefficient ··············· 119
total resistance ···················· 7
towing test ······················· 73
trailing edge ···················· 115
trailing vortex ············· 94, 123
transition ························ 104
transom stern ······················ 9
transverse cut method ··· 74, 197
transverse wave ················· 64
trimaran ··························· 90
turbulence model ················ 53
turbulence stimulator ··········· 41
turbulent boundary layer ······ 31
turbulent flow ···················· 31
two-equation model ············· 54
unstructured mesh ··············· 55

**[V, W, Z]**

viscosity ···························· 7
viscous force ······················ 14
viscous pressure resistance ····· 8
viscous resistance ················· 1
viscous resistance coefficient
　　···························· 14, 27
VOF ································ 86
Volume Of Fluid method ······ 86
vortex cavitation ··············· 145
wake ································· 8
wake analysis ···················· 48
wake fraction ··················· 164
wake resistance ·················· 48
wall effect ······················· 108
water resistance ···················· 6
wave breaking resistance   9, 91
wave making length ······ 72, 88
wave making resistance ····· 1, 9
wave pattern ····················· 64
wave pattern resistance ········ 74
wave spectrum ··················· 62
wavy roughness ·················· 45
winglet ··························· 101
wire mesh screen ·············· 160
zero-equation model ············ 53

# 和文索引

## 【ア行】

アスペクト比 …………… 100, 122
圧力係数 ………………… 5, 102
圧力積分 …………………… 8
圧力抵抗 …………………… 7
圧力面 ……………………… 115
1方程式モデル …………… 54
ウィングレット …………… 101
ウォータージェット ……… 113
薄い船の理論 ……………… 79
渦抵抗 …………………… 8, 106
渦理論 ……………………… 122
運動学的条件 …………… 77, 78
運動量厚 …………………… 30
運動量保存則 ……………… 22
運動量理論 …………… 23, 116
曳航試験 …………………… 73
曳航台車 …………………… 176
曳航ロッド ………………… 176
エネルギー効率設計指標 … 171
エネルギー保存則 ……… 23, 66
エロージョン …… 145, 160, 162
オイラーの運動方程式 …… 4
横切法 …………………… 74, 197
横切面積曲線 ……………… 89
応力積分 …………………… 20
応力テンソル …………… 20, 21
汚損 ………………………… 42

## 【カ行】

海上技術安全研究所
  ………………… 118, 187, 189
壊食 ………………………… 145
回転数 ……………………… 184
ガイド装置 ………………… 177
拡散波 …………………… 64, 90, 109
カルマン渦列 ……………… 134
干渉 ………………………… 165
干渉計算 …………………… 168
慣性力 ……………………… 3
完全粗面 …………………… 43
幾何学的相似 ……………… 18
幾何学的流入角 …………… 180

岐点 ………………………… 4
岐点圧 ……………………… 4, 5
気泡核 …………………… 148, 160
気泡追跡法 ………………… 151
キャビティ …………… 129, 143
キャビティ流れ理論 ……… 153
キャビテーション
  …… 115, 122, 128, 129, 130, 143
キャビテーション水槽 …… 159
キャビテーション数
  …………………… 131, 146, 161
キャンバー ………………… 115
急速停止試験 ……………… 182
境界層 …………………… 8, 30, 103
境界層理論 ………………… 29
極小造波抵抗理論 ………… 89
空気抵抗 ………………… 6, 106
空気膜 ……………………… 57
空洞化現象 ………………… 143
空洞理論 …………………… 153
クッタ・ジューコフスキーの定理 …………………………… 95
クラウド・キャビテーション
  …………………… 145, 150
グリーン関数 ……………… 79
グルーブ …………………… 58
グレイのパラドックス …… 57
迎角 ………………………… 95
計算格子 …………………… 55
計算流体力学 …………… 22, 52
形状影響係数
  28, 46, 48, 50, 73, 104, 188
形状抵抗 …………… 27, 46, 179
形状抵抗係数 …………… 28, 179
系統的模型試験 …………… 74
ケルビン波
  …………… 17, 64, 90, 109, 110
ケンプのレイノルズ数 …… 137
後縁 ………………………… 115
工学単位系 ………………… 11
構造格子 …………………… 55
後続自由波 ………………… 197

抗力 …………………… 2, 137, 148
抗力係数 …………………… 3
国際海事機構 ……………… 171
国際試験水槽会議 …… 40, 188
国際単位系 ………………… 11
5孔ピトー管 ……………… 194
固有周期 …………………… 107
孤立波 ……………………… 109
混相流モデル ……………… 156

## 【サ行】

サーフェイスフォース …… 128
サーフェイスフォースの軽減法
  ………………………… 134
最適化 …………………… 59, 141
最適設定 …………………… 140
最適直径 …………………… 141
砕波抵抗 ………………… 9, 91
3次元外挿法 …… 73, 176, 178
三胴 ………………………… 90
シート・キャビテーション
  …………………… 144, 149
次元解析 …………………… 10
自航試験 …………………… 184
自航要素 …… 165, 166, 167, 184
自己研磨型塗料 …………… 46
死水領域 ………………… 8, 103
尺度影響 …………………… 136
シャフトフォース ………… 125
自由渦 …………………… 94, 123
縦切法 …………………… 74, 197
自由表面 …………………… 1
自由表面条件 ……………… 77
自由表面抵抗 ……………… 9
自由表面適合格子 ………… 85
重力 ………………………… 17
シューンヘルの公式 ……… 39
主船体 ……………………… 9
出発渦 ……………………… 123
循環分布 ………………… 96, 98
上下揺れ …………………… 107
正面 ………………………… 115
剰余抵抗 …………………… 178

初生キャビテーション数 …… *148*
親水塗料 ……………………… *59*
振幅関数
　…………… *62, 63, 71, 74, 80, 197*
推進器 ………………………… *113*
推進効率 ……………………… *163*
水中騒音 ……………………… *161*
垂直応力 …………………… *20, 21*
随伴渦 ……………………… *94, 123*
推力 ……………… *119, 160, 184*
推力一致法 …………………… *185*
推力係数 ………………… *118, 180*
推力減少係数 ………………… *188*
推力減少率 ……………… *164, 185*
スーパーキャビテーション … *149*
スキュー ……………………… *116*
スキュープロペラ …………… *134*
スクリュープロペラ ………… *113*
スタッド ……………………… *41*
砂粗面 ………………………… *45*
スパン ………………………… *122*
スペクトル …………………… *62*
正圧面 ………………………… *115*
制限水路影響 ………………… *108*
成分波 ………………………… *61*
堰返し波 ……………………… *111*
積分方程式 …………………… *82*
セル …………………………… *55*
0方程式モデル ……………… *53*
遷移 ………………… *31, 41, 103*
遷移域 ………………………… *36*
遷移レイノルズ数 …………… *32*
前縁 …………………………… *115*
船型学 ………………………… *1*
船型最適化 ……………… *60, 89*
船首波系 ……………………… *71*
船首バルブ …………………… *88*
前進係数 …… *119, 135, 161, 180*
線図 …………………………… *89*
浅水影響 ……………………… *108*
浅水波 ………………………… *109*
船体振動 ………… *134, 145, 160*
船体表面条件 ………………… *78*
せん断応力 …………………… *21*
せん断力 ……………………… *20*
全抵抗 ………………………… *7*

船尾振動 ……………………… *130*
船尾トランサム ……………… *9*
船尾波系 ……………………… *71*
船尾バルブ ……………… *9, 89, 134*
船尾変動圧力 ………………… *161*
騒音 ……………………… *134, 145*
相関係数 ……………………… *187*
相似則 …………………… *135, 161*
相対粗度 ……………………… *44*
双胴 …………………………… *90*
造波干渉 …………………… *70, 89*
造波現象 ……………………… *61*
造波抵抗 ………… *1, 9, 66, 70, 179*
造波抵抗理論 ………………… *75*
層流 …………………………… *31, 103*
層流域 …………………… *35, 137*
層流境界層 …………………… *31*
層流低層 ……………………… *31*
速度ポテンシャル …………… *63, 76*
束縛渦 …………………… *94, 123*
側壁影響 ……………………… *108*
素成波 …………………… *107, 109*
粗度修正 ……………… *28, 176, 187*
粗度抵抗 ……………………… *42*
粗度抵抗係数 ………………… *28*
ソリトン ……………………… *111*

【タ行】
ダクトプロペラ ……………… *186*
縦揺れ ………………………… *107*
多胴船型 ……………………… *90*
ダランベールの背理 ………… *1, 23*
弾性皮膜 ……………………… *57*
チップ・ボルテックス・キャビ
　テーション ………………… *150*
チップクリアランス ………… *134*
チップボルテックス ………… *123*
調査面 …………………… *22, 24, 68*
沈下 …………………………… *177*
出会い周期 …………………… *107*
抵抗 …………………………… *2*
抵抗係数 …………………… *2, 18*
抵抗試験 ……………………… *73, 175*
抵抗動力計 …………………… *176*
低速接線法 …………………… *50*
低速理論 ……………………… *81*

展開面積比 …………………… *119*
伝達馬力 ……………… *164, 187*
動粘性係数 ………………… *7, 12*
トリム ………………………… *177*
トルク ……………… *119, 160, 184*
トルク一致法 ………………… *185*
トルク係数 …………………… *180*

【ナ行】
ナビエ・ストークスの方程式
　……………………………… *14, 52*
ニクラーゼの実験 …………… *43*
2次元外挿法 ……… *73, 176, 178*
2方程式モデル ……………… *54*
二重模型 ………… *55, 66, 82*
二重模型近似 ……………… *77, 80*
日本造船技術センター ‥ *188, 189*
粘性圧力抵抗 ………… *8, 27, 106*
粘性係数 ……………………… *7*
粘性抵抗 ……………………… *1*
粘性力 ………………………… *14*
ノイマン条件 ………………… *78*
ノーズテールピッチ ………… *115*

【ハ行】
背圧 …………………………… *102*
背圧係数 ……………………… *103*
背面 …………………………… *115*
剥離抵抗 ……………………… *8*
剥離点 ………………………… *103*
波形解析 …………………… *73, 197*
波形抵抗 …………………… *74, 197*
バケット図 …………………… *155*
波状粗面 ……………………… *45*
波数 …………………………… *62, 63*
撥水塗料 ……………………… *58*
馬蹄型渦 ……………………… *93, 123*
ハブ・ボルテックス・キャビ
　テーション ………………… *150*
バブル・キャビテーション
　……………………………… *144, 149*
馬力計算 ……………………… *169*
馬力低減 ……………………… *56*
パリ水槽 ……………………… *193*
バリルのキャビテーション・
　チャート …………………… *154*

バルブ ··············································· 9
波浪中抵抗増加 ························· 107
ハンプ・ホロー ··· 70, 71, 73, 80
伴流 ······································· 8, 48
伴流解析 ······························ 48, 91
伴流係数 ··························· 188, 195
伴流計測 ····································· 194
伴流抵抗 ······························ 48, 91
伴流分布 ·····································
　　　　56, 126, 130, 160, 168, 195
伴流率 ································ 133, 165
伴流利得 ····································· 195
ビオ・サバールの法則 ··· 97, 124
曳き波 ········································ 110
非構造格子 ································· 55
非線形計画法 ······················ 60, 89
ピッチ ········································ 115
ピッチ角 ···································· 136
ピッチ比 ···································· 119
飛沫抵抗 ······························· 9, 92
ヒューズの公式 ·························· 40
ヒューズの方法 ·························· 73
表面粗度 ····································· 42
負圧面 ········································ 115
フェイス・キャビテーション
　　·············································· 150
フェイスピッチ ························ 115
フェージング ···························· 128
副部抵抗 ······················· 9, 93, 101
沸騰 ············································ 143
ブラジウスの公式 ······················ 35
プラントル・シュリヒティング
　の公式 ···································· 39
フルード数 ···················· 12, 17, 68
フルードの相似則 ······················ 17
フルードの方法 ·························· 73
フロー・ノイズ・シミュレー
　ター ································ 160, 193
プロハスカの方法 ······················ 50
プロペラ円盤 ···························· 116

プロペラ荷重度 ························ 166
プロペラ起振力 ························ 125
プロペラ効率 ···················· 163, 181
プロペラ効率比 ················ 164, 186
プロペラ単独試験 ···················· 180
プロペラ単独性能 ···················· 181
プロペラ動力計 ························ 160
プロペラ変動圧 ························ 130
ペイント・テスト ···················· 162
ペイント粗面 ······························ 45
ベルヌーイの定理 ······ 4, 63, 116
扁平な船の理論 ·························· 79
防汚塗料 ······································ 46
飽和蒸気圧 ······················· 143, 146
ボス ···································· 115, 137, 181
ボス比 ········································ 119
細長船理論 ·································· 79
ポッド推進器 ···························· 186
ポテンシャル流 ·························· 75
ボルテックス・キャビテーショ
　ン ············································· 145

【マ行】
マイクロバルブ ·························· 59
摩擦抵抗 ········································ 7
摩擦抵抗係数 ···················· 28, 177
摩擦抵抗公式 ······························ 34
摩擦抵抗低減方法 ······················ 57
水抵抗 ············································ 6
ミッチェル理論 ·························· 79
密度 ··············································· 2
鳴音 ············································ 134
鳴音加工 ···································· 135

【ヤ行】
有限体積法 ·································· 54
有効迎角 ······································ 95
有効馬力 ···································· 164
有効伴流率 ············· 133, 164, 185
誘導速度 ······································ 95

誘導抵抗 ····················· 10, 93, 95
揚力 ································ 2, 137, 148
揚力傾斜 ···································· 100
揚力線理論 ·························· 96, 122
揚力等価法 ································ 152
揚力面理論 ········· 100, 122, 154
翼素理論 ···································· 121
翼幅 ············································ 122
横波 ··································· 64, 90, 109
4象限特性 ································· 181

【ラ，ワ行】
ラストハンプ ······················ 71, 110
ランキンソース法 ············ 81, 82
乱流 ······································ 31, 103
乱流域 ································· 36, 38
乱流境界層 ························ 31, 137
乱流促進装置 ···················· 41, 102
乱流モデル ·································· 53
力学的条件 ·································· 77
力学的相似 ·························· 13, 18
理想効率 ···························· 118, 120
リブレット ·································· 58
流線追跡法 ·································· 80
流体抵抗 ········································ 1
臨界レイノルズ数 ···················· 104
ルート・キャビテーション ··· 151
レイノルズ応力 ·························· 53
レイノルズ応力モデル ·············· 54
レイノルズ数 ··· 12, 14, 136, 178
レイノルズの相似則 ·················· 14
レイノルズ平均ナビエ・ストー
　クス方程式 ······························ 53
レーキ ········································ 115
レベルセット法 ·························· 87
連続の方程式 ······························ 15
櫓 ················································ 113
ワイヤー・メッシュ ················ 160

## 著者略歴

鈴木　和夫　（すずき　かずお）
  1977.3　　横浜国立大学工学研究科造船工学専攻修士課程修了
  1977.5　　横浜国立大学工学部助手
  1985.10　横浜国立大学工学部助教授
  1998.4　　横浜国立大学工学部教授
  2018.4　　横浜国立大学名誉教授

佐々木　紀幸　（ささき　のりゆき）
  1974.3　　九州大学工学部造船学科卒
  1974.4　　住友重機械工業株式会社入社
  2005.10　独立行政法人海上技術安全研究所入所
  2013.3　　独立行政法人海上技術安全研究所退職
  2013.4　　株式会社MTI（Monohakobi Technology Institute）に勤務
  2020.1　　ストラスクライド大学客員名誉教授

川村　隆文　（かわむら　たかふみ）
  1995.3　　東京大学大学院工学系研究科環境海洋工学専攻修士課程修了
  1999.4　　運輸省船舶技術研究所推進性能部研究官
  2004.12　東京大学大学院工学系研究科環境海洋工学専攻准教授
  2011.6　　株式会社数値流体力学コンサルティング代表取締役

船舶海洋工学シリーズ❷
せんたいていこう　すいしん
**船体抵抗と推進**

定価はカバーに
表示してあります。

| | |
|---|---|
| 2012年3月18日 | 初版発行 |
| 2020年3月18日 | 3版発行 |

| | |
|---|---|
| 著　者 | 鈴木 和夫・佐々木 紀幸・川村 隆文 |
| 監　修 | 公益社団法人 日本船舶海洋工学会<br>能力開発センター 教科書編纂委員会 |
| 発行者 | 小川 典子 |
| 印　刷 | 亜細亜印刷株式会社 |
| 製　本 | 東京美術紙工協業組合 |

発行所　㍿成山堂書店

〒160-0012　東京都新宿区南元町4番51　成山堂ビル
TEL：03(3357)5861　　FAX：03(3357)5867
URL　http://www.seizando.co.jp
落丁・乱丁本はお取り換えいたしますので，小社営業チーム宛にお送りください。

©2012　日本船舶海洋工学会
Printed in Japan　　　　　　　　　　　　ISBN978-4-425-71441-4

## 成山堂書店発行　造船関係図書案内

|  |  |  |
|---|---|---|
| 和英英和 船舶用語辞典【2訂版】 | 東京商船大学船舶用語辞典編集委員会 編 | B6・608頁・5000円 |
| 基本造船学（船体編） | 上野喜一郎 著 | A5・304頁・3000円 |
| SFアニメで学ぶ船と海 | 鈴木和夫 著／逢沢瑠菜 協力 | A5・156頁・2400円 |
| 流体力学と流体抵抗の理論 | 鈴木和夫 著 | B5・240頁・4400円 |
| 英和版 新 船体構造イラスト集 | 惠美洋彦 著／作画 | B5・264頁・6000円 |
| 海洋底掘削の基礎と応用 | (社)日本船舶海洋工学会海洋工学委員会構造部会編 | A5・202頁・2800円 |
| LNG・LH2のタンクシステム | 古林義弘 著 | B5・392頁・6800円 |
| LNGの計量 —船上計量から熱量計算まで— | 春田三郎 著 | A4・128頁・8000円 |
| 船舶で躍進する新高張力鋼 —TMCP鋼の実用展開— | 北田博重・福井努 共著 | A5・306頁・4600円 |
| 商船設計の基礎知識【改訂版】 | 造船テキスト研究会 著 | A5・368頁・5600円 |
| 水波問題の解法 2次元線形理論と数値計算 | 鈴木勝雄 著 | B5・400頁・4800円 |
| 海洋建築シリーズ 水波工学の基礎 改訂増補版 | 増田・居駒・惠藤・相田 共著 | B5・160頁・3500円 |
| 海洋建築シリーズ 沿岸域の安全・快適な居住環境 | 川西・堀田 共著 | B5・188頁・2500円 |
| 海洋空間を拓く メガフロートから海上都市へ | 海洋建築研究会 編著 | 四六・160頁・1700円 |
| 海と海洋建築 21世紀はどこに住むのか | 前田・近藤・増田 編著 | A5・282頁・4600円 |
| 船舶海洋工学シリーズ① 船舶算法と復原性 | 日本船舶海洋工学会 監修 | B5・184頁・3600円 |
| 船舶海洋工学シリーズ② 船体抵抗と推進 | 日本船舶海洋工学会 監修 | B5・224頁・4000円 |
| 船舶海洋工学シリーズ③ 船体運動 操縦性能編 | 日本船舶海洋工学会 監修 | B5・168頁・3400円 |
| 船舶海洋工学シリーズ④ 船体運動 耐航性能編 | 日本船舶海洋工学会 監修 | B5・320頁・4800円 |
| 船舶海洋工学シリーズ⑤ 船体運動 耐航性能初級編 | 日本船舶海洋工学会 監修 | B5・280頁・4600円 |
| 船舶海洋工学シリーズ⑥ 船体構造 構造編 | 日本船舶海洋工学会 監修 | B5・192頁・3600円 |
| 船舶海洋工学シリーズ⑦ 船体構造 強度編 | 日本船舶海洋工学会 監修 | B5・242頁・4200円 |
| 船舶海洋工学シリーズ⑧ 船体構造 振動編 | 日本船舶海洋工学会 監修 | B5・288頁・4600円 |
| 船舶海洋工学シリーズ⑨ 造船工作法 | 日本船舶海洋工学会 監修 | B5・248頁・4200円 |
| 船舶海洋工学シリーズ⑩ 船体艤装工学【改訂版】 | 日本船舶海洋工学会 監修 | B5・240頁・4200円 |
| 船舶海洋工学シリーズ⑪ 船舶性能設計 | 日本船舶海洋工学会 監修 | B5・290頁・4600円 |
| 船舶海洋工学シリーズ⑫ 海洋構造物 | 日本船舶海洋工学会 監修 | B5・178頁・3700円 |

最新総合図書目録無料進呈　　　　※定価は本体価格（税別）